大學用書

作業研究

廖慶榮　著

三民書局　印行

國家圖書館出版品預行編目資料

作業研究 ／ 廖慶榮著. －－修訂二版六刷. －－臺北
市: 三民，2004
　　面；　公分
　參考書目: 面
　含索引
　ISBN 957-14-2094-8　（平裝）

　 1. 作業研究

494.54　　　　　　　　　　　　　　83002763

網路書店位址　http://www. sanmin. com. tw

ⓒ　作　業　研　究

著作人　廖慶榮
發行人　劉振強
著作財
產權人　三民書局股份有限公司
　　　　臺北市復興北路386號
發行所　三民書局股份有限公司
　　　　地址／臺北市復興北路386號
　　　　電話／(02)25006600
　　　　郵撥／0009998-5
印刷所　三民書局股份有限公司
門市部　復北店／臺北市復興北路386號
　　　　重南店／臺北市重慶南路一段61號
初版一刷　1994年5月
修訂二版一刷　1997年2月
修訂二版六刷　2004年7月
編　號　S 492390
基本定價　拾貳元陸角
行政院新聞局登記證局版臺業字第○二○○號

序

本書適合大專以上（大學、專科、研究所）作業研究、管理科學、管理數學、計量管理等課程作為教科書之用。本書的內容可供兩學期或一學期使用，兩種方式的講授內容可做以下的安排：

- 兩學期：上學期：1～9章；下學期：10～17章
- 一學期：1～3、7～9、11、13、17章以及12.1節

本書具有兩項主要特點，茲將這些特點及其所根據的理念敘述如下：

1. 內容完整、精簡：許多作業研究／管理科學的英文教科書都寫得非常好，但是內容實在太多（許多都在1,000頁以上），以致學生無法充分吸收，而喪失學習的興趣。因此，嚴格地說，這些英文教科書是很好的參考書，但卻不適合作為教科書之用。有鑑於此，本書在撰寫上力求精簡，內容則盡可能保持完整。作者相信本書涵蓋了任何英文教科書95%以上的內容，但僅佔其1/3的篇幅。

2. 解說方式簡單易懂：本書的解說方式及數學符號的使用均力求簡單易懂，以避免讀者因深奧的數學理論，而無法瞭解作業研究所強調的應用性。因此，本書包含了許多有趣的應用例題，以使讀者能充分瞭解如何將作業研究的各項技巧應用於實際問題上。

3. 合乎學術論文排版格式：本書的所有打字、排版、繪圖、編索引等工作均由作者親自完成。其目的是保證本書完全合乎學術論文排版格式（尤其當有數學公式時）。希望如此作法對讀者學術論文寫作能力的培養有所助益。

本書的完成，首先要感謝我的母親陳玉寶及妻子彭慧玲在精神上的支持。其次，我要感謝廖麗滿同學（目前為勤益工專講師）對本書初

稿所提出的許多錯誤更正，以及我的博士、碩士學生在本書撰寫期間對我疏於指導的忍耐及體諒。最後，我要感謝我的指導教授 Dr. Matthew Rosenshine 在我求學期間對我的指導與鼓勵。

廖慶榮

目錄

第一章
概論

本章大綱

作業研究(operations research [OR])與管理科學(management science [MS])是同義詞。（作業研究的美國式拼法為operations research，英國式拼法則為operational research。）在本章中，我們將介紹OR/MS的一些基本概念，包括其定義、起源、目前發展的狀況、應用時的步驟、以及一些應用成功的實例。

1.1 OR/MS 的定義

OR/MS可定義為：科學的（scientific；或計量的 [quantitative]）方法在決策問題上的應用。OR/MS有時亦被稱為決策科學(decision science [DS])或數量方法(quantitative method [QM])。雖然作業研究、管理科學、決策科學、數量方法所強調的重點均稍有不同（例如：管理科學強調其所考慮的決策問題是管理上的決策問題），但是其所包含的內容幾乎是完全相同的，因此，這四個名稱經常被交替地使用。

　　雖然OR/MS主要是以計量方法解決問題，但是經常需要考慮到無法計量之定性的(qualitative)因素。這些定性因素的考慮，往往需藉助過去的經驗、心理學、常識及直覺等非計量方法。以下我們介紹一個經常被引用的例子——電梯問題。

例1.1（電梯問題）：由於某大樓的許多住戶抱怨大樓的電梯太慢，所以大樓管理部門根據等候理論（詳見第十六章）提出了一個解決方案。雖然新的方案使得住戶等候電梯的時間確實有所縮短，但是仍然無法令住戶滿意。經過進一步的研究發覺，雖然等候的時間已相當短，但是因為等候時的無聊，而使得等的人感覺等候的時間相當長。因此，管理部門提出了另一個非計量的方案，此方案要求在每層樓的電梯入口處，加裝一個可照全身的鏡子。此方案經執行後，由於人們在等候電梯時，忙

著照鏡子或是看鏡中的其他人，而不感覺到在等，所以也就不再有抱怨的聲音了 。　　　　　　　　　　　　　　　　　　　　　　　　　□

因此，OR/MS 必須同時被視為一種科學 (science) 與一種藝術 (art)。它是一種科學，因為它提供了解決問題的各種計量方法；它亦是一種藝術，因為它的成功經常需要依賴決策分析者的創造力、個人能力以及在其他方面的素養。

1.2　OR/MS 的起源

OR/MS 是相當年輕的一門知識，幾乎它所有的觀念與技術都是在近 50 年所發展出來的。雖然 OR/MS 的根源可追溯至 1900 年初期，但直到第二次世界大戰，OR/MS 才逐漸形成一門專業學術領域。

於 1990 年初期，OR/MS 有兩項重要的發展。1915 年 F. W. Harris 推導出經濟訂購批量 (economic order quantity) 公式，用以決定每次訂購物料的最佳數量，此為存貨管理 (inventory management) 的首次應用。1917 年 A. K. Erlang 推導出用以分析電話系統問題的公式，此為等候理論 (queueing theory) 的首次應用。

於第二次世界大戰期間，軍方急切需要以有效的方式將稀有資源分配到各種戰爭的作業上，此外，尚有許多戰略與戰術的問題（例如：具雷達裝置之槍砲陣地的設置、敵人潛艇的尋找、飛機的雷達偵測等）亟待解決，因此，於 1937 年，英國軍方召集了一群由 P. M. S. Blackett（諾貝爾獎得主）所領導的科學家、工程師、數學家、及軍事專家（此最早的作業研究群被稱為 Blackett's Circus）研究這些軍事上的作業問題。作業研究的名稱即因其為研究（軍事上的）作業而來。據稱，此作業研究群的努力對贏得不列顛戰役(Air Battle of Britain)、太平洋島嶼戰役(Island Campaign in the Pacific) 及北大西洋戰役(Battle of the North

Atlantic)等有所幫助。美國加入第二次世界大戰後,美國空軍與海軍亦
都成立了作業研究的組織,這些組織也成功地解決了美軍許多戰略上與
戰術上的問題。

　　戰爭結束後,英國與美國軍方仍繼續從事作業研究的活動。例如:
美國空軍發起著名的RAND (research and development的簡寫) 計畫,
作為空軍研究發展的基礎,並作為與航空工業間的橋樑。由於作業研究
在軍事上的成功,工業界也逐漸對此新的領域產生興趣。同時,戰後工
業的蓬勃發展,使得工業界面臨到因組織與事物逐漸複雜以及分工專業
所導致的許多問題。很明顯地,這些工業界所遭遇的問題與軍事上的問
題僅是形式上的差異,其本質上大部分是相同的,因此作業研究開始蔓
延到工業、商業及民間政府。

　　於1950年初期,美國OR/MS領域的人數增加的相當多,因而形成
了兩個專業的組織:美國作業研究學會(Operations Research Society of
America [ORSA]) 與管理科學學會(The Institute of Management Sciences
[TIMS])。TIMS的成立,以及其在OR/MS領域之努力所建立的領導地
位,使得管理科學成為作業研究的同義詞。

1.3　OR/MS目前發展的狀況

目前OR/MS已成為一門重要的學術領域。不論中外,幾乎所有大學與
專科的企業管理、工業管理、工業工程、及公共行政等科系,均提供
OR/MS的課程。尤其在大部分學校的MBA (Master of Business Admin-
istration〔企業管理碩士〕) 課程中,OR/MS已成為必修的課程之一。
許多學校亦設有主修OR/MS的碩士與博士課程。在專業人員考試方面,
美國國家檢定會計師(certified public accountant [CPA])考試已將OR/MS
的主要方法之一──線性規畫──列為考試內容;美國精算師(actuary)考

試與美國人壽管理協會特別會員(Fellow of the Life Management Institute [FLMI])考試均將管理科學列為考試科目。

目前在美國與歐洲的許多大企業（如：製造業、航空工業、通訊業、銀行、醫院）與政府部門，均雇有一些受過OR/MS專業訓練的人員。規模較小的公司也經常由管理顧問公司或電腦軟體公司得到OR/MS方面的諮詢與服務。在國內，由於大部分是中小企業，所以OR/MS被接受的程度遠較歐美國家慢，幸而近年來已有快速增加的趨勢。例如：存貨控制已廣為企業界應用，CPM/PERT已成為營建業必要的工具之一，模擬則因自動化的普及而逐漸為工業界所採用。

目前幾乎所有先進國家均有OR/MS方面的專業組織與學術期刊，國際作業研究學會聯盟(International Federation of Operational Research Societies [IFORS])已包含32個會員國之多，其中每一個會員國均設有其國內的作業研究協會。表1.1提供了OR/MS領域的主要學術期刊（含國內兩個主要期刊）、其出版組織、以及出版組織的所在地。

1.4 OR/MS的步驟

在應用OR/MS於實務問題時，應遵循以下七個步驟，才能確保問題得以有效地解決：

1. 定義問題
2. 收集資料
3. 建立數學模式
4. 求解
5. 測試
6. 付諸實施
7. 建立控制模式的程序

表 1.1　　　　OR/MS 學術期刊與其出版組織

國家	學術期刊	出版組織
美國	Decision Sciences	American Inst. for Decision Sciences (AIDS)
	IIE Transactions	American Inst. of Industrial Engineers
	Management Science	The Inst. of Management Sciences (TIMS)
	Marketing Science	TIMS
	Mathematics of Operations Res.	TIMS
	Naval Res. Logistics Quarterly	Office of Naval Res.
	Operations Res.	Operations Res. Soc. of America (ORSA)
	Transportation Science	ORSA
英國	Computers and Operations Res.	Pergamon Press
	J. of the Operational Res. Soc.	Operational Res. Soc.
荷蘭	European J. of Operational Res.	North-Holland
	Mathematical Programming	North-Holland
	Operatios Res. Letters	North-Holland
紐西蘭	New Zealand Operational Res.	Operational Res. Soc. of New Zealland
日本	J. of the Operations Res. Soc. of Japan	Operations Res. Soc. of Japan
台灣	J. of the Chinese Inst. of Industrial Engineers	Chinese Inst. of Industrial Engineers
	J. of Management Science	Chinese Management Assoc.

註：縮寫之全名如下：Assoc. (Association)、Inst. (Institute)、
J. (Journal)、Res. (Research)、Soc. (Society)。

定義問題

此步驟是將實際問題用文字予以有系統的陳述。這牽涉到決定適當的目標、問題所受到的限制、各項變數間的關係、以及可能採取的方案等。此步驟非常重要，因為若問題定義錯誤，則不可能得到正確的答案。

收集資料

問題定義完成之後，即需根據問題所需要的資訊收集相關資料。這些資料也許是現成已有的，也許需要觀察實際狀況後求得，也許無法得到或收集的成本非常高而必須以估計的方式處理。

建立數學模式

此步驟是將以文字描述的問題轉換為數學模式。寫成數學模式的好處是其能將問題簡明地表達出來，如此將能對問題有整體的瞭解，並能更清楚瞭解各因素間的因果關係。此外，亦可藉此審視是否需要收集在第二步驟中所忽略的資料。最後，數學模式是實際問題與數學求解方法及電腦間的橋樑，有了正確的數學模式後，才可能以數學方法及電腦程式有效地求解問題。

求解

建立數學模式最終的目的就是為求解之用。事實上，在電腦普及的今天，求解可能是非常簡單的步驟，因為市面上已有相當多 OR/MS 的電腦軟體可供使用。當然，有時標準的電腦軟體不一定適用，而需自行撰寫電腦程式。

雖然在大部分情況下，我們希望得到最佳解，但是有時因為尋求最佳解需要花費相當多的時間，所以此時我們會使用**啟發式演算法**(heuristic)。啟發式演算法是以直覺上的想法設計出來的求解程序，雖其不一

定可（經常無法）得到最佳解，但往往可得到不錯的近似解。近年來，使用啟發式演算法的比例有快速增加的趨勢。主要的原因是實務者往往不願意採用那些非常難懂的最佳解求解方法，而較能接受觀念簡單、方法容易的啟發式演算法；另一個原因是問題的係數經常在變，且其估計值也不一定非常正確，因此，為求得最佳解所需增加的龐大時間不一定是值得的。值得注意的是，以上兩點原因都是經由OR/MS的實際應用所反應出來的結果。

測試

測試是指對模式及其解作測試。在實際地將所得到的解付諸實施前，必須測試模式是否正確，以及所得到的解是否合理。由於實際問題的複雜性與溝通上的困難度，有可能問題並未被正確地陳述，也有可能係數估計錯誤，或數學模式建立錯誤。因此，如果在未測試前即貿然實施，有可能會導致整個研究專案的失敗或因此而浪費許多成本。在測試時，我們可用過去的歷史資料，比較採用模式所得到的結果與過去實際結果的差異，而由此決定模式的適用性及效果，此法稱為回顧測試法（retrospective test）。如果模式所得到的結果與實際結果差異的程度無法接受，則必須重新審視以上各步驟是否有誤。

付諸實施

如果所得到的解通過測試，且為決策者所接受，即可將其付諸實施。這是關鍵且緊張的一刻，因為直到實施的時候，以上各步驟努力所期盼的利益，才有實現的可能。在付諸實施的時候，OR/MS的分析者必須仔細地將所得到之解的含意讓執行實施者瞭解，並共同負責實施，若在實施過程中有突發狀況發生，亦可共同解決。

建立控制模式的程序

在實施成功後，應發展一個控制的程序，定期對實際的系統做偵測。因
為實際狀況有可能經常變動，進而影響到模式係數的改變，有時甚至會
影響到模式本身的正確性，因此為確保模式長期的適用性及有效性，建
立適當控制模式的程序亦是必須的步驟。

1.5　OR/MS 的應用

以下我們摘要一些近年來發表在一些學術期刊（主要為 *Interface*）上，
OR/MS 實際應用成功的案例。

作業管理

- 航空公司的作業規畫，如：飛機航線的決定、燃料的購買、空勤與
  地勤人員的排班等
- 租車公司車輛的管理
- 運動策略與管理，如：棒球隊打擊次序的安排、運動競賽時對全能
  運動員參加項目的選擇、比賽隊伍的出賽日程安排
- 大飯店房間與飛機座位的預約系統
- 速食店作業改變時的模擬
- 鐵路軌道系統的擴充與規畫
- 乳品公司各種乳品的原料混合
- 農場飼養牛、豬、馬、雞等之飼料的組合
- 石油公司各類汽油的成份混合

製造

- 加班與外包的規畫

- 作業員的排班與調度
- 生產規畫與排程
- 存貨管理
- 原物料的採購
- 工廠內部物料流程的設計
- 供應商的選擇

政府

- 法庭審理案件的排序
- 交通號誌燈的管制
- 高速公路收費站的設計
- 水與空氣污染的控制
- 各種車輛（如：巡邏警車、公共汽車、垃圾車、水肥車、電話維修車等）的日程與路線安排
- 消防車所在位置的決定

醫療管理

- 血庫的庫存控制
- 護士排班的規畫
- 醫院規模與位置的規畫
- 醫院病人菜單的規畫
- 醫護人員與設備空閒率的分析
- 醫療程序與制度的設計

軍事

- 人力規畫

- 武器的可靠度分析
- 武器裝備的維修保養政策
- 兵工廠的生產規畫
- 戰略與戰術的模擬

教育

- 大學課程使用教室的指派
- 為達到學區內種族平衡的各校學生分配
- 大學必修與選修課程上課時間的安排
- 校車路線的規畫

財務與銀行

- 現金進出的管理
- 投資組合的選擇
- 授信程序的設計
- 支票處理優先次序的決定
- 服務銀行各分行之支票處理中心的位置規畫

行銷

- 廣告媒體（如：報紙、電視、廣播、雜誌等）的選擇
- 各產品在郵購目錄上所佔篇幅大小的決定
- 銷售員與責任銷售地區的指派

1.6 OR/MS 的電腦軟體

近年來，OR/MS的應用有日漸普及的趨勢，其主要原因之一即是OR/MS電腦軟體的快速發展，畢竟OR/MS的實際應用，幾乎必須仰賴電腦作

表 1.2	美國 MBA 的 OR/MS 課程使用相關電腦軟體的比例

LINDO	47%
Lotus 1-2-3	40%
QSB+	24%
Storm	16%
Management Scientist	9%
Excel	8%
What's Best	8%
@Risk	7%
Micro MS	6%

為求解的工具。即使著名的 Lotus 1-2-3 軟體，亦已提供線性規畫、模擬、非線性規畫、預測等 OR/MS 的求解方法。

　　根據 David L. Eldredge 於 1993 年發表於 OR/MS Today 的調查報告顯示，在美國 MBA 的 OR/MS 課程中，96% 有使用電腦軟體。其所使用相關電腦軟體的比例如表 1.2 所示。表中顯示，OR/MS 專業軟體的使用方面以 LINDO 的 47% 與 QSB+ (Quantitative Systems for Business) 的 24% 佔決大多數；電子試算表 (spreadsheet) 方面則以 Lotus 1-2-3 的 40% 最為普遍。雖然本書並未提供電腦軟體，但作者建議授課教師在可能的範圍內，盡量提供學生使用 OR/MS 相關軟體的機會，以使得學生將來較有可能實際應用 OR/MS 於其工作之中。

第二章
線性規畫概論

本章大綱

一個 OR/MS 方法是否成功，主要是以其被採用的普遍程度來衡量。自 1947 年 George Dantzig 發展出線性規畫(linear programming [LP]) 以來，線性規畫已被廣泛地應用在各種實際的問題上，因此，線性規畫已被證實爲 OR/MS 最成功的方法之一。

線性規畫是屬於數學規畫(mathematical programming) 的一支。它是將問題以線性的數學模式表達出來，然後再以其特殊的解法——單純法——求取最佳解。所謂線性(linearity) 是指所使用的數學函數與方程式均爲線性（亦即：一次元），規畫(programming) 則是指作業的規畫(planning of activities)。在此，programming 與電腦的程式規畫無關，而是 planning 的同義字。

2.1 典型例題

某製造公司考慮以三個工作中心（W1、W2、W3）生產兩項新產品（P1、P2）。工作中心 W1、W2、W3 每日可用於生產此兩項新產品的生產時數分別爲 12、10、6。產品 P1 與 P2 的生產成本分別爲 $13 與 $15；售價分別爲 $15 與 $20；生產每單位所需時數則如表 2.1 所示。例如：生產 1 單位 P1，需要 3 小時 W1 的時間與 1 小時 W3 的時間。根據目前市場狀況顯示，此兩項新產品有供不應求的現象。因爲產品 P1 與 P2 都需要使用 W3 的產能，所以該公司需要決定此兩種新產品的每日生產量，以使得總利潤最大。

此問題爲產品組合問題(product mix problem)。欲將此問題以線性規畫模式表示，我們讓

$x_1 = $ 產品 P1 的每日生產量

$x_2 = $ 產品 P2 的每日生產量

表 2.1　　典型例題之資料

工作中心	生產每單位所需時數		每日時數
	P1	P2	
W1	3	0	12
W2	0	2	10
W3	1	1	6
成本	$13	$15	
售價	$15	$20	

並讓 Z 代表每日總利潤，可得

$$Z = (15 - 13)x_1 + (20 - 15)x_2$$
$$= 2x_1 + 5x_2$$

當然，我們希望 Z 值越大越好，但卻受到了工作中心產能的限制。由表 2.1我們知道，每生產1單位 P1 需要3小時 W1 的時間，生產 P2 不需要使用 W1，而 W1 每日可用於生產 P1 與 P2 的總時數為12小時，因此我們可以得到以下的不等式 (inequality)：

$$3x_1 \leq 12$$

同理，我們可將 W2 與 W3 的產能限制，分別用以下的不等式表達出來：

$$2x_2 \leq 10$$

$$x_1 + x_2 \leq 6$$

此外，因為生產量必定為非負 (nonnegative) 值，所以我們有以下的非負限制式：

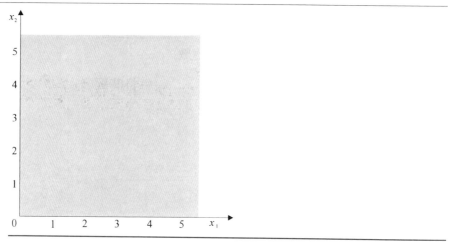

圖2.1　　　非負限制式$x_1 \geq 0, x_2 \geq 0$所代表的區域

$$x_1, x_2 \geq 0$$

綜上所述，我們可得此問題的線性規畫模式如下：

$$\text{極大化} \quad Z = 2x_1 + 5x_2 \tag{2.1}$$
$$\text{受限於} \quad 3x_1 \qquad \leq 12 \tag{2.2}$$
$$2x_2 \leq 10 \tag{2.3}$$
$$x_1 + \ x_2 \leq 6 \tag{2.4}$$
$$x_1, x_2 \geq 0$$

2.2　線性規畫的圖解法

我們現在以**圖解法**(graphical method)求解典型例題。首先，我們將非負限制式$(x_1, x_2 \geq 0)$表示於圖上（見圖2.1）。接著，我們考慮式(2.2)，亦即：

$$3x_1 \leq 12$$

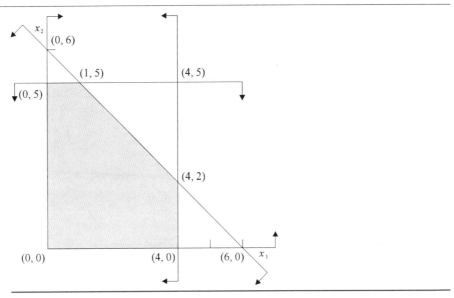

圖 2.2　典型例題的可行區域

欲將此不等式表示於圖上，我們先畫出其相對等式（即：$3x_1 = 12$）所代表的線(line)，然後視原點（即：座標爲$(0, 0)$的點）是否滿足不等式，而決定不等式所代表的限制區域。在此，因原點滿足式(2.2)，所以限制區域爲包含原點的區域。同理，我們可將式(2.3)與式(2.4)表示於圖上，而得到如圖2.2所示的**可行區域**(feasible region)。

最後，我們考慮目標函數（即：式(2.1)）。目標函數隨著Z值的不同而爲不同的線，但其斜率是一個固定值，因此，我們可先畫出Z等於任何一個值的圖形，然後再依此圖形平移。在此例中，我們可先畫出如圖2.3所示之$Z = 10$的圖形。（因爲10爲x_1與x_2係數〔即2與5〕的最小公倍數，所以較容易畫出。）欲找出在可行區域的最大Z值，我們將此$Z = 10$的線往Z值增加的方向平移，直到正要離開可行區域時爲止。此時，目標函數與可行區域相交的點即爲**最佳解**(optimal solution)。因

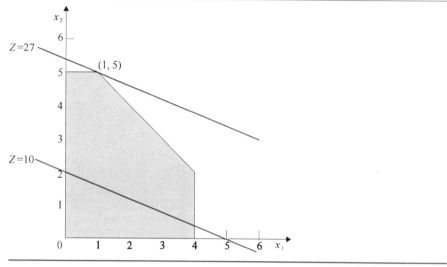

圖 2.3　　　典型例題目標函數的圖形

爲此點爲式 (2.3) 與式 (2.4) 的交點，其座標可用此兩式所對應之等式，

亦即：

$$2 x_2 = 10$$

$$x_1 + x_2 = 6$$

聯立求解而得。因此，我們可得此題的最佳解爲 $x_1 = 1, x_2 = 5, Z = 27$。

2.3　線性規畫模式的形式

爲方便說明起見，在本書中我們稱以下的 **線性規畫模式**（ linear pro-

gramming model ；或 **線性程式** [linear program] ）爲其 **標準形式** (standard

form)：

$$極大化 \quad Z = c_1 x_1 + c_2 x_2 + \cdots + c_n x_n$$

$$受限於 \quad a_{11} x_1 + a_{12} x_2 + \cdots + a_{1n} x_n \leq b_1$$

$$a_{21}x_1 + a_{22}x_2 + \cdots + a_{2n}x_n \leq b_2$$

$$\cdots$$

$$a_{m1}x_1 + a_{m2}x_2 + \cdots + a_{mn}x_n \leq b_m$$

$$x_1, x_2, ..., x_n \geq 0$$

事實上，線性規畫模式的標準形式並沒有統一的形式，其他敎課書的標準形式也許與本書所定義的形式有所不同。

我們現在介紹一些專有名詞。我們稱 $x_j(i = 1, 2, ..., n)$ 爲決策變數（decision variable；或簡稱爲變數 [variable]）。我們稱所欲極大化的函數爲目標函數(objective function)，其值 Z 爲目標函數值(objective function value)，其餘部份則稱爲限制式(constraint)。限制式又可分爲兩類；前面 m 個限制式稱爲功能限制式(functional constraint)，最後一組限制式稱爲非負限制式(nonnegativity constraint)。在限制式右邊的常數 $b_i(i = 1, 2, ..., m)$ 稱爲右手邊常數(right-hand-side)。此外，我們稱滿足所有限制式的解爲可行解(feasible solution)，在所有可行解中，具有最佳目標函數值的解（對極大化問題而言，即爲目標函數值最大的解）爲最佳解(optimal solution)。

我們可很明顯地看出，標準形式有三項特點：(1)爲一極大化問題(maximization problem)；(2)限制式均爲小於等於($\leq$)的形式；(3)所有變數均有非負限制式。當然，線性規畫模式亦可以是其他形式；它可以是一個極小化問題(minimization problem)，限制式可以是等於($=$)或大於等於($\geq$)的形式，部份或所有變數可以沒有非負限制式。當變數 x_j 沒有非負限制式時，我們以

x_j 不受正負符號限制(unrestricted in sign)

或

$$x_j \text{ 不受限(unrestricted)}$$

表示。

2.4   線性規畫解的特殊情況

在典型例題中,我們得到**唯一最佳解**(unique optimal solution)。除此之外,線性規畫的解尚有三種特殊情況:多重最佳解、無可行解及無窮解,本節將陸續說明這些特殊的情況。

多重最佳解

一個線性程式也許有一個以上的解,我們稱此解為**多重最佳解**(multiple optimal solution)或**多者擇一最佳解**(alternative optimal solution)。為說明起見,考慮以下線性程式:

$$
\begin{aligned}
\text{極大化} \quad Z = {}& x_1 + x_2 \\
\text{受限於} \quad & 3x_1 \qquad\quad \leq 12 \\
& \qquad\quad 2x_2 \leq 10 \\
& x_1 + x_2 \leq 6 \\
& x_1, x_2 \geq 0
\end{aligned}
$$

以圖解法解此線性程式可得如圖2.4所示的圖形。在此圖中,目標函數與第三個限制式重合。由於在此重合線上的所有點均為可行解,且其目標值均相同,所以這些點均為最佳解。在代數上我們知道,位於兩點所連接之線段上的所有點,可用此兩點的凸組合(convex combination;見附錄A)表示,因此欲求出這些點的 x_1 與 x_2 值,我們必須先求出 A 、 B 兩點之值。根據上述圖解法,我們可求得 $A = (1,5)$ 及 $B = (4,2)$,因此這些點的 x_1 值為

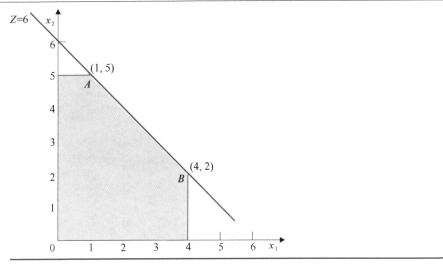

圖 2.4　　多重最佳解的圖形

$$\alpha(1) + (1 - \alpha)(4)$$

其中 $0 \leq \alpha \leq 1$。這些點的 x_2 值為

$$\alpha(5) + (1 - \alpha)(2)$$

例如：當 $\alpha = 0$ 時，$(x_1, x_2) = (4, 2)$，即為點 B；當 $\alpha = 1$ 時，$(x_1, x_2) = (1, 5)$，即為點 A；當 $\alpha = 0.25$ 時，$(x_1, x_2) = (3.25, 2.75)$，即為位於 A 至 B 的 1/4 處之點，而此三點的 Z 值均為 6。

　　當一個線性規畫問題有多重最佳解時，決策者可根據未在目標函數中考慮的其它衡量準則，選擇一個最適當的解。

無可行解

一個線性規畫模式也許會有**無可行解**（infeasible solution；或簡稱**無解**）的情況。為說明起見，考慮以下線性程式：

$$極大化 \quad Z = 2x_1 + 5x_2$$

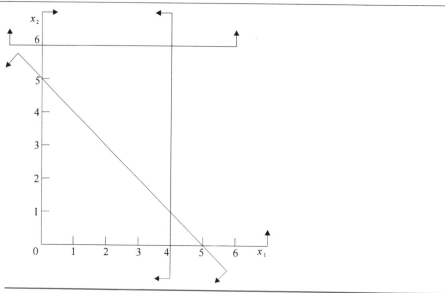

圖 2.5　　無可行解的圖形

$$受限於 \quad 3x_1 \qquad \leq 12$$
$$2x_2 \geq 12$$
$$x_1 + \; x_2 \leq 5$$
$$x_1, x_2 \geq 0$$

　　以圖解法解此線性程式可得如圖2.5所示的圖形。由此圖中可看出，沒有任何一個非負值的點(x_1, x_2)可同時滿足第二個與第三個限制式。換句話說：此時的可行區域是空的，所以無可行解。

　　當一個線性規畫問題出現無可行解的現象時，我們應仔細檢視此**線性規畫陳式**(linear programming formulation)是否正確地表達出所考慮的問題。若陳式無誤，則應找出造成無可行解的限制式（如：在上例中為第二個與第三個限制式），並考慮是否應放寬這些限制式（如：增加資源以增加b_i值），以使得所考慮的問題具有可行解。

無窮解

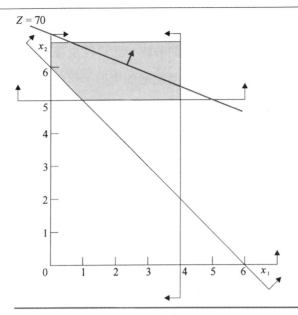

圖 2.6　　　無窮解的圖形

一個線性規畫模式也許會出現 Z 值為無窮大（對極大化問題而言）或無窮小（對極小化問題而言）的解。我們稱此解為**無窮解**(unbounded solution)。為說明起見，考慮以下線性程式：

$$極大化　Z = 2x_1 + 5x_2$$
$$受限於　　3x_1 \qquad\qquad \le 12$$
$$2x_2 \ge 10$$
$$x_1 + x_2 \ge 6$$
$$x_1, x_2 \ge 0$$

以圖解法解此線性程式可得如圖 2.6 所示的圖形。如圖顯示，Z 值可增加到無窮大，而解仍落於可行區域。要注意的是，若此問題為一極小化問題，即：

$$極小化　Z = 2x_1 + 5x_2$$

則雖可行區域範圍無限,但最佳解仍是唯一的。

　　當一個線性規畫問題出現無窮解時,此線性規畫陳式必定有誤,因為在實際問題中,不可能會產生無窮解的情形。例如:若 Z 代表利潤,則不可能會產生利潤為無窮大的情形。此時,也許是因為限制式寫錯,也許是因為遺漏了其它限制的條件。總之,當出現無窮解時,應仔細檢視線性規畫陳式,以找出錯誤所在並修正之。

2.5 　線性規畫的假設

線性規畫有四項基本假設,除了**線性** (linearity) 所意味的成比例性及可加性之外,尚有可分性及確定性,本節將陸續說明這些假設。

成比例性

成比例性(proportionality)是指每個變數的貢獻(不論是對目標函數值或右手邊常數)與該變數之值成比例。換句話說:變數 x_j 的貢獻,完全依其係數(c_j 或 a_{ij})成比例增加或減少。以典型例題的第一個限制式為例,生產1單位 P1 需要3單位 W1 的時間,那麼生產 x_j 單位 P1,則需要 $3x_j$ 單位 W1 的時間。同理,生產1單位 P1 可獲得淨利 \$2,那麼生產 x_j 單位 P1,則可獲得淨利 $\$2x_j$。

　　在實務上,成比例性的假設並不一定成立。例如:也許因為學習曲線 (learning curve) 的影響,使得雖然生產1單位 P1 需要3單位 W1 的時間,但生產10單位 P1 卻不需要用到30 (3×10) 單位 W1 的時間,而僅需要20 單位的時間。再者,也許因為數量折扣 (quantity discount) 的影響,使得雖然生產1單位 P1 可獲得淨利 \$2,但是生產10單位 P1 卻無法獲得 \$20 (\$2$\times$10),而僅能獲得淨利 \$16。

可加性

可加性(additivity)是指變數之間相互獨立，因此可相加減。在實務上，可加性的假設也不一定成立。以典型例題為例，也許P1與P2是相關連的產品，因此P1的銷售量會受到P2銷售量的影響（不論是正或負的影響），此時可加性的假設即不成立。

可分性

可分性(divisibility)是指變數之值可為非整數(non-integer)，亦即可有小數部份。雖然許多實務上的問題均要求其變數之值為整數，但往往將小數部份以四捨五入或無條件捨去簡化後，亦可得到近似最佳解(near-optimal solution)。然而，若變數要求為0或1的整數時，則不論以四捨五入或無條件捨去，均往往無法得到滿意的結果。若可分性的假設不成立，則我們可用第12章所介紹的整數規畫(integer programming)求解。

確定性

確定性(certainty)是指所有係數（即：c_j、a_{ij}、b_i）均為已知的常數。很明顯地，實務上大多數問題的係數均不是確定值，但是如果該係數的變異性不大，我們可採用其平均數的估計值為該係數之值。

　　如前所述，在實際狀況下，以上四項假設幾乎都不可能完全成立，或多或少都會有些差異存在。因此，當利用線性歸畫解決實務上的問題時，必須很仔細地檢視實際情況與以上四項假設差異的程度，以決定線性規畫是否適用。

2.6　線性規畫的應用

線性規畫應用的範圍非常廣，本節將介紹一些常見的線性規畫應用例題。每個應用例題的陳式(formulation)均有其特點，熟悉這些陳式的特點，將有助於您應用線性規畫於其他類似或不同的情況。

　　建立一個問題之線性規畫陳式的步驟如下：

1. 根據問題所要下的決策，定義決策變數。

2. 將問題的目標以目標函數表示出來，並決定其為極大化問題或極小化問題。

3. 將問題的每一項限制，分別以＝、≤或≥的功能限制式表示。

4. 決定各變數是否應有非負限制式(≥ 0)或不受正負符號限制。

遵循以上步驟，我們將可完整、正確地寫出線性規畫陳式。

混合問題(blending problem)

某肥料公司以接受訂單的方式供應肥料。每位顧客所下的訂單包括 A-B-C 三個值，分別代表氮、磷酸、鉀含量的最低百分比，其餘的部份則為一些惰性成分。顧客所需的肥料是由該公司所購買之原始肥料（均是以每袋100磅包裝）混合而成。今有一位顧客欲購買900磅18-15-16（即：氮、磷酸、鉀的最低含量分別為18%、15%、16%）的肥料。該公司考慮以三種原始肥料（分別以F1、F2、F3代表）混合，此三種原始肥料每袋的成本及其氮、磷酸、鉀含量百分比如表2.2所示。該肥料公司應使用此三種原始肥料的份量（袋數）各多少，才能以最低的成本，滿足此訂單的成分要求？

線性規畫陳式：依照前述線性規畫陳式的撰寫步驟，首先需根據問題所要下的決策，定義決策變數。此問題的決策為三種原始肥料的份量，也就是原始肥料F1、F2、F3各應使用的袋數（每袋100磅）。因此變數可以很明顯地定義為

表2.2　　　　混合問題例題之資料

成份	F1	F2	F3
氮(%)	14	21	10
磷酸(%)	5	25	20
鉀(%)	20	12	17
成本（每袋）	$2500	$2250	$3000

$$x_1 = \text{F1所需使用的袋數}$$

$$x_2 = \text{F2所需使用的袋數}$$

$$x_3 = \text{F3所需使用的袋數}$$

此問題的目標是使得所使用的原始肥料總成本最低，因此目標函數為

$$\text{極小化} \quad Z = 2500x_1 + 2250x_2 + 3000x_3$$

接著我們考慮限制式。首先，此顧客欲購買900磅（相當於9袋）的肥料，所以

$$x_1 + x_2 + x_3 = 9$$

其次，所欲購買肥料的氮、磷酸、鉀最低含量分別為18%、15%、16%，因此，對氮的限制式為

$$\frac{0.14x_1 + 0.21x_2 + 0.10x_3}{x_1 + x_2 + x_3} \geq 0.18 \tag{2.5}$$

或

$$\frac{14x_1 + 21x_2 + 10x_3}{9} \geq 18$$

或

$$14x_1 + 21x_2 + 10x_3 \geq 162$$

在式 (2.5) 中，左邊的分子部份代表所混合肥料的含氮量，分母部份代表所混合肥料的總量，因此，左邊部份代表所混合之肥料含氮量的百分比。同理，磷酸與鉀最低含量的限制式分別為

$$5x_1 + 25x_2 + 20x_3 \geq 135$$

$$20x_1 + 12x_2 + 17x_3 \geq 144$$

最後，因為所使用之原始肥料的袋數必為非負值，所以所有變數均有非負限制式，亦即：

$$x_1, x_2, x_3 \geq 0$$

將以上所得到的結果予以合併，可得此問題完整的線性規畫陳式如下：

$$
\begin{aligned}
\text{極小化} \quad & Z = 2500x_1 + 2250x_2 + 3000x_3 \\
\text{受限於} \quad & x_1 + x_2 + x_3 = 9 \\
& 14x_1 + 21x_2 + 10x_3 \geq 162 \\
& 5x_1 + 25x_2 + 20x_3 \geq 135 \\
& 20x_1 + 12x_2 + 17x_3 \geq 144 \\
& x_1, x_2, x_3 \geq 0
\end{aligned}
$$

人事排程問題 (personnel scheduling problem)

某城市每日各段時間所需交通警察人數如表 2.3 所示。交通警察每日連續工作八小時，並於以上各時段的起點換班。該城市最少須雇用多少位警察，才能滿足所需之警力？

線性規畫陳式：我們可定義變數如下：

$x_i = $ 自第 i 個時段起開始上班的警察人數

表2.3　　人事排程問題例題之資料

時段	時間	所需警察人數
1	12:00 A.M. – 4:00 A.M.	40
2	4:00 A.M. – 8:00 A.M.	110
3	8:00 A.M. – 12:00 P.M.	70
4	12:00 P.M. – 4:00 P.M.	55
5	4:00 P.M. – 8:00 P.M.	120
6	8:00 P.M. – 12:00 A.M.	60

因為警察每日連續工作8小時，所以在工作時間4:00 A.M. – 8:00 A.M. （第2個時段）值班的警察，為(1)自第1個時段起或(2)自第2個時段起開始上班者。因此滿足此時段警察人數的限制式為

$$x_1 + x_2 \geq 110$$

其餘時段警察人數的限制式亦可用同樣的方式表示。加上目標函數與非負限制式後，即可得到此問題完整的線性規畫陳式如下：

$$
\begin{aligned}
\text{極小化}\quad & Z = x_1 + x_2 + x_3 + x_4 + x_5 + x_6 \\
\text{受限於}\quad & x_1 + x_2 \geq 110 \\
& x_2 + x_3 \geq 70 \\
& x_3 + x_4 \geq 55 \\
& x_4 + x_5 \geq 120 \\
& x_5 + x_6 \geq 60 \\
& x_1 + x_6 \geq 40 \\
& x_i > 0, i = 1, 2, ..., 6
\end{aligned}
$$

表2.4　　飲食問題例題之資料

	卡路里	蛋白質（公克）	鈣（公克）	脂肪（公克）	成本（元／每磅）
大豆	1100	8	48	90	7
玉蜀黍	850	9	52	35	13
燕麥	1000	10	60	12	10
每日最低量	4200	40	110	50	

飲食問題(diet problem)

某農場主要以大豆、玉蜀黍與燕麥三種穀物餵牛。三種穀物每磅所含營養成份及成本如表2.4所示。表中亦包含畜牧專家所建議，牛每日所應攝取的營養成份。該農場每日應餵三種穀物各多少磅，才能以最低的成本，滿足畜牧專家所建議的最低營養成份？

線性規畫陳式：我們可定義變數如下：

　　$x_1 =$ 每日餵食大豆磅數

　　$x_2 =$ 每日餵食玉蜀黍磅數

　　$x_3 =$ 每日餵食燕麥磅數

則此問題之線性規畫陳式可表達如下：

$$\text{極小化} \quad Z = 7x_1 + 13x_2 + 10x_3$$
$$\text{受限於} \quad 1100x_1 + 850x_2 + 1000x_3 \geq 4200$$
$$8x_1 + 9x_2 + 10x_3 \geq 40$$
$$48x_1 + 52x_2 + 60x_3 \geq 110$$
$$90x_1 + 35x_2 + 12x_3 \geq 50$$
$$x_1, x_2, x_3 \geq 0$$

表2.5　　　財務規畫問題例題之資料

投資機會	可投資月份（月初）	投資期間（月）	獲利率
A	每月均可	1	1.0%
B	1, 3, 5	2	2.3%
C	2	4	5.0%

其中第一至第四個限制式分別代表卡路里、蛋白質、鈣及脂肪的每日最低攝取量。

財務規畫問題(financial planning problem)

某人於今年年初領了\$900,000的年終獎金，並計畫以此年終獎金作為六個月後的購屋基金。在未來的六個月內，將有A、B、C三種不同的投資機會。各投資機會可投資的月份、投資期間（月）及獲利率如表2.5所示。例如：投資機會A於每月月初均可投資，一個月後到期，獲利率為投資額的1.0%。在此情況下，此人應如何投資，才能使得六個月後的購屋基金最多？

線性規畫陳式：我們可定義變數如下：

$A_i = $ 第i個月月初投資於A的金額$(i = 1, 2, 3, 4, 5, 6)$

$B_i = $ 第i個月月初投資於B的金額$(i = 1, 3, 5)$

$C_2 = $ 第2個月月初投資於C的金額

$X_i = $ 第i個月月初投資後所剩餘的金額$(i = 1, 2, 3, 4, 5, 6)$

為方便說明起見，我們將表中的資訊以圖2.7表示。根據此圖，我們可將每個月的投資方式用以下的限制式表示：

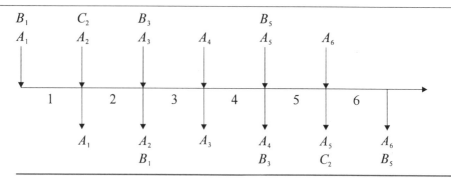

圖 2.7   財務規畫問題例題之分析圖

本月投資＋本月投資後剩餘＝上月投資後剩餘＋本月初到期本利

例如：第二個月的限制式為

$$(A_2 + C_2) + X_2 = X_1 + 1.01A_1$$

將所有變數移至左邊可得

$$A_2 + C_2 + X_2 - X_1 - 1.01A_1 = 0$$

同理，我們可將每月的投資方式以等式限制式表示。

在目標函數部份，我們僅需考慮 A_6 與 B_5，因為五月底（即：六月初）若有剩餘，必定用於投資 A_6，而於六月底產生 $1.01A_6$ 的收益。此問題完整的線性規畫陳式如下：

極大化 $Z = 1.01A_6 + 1.023B_5$

受限於 $A_1 + B_1 + X_1 \qquad\qquad\qquad\qquad\qquad = 900,000$

$\qquad\qquad A_2 + C_2 + X_2 - X_1 - 1.01A_1 \qquad\qquad = 0$

$\qquad\qquad A_3 + B_3 + X_3 - X_2 - 1.01A_2 - 1.023B_1 = 0$

$\qquad\qquad A_4 \quad\;\; + X_4 - X_3 - 1.01A_3 \qquad\qquad = 0$

$\qquad\qquad A_5 + B_5 + X_5 - X_4 - 1.01A_4 - 1.023B_3 = 0$

$$A_6 \qquad -X_5 - 1.01A_5 - 1.05C_2 = 0$$

$$A_i, X_i \geq 0, i = 1, ..., 6; \ B_i \geq 0, i = 1, 3, 5; \ C_2 \geq 0$$

當然，我們可在第六個限制式中加上 X_6，但其值必爲0（爲何？）。

2.7　習題

1. 以圖解法求解以下問題：

$$\text{極大化} \quad Z = \ 10x_1 + 5x_2$$
$$\text{受限於} \qquad -5x_1 + 3x_2 \geq 0$$
$$x_2 \leq 9$$
$$2x_1 + \ x_2 \leq 12$$
$$x_1, x_2 \geq 0$$

2. 以圖解法求解以下問題：

$$\text{極小化} \quad Z = \ 3x_1 + \ 2x_2$$
$$\text{受限於} \qquad x_1 + \ x_2 \leq 12$$
$$4x_1 - \ x_2 = 8$$
$$5x_1 + \ x_2 \geq 20$$
$$-6x_1 + 12x_2 \geq 0$$
$$x_1, x_2 \geq 0$$

3. 以圖解法求解以下問題：

$$\text{極大化} \quad Z = 2x_1 + \ x_2$$
$$\text{受限於} \qquad 2x_1 + 4x_2 \leq 16$$
$$2x_1 + \ x_2 \leq 8$$

$$x_1, x_2 \geq 0$$

4. 以圖解法求解以下問題：

$$\text{極大化} \quad Z = \quad 3x_1 - x_2$$
$$\text{受限於} \quad x_1 - x_2 \leq 1$$
$$1.5x_1 + x_2 \geq 6$$
$$x_1, x_2 \geq 0$$

若限制式不變，但改為極小化問題，則新的解為何？

5. 以圖解法求解以下問題：

$$\text{極小化} \quad Z = 2x_1 + 3x_2$$
$$\text{受限於} \quad x_1 + \quad x_2 \leq 5$$
$$2x_1 + 3x_2 \geq 18$$
$$x_1, x_2 \geq 0$$

6. 某人養了三隻北京狗，這些狗只喜歡吃兩種狗食：狗食A與狗食B。A的蛋白質、脂肪、纖維含量分別為37%、8%、11%；B的蛋白質、脂肪、纖維含量分別為16%、14%、7%。根據養狗專家的建議，北京狗每日最少應攝取8盎斯的蛋白質、5盎斯的脂肪、3盎斯的纖維。A每磅的售價為30元，B每磅為25元（1磅＝16盎斯）。此人每日應餵食此兩種狗食多少磅，才能以最少的花費，達到養狗專家所建議的營養成份？

7. 某石油公司製造兩種汽油（汽油1與汽油2）。這些汽油是由兩種原油（原油1與原油2）混合而成，兩種原油的辛烷值、氣壓以及每天可購買的桶數如表2.6所示。汽油1與汽油2的最低辛烷值、最低氣壓、每天最高銷售量及每桶售價則如下表2.7所示。該石油公司每天

表2.6　習題7之表

原油類別	辛烷值	氣壓	每天可購買桶數
原油1	96	4	3000
原油2	85	9	4000

表2.7　習題7之表

汽油類別	最低辛烷值	最低氣壓	每天最高銷售桶數	每桶售價
汽油1	88	7	5000	$1200
汽油2	92	6	3500	$1350

應使用兩種原油各多少桶，以作為混合汽油之用，才能使得總銷售金額最高？

8. 某公司生產P1及P2兩項產品，此兩項產品均需經過M1及M2兩個機器。兩產品的單位利潤、生產每單位產品所需之M1與M2時數、以及兩機器每日可用來生產此兩項產品的時間如表2.8所示。該公司每日應生產P1與P2各多少單位，才能使得總利潤最大？

表2.8　習題8之表

機器	生產每單位所需時數		每日時數
	P1	P2	
M1	1.0	0.9	110
M2	1.2	1.5	145
單位利潤	$3600	$4100	

9. 某公司以訂單生產的方式製造 T1 與 T2 兩項產品。兩產品均需經過 R1 與 R2 兩個製程。生產每單位產品所需 R1 與 R2 的時數,以及下個月兩製程可用來生產此兩項產品的時數如表2.9所示;由於下個月是旺季,T1 與 T2 的訂單較以往為多,分別為1900單位與2300單位,而 R1 與 R2 的產能不足以提供生產之所需,因此,該公司必須向其他製造商直接購買不足之 T1 與 T2 的數量。自行生產的單位成本及直接購買的單位價格如表2.10所示。該公司下個月兩項產品分別應自行生產及直接購買多少數量,才能使得總成本最低?

表2.9　習題9之表

製程	生產每單位所需時數		下月可用時數
	T1	T2	
R1	0.08	0.06	210
R2	0.12	0.10	340

表2.10　習題9之表

產品	自行生產 單位成本	直接購買 單位價格
T1	150	180
T2	190	225

10. 某公司目前有總金額 \$12,000,000 可用於投資。在未來三年,該公司有 A、B、C、D 四個專案可投資,各專案的預期獲利情況與可投資限額如表2.11所示。例如:專案 A 僅有今年可以投資,一年後可回收所投資金額的35%,兩年後可回收所投資金額的100%。其餘未

投資的金額可存入銀行，其年利率為9%。該公司應如何投資，才能使得三年後的總金額最多？

表2.11　習題10之表

投資機會	今年	一年後	二年後	三年後	投資限額
A	−1.00	+0.35	+1.00	0	$5,500,000
B	0	−1.00	+0.35	+1.00	$5,500,000
C	−1.00	+1.15	0	0	無限
D	0	−1.00	0	+1.32	無限

11. 某皮箱製造公司擁有F1、F2及F3三個工廠。這三個工廠分別位於不同地區以供應四個市場（分別以M1、M2、M3及M4表示）之所需。由各工廠運送產品至各市場之單位運輸成本、各工廠每月供應量以及各市場每月需求量如表2.12所示。此外，由於各工廠的勞工工資、原料供應、污染處理費用等有所不同，因此各工廠的生產成本亦有所差異。工廠F1、F2及F3每個皮箱的的生產成本分別為$450、$470及$410。該公司每月分別應由各工廠運送多少數量的皮箱至各市場，才能使得總成本（包括運輸成本及生產成本）最低？

12. 某金屬再生工廠專門收購廢五金，然後經過再生的程序，製成合金銷售。目前有四種廢五金產品（分別以S1、S2、S3、S4表示）可供購買之用。各廢五金產品的各種金屬含量如表2.13所示。目前每月該工廠分別能以每噸$230、$280、$180、$350的價格購得廢五金S1、S2、S3、S4，但所能購買的數量有限，分別為5、7、10、8公噸。這些廢五金經過再生的程序後，所能製成兩種合金（合

表 2.12 習題 11 之表

工廠	單位運輸成本				
	M1	M2	M3	M4	每月供應量
F1	30	25	27	34	240
F2	29	21	40	24	410
F3	16	33	25	31	350
每月需求量	310	220	230	240	

金 1 與合金 2) 的售價分別爲每噸 $1200 及 $980。兩種合金的成份要求如表 2.14 所示。在此情況下，該公司每月分別應購買多少廢金屬，並分別應製造兩種合金各多少，才能獲致最大的利益？

表 2.13 習題 12 之表

金屬	廢五金含量百分比			
	S1	S2	S3	S4
錫	24	25	12	32
銅	29	30	0	45
鐵	16	35	26	12
鋁	31	10	62	11

表 2.14　習題 12 之表

金屬	合金 1	合金 2
錫	5	20
銅	45	55
鐵	42	10
鋁	8	15

第三章
線性規畫：單純法

本章大綱

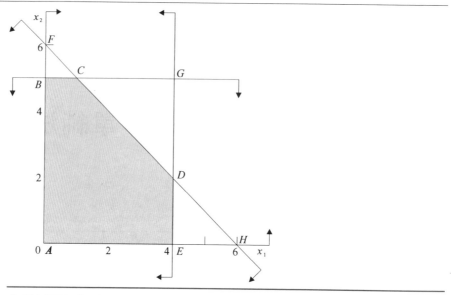

圖 3.1　　　典型例題圖解法之圖形

在第二章中,我們曾經介紹了線性規畫的圖解法。此法只適用於含兩個變數以內的線性程式。當變數的個數超過兩個時,則必須使用本章所介紹的**單純法**(simplex method)。自1947年George Dantzig 發展出單純法以來,單純法已被證實能很有效率地解決相當大的問題。線性規畫能被廣泛地應用於各種實際上問題的主要原因之一,即在於用以求解的單純法是相當有效率的求解工具。

3.1　單純法的基礎

在本章中,我們仍沿用上一章的典型例題,其圖解法的圖形如圖3.1所示。在此圖中,限制式對應之線所相交的點稱為**角點解**(corner-point solution);角點解若落於可行區域,則稱為**角點可行解**(corner-point feasible solution),如圖中 A、B、C、D、E 五點;角點解若不在可行區域,

則稱為**角點不可行解**(corner-point infeasible solution)，如圖中 F、G、H 三點。

角點可行解有以下三個重要的性質：

1. 若僅有一個最佳解，則其必為角點可行解；若有多重最佳解，則至少其中兩個必為相鄰角點可行解。
2. 角點可行解的個數有限。
3. 若一角點可行解的所有相鄰角點可行解均不較其佳，則此角點可行解即為最佳解。

以上三個性質將形成單純法的重要基礎。

接下來，我們介紹相對於以上所討論幾何觀念的代數意義。在使用單純法之前，我們須將所有限制式轉換為等式，因此，若限制式為 ≤，我們可加上一個變數，此變數稱為**寬鬆變數**(slack variable)；若限制式為 ≥，我們則減去一個變數，此變數稱為**剩餘變數**(surplus variable)。例如：典型例題的所有限制式加上寬鬆變數後，可以得到以下的形式：

$$\text{極大化} \quad Z = 2x_1 + 5x_2$$
$$\text{受限於} \quad 3x_1 \qquad + x_3 \qquad \qquad = 12$$
$$2x_2 \qquad + x_4 \qquad = 10$$
$$x_1 + \ x_2 \qquad \qquad + x_5 = 6$$
$$x_1, x_2, x_3, x_4, x_5 \geq 0$$

我們稱此包含寬鬆變數（若原線性程式有 ≥ 限制式，則亦包含剩餘變數）的線性程式形式為**擴充形式**(augmented form)。擴充形式的解（包含寬鬆變數及／或剩餘變數的解）稱為**擴充解**(augmented solution)。同樣地，我們稱包含寬鬆變數及／或剩餘變數解的角點解為**擴充角點解**(augmented corner-point solution)，其在代數上所相對應的解稱為**基解**

(basic solution)。換句話說：基解爲讓 $n-m$（ n 爲變數的個數， m 爲功能限制式的個數）個變數爲零，聯立解擴充形式中 m 個等式，所得到的解。在求基解時，設定爲零的變數稱爲**非基變數**(nonbasic variable)，其餘的變數則稱爲**基變數**(basic variable)。若一基解滿足非負限制式，則此基解稱爲**可行基解**(basic feasible solution [BFS])。可行基解即爲幾何上的角點可行解，因此，以上所提角點可行解的三個性質亦適用於可行基解。

此外，我們可明顯地看出，一個可行基解對應一個角點可行解，而一個角點可行解可對應一個或一個以上的可行基解；後者是當兩條以上限制式所對應的線相交於同一點。若兩個可行基解僅有一個非基變數不同，則此兩個可行基解相互稱爲**相鄰的**(adjacent)。

茲以典型例題爲例，說明以上各專有名詞的實際意義。含寬鬆變數之解 $(x_1, x_2, x_3, x_4, x_5) = (1, 2, 9, 6, 3)$ 爲一擴充解。讓 x_3 及 x_4 爲非基變數，其餘爲基變數，則可得到基解 $(4, 5, 0, 0, -3)$（即：圖中之點 G ），因爲此解之 $x_5 = -3 \leq 0$ ，所以此基解不是可行基解。讓 x_4 及 x_5 爲非基變數，所得到的基解 $(1, 5, 9, 0, 0)$（即：圖中之點 C ）則爲可行基解，因其所有變數均滿足非負限制式。此可行基解的兩個相鄰可行基解分別爲 $(0, 5, 12, 0, 1)$（即：圖中之點 B ）及 $(4, 2, 0, 6, 0)$（即：圖中之點 D ）；因爲此兩相鄰可行基解的 Z 值均較其爲差，所以此可行基解 $(1, 5, 9, 0, 0)$ 即爲最佳解。

3.2　單純法的代數説明

單純法一般是以表的形式表達。在介紹表形式(tabular form)的單純法之前，我們先以代數的方式說明單純法，此將有助於對表形式的單純法有更確實、深切的瞭解。

　　考慮典型例題的擴充形式。我們先讓原始變數 x_1 及 x_2 為非基變數，並將 Z 及基變數以此兩個非基變數表示出來，即：

$$Z = 2x_1 + 5x_2 \tag{3.1}$$

$$x_3 = 12 - 3x_1 \tag{3.2}$$

$$x_4 = 10 - 2x_2 \tag{3.3}$$

$$x_5 = 6 - x_1 - x_2 \tag{3.4}$$

因非基變數之值為 0，所以此時的解為 $x_1 = 0, x_2 = 0, x_3 = 12, x_4 = 10, x_5 = 6, Z = 0$（即：等號右邊常數項）。欲知此解是否為最佳解，我們將 Z 對非基變數 x_1 及 x_2 偏微分，分別可得

$$\frac{\partial Z}{\partial x_1} = 2, \qquad \frac{\partial Z}{\partial x_2} = 5$$

因為偏微分之值均為正值，所以若讓任何一個非基變數增加，Z 值亦將隨之增加。為使 Z 值的增加率較快，我們選擇 x_2（亦即：讓 x_2 成為基變數，而讓 x_1 保持為非基變數）。當然，我們希望 x_2 增加越多越好，因為 x_2 每增加一單位，Z 會增加 5 單位，然而，x_2 的增量受到了限制式的限制。各限制式對 x_2 增量的限制，可計算如下：

$$x_3 = 12 - 3x_1 \implies x_2 \text{ 無限制}$$
$$x_4 = 10 - 2x_2 \implies x_2 \leq 5$$
$$x_5 = 6 - x_1 - x_2 \implies x_2 \leq 6$$

因此，x_2 最多只能增加到 5，否則 x_4 將會變為負值，而違反非負限制式。當 x_2 增為 5 時，x_4 由 10 降為 0；亦即：當 x_2 由非基變數轉換為基變數的同時，x_4 由基變數轉換為非基變數。我們稱 x_2 為**進入變數**(entering variable)，x_4 為**離開變數**(leaving variable)，並稱相對應 x_4 的方程式（亦即：$x_4 = 10 - 2x_2$）為**阻擋方程式**(blocking equation)。

重複以上的步驟，我們將 Z 及基變數以此時的非基變數 x_1 及 x_4 表示出來。此時，我們只需將阻擋方程式

$$x_4 = 10 - 2x_2$$

改寫爲

$$x_2 = 5 - \frac{1}{2}x_4$$

然後將此式分別代入式 (3.1)、(3.2) 及 (3.4)，並加入阻擋方程式，可得

$$Z = 25 + 2x_1 - \frac{5}{2}x_4 \tag{3.5}$$
$$x_3 = 12 - 3x_1 \tag{3.6}$$
$$x_2 = 5 - \frac{1}{2}x_4 \tag{3.7}$$
$$x_5 = 1 - x_1 + \frac{1}{2}x_4 \tag{3.8}$$

將 Z 對非基變數 x_1 及 x_4 偏微分，分別可得

$$\frac{\partial Z}{\partial x_1} = 2, \qquad \frac{\partial Z}{\partial x_4} = -\frac{5}{2}$$

因爲當 x_1 增加時，Z 亦會隨之增加，所以此解仍可繼續改善。根據式 (3.6)–(3.8)，我們可計算 x_1 的增量如下：

$$x_3 = 12 - 3x_1 \quad \Longrightarrow x_1 \le 4$$
$$x_2 = 5 - \tfrac{1}{2}x_4 \quad \Longrightarrow x_1 \text{ 無限制}$$
$$x_5 = 1 - x_1 + \tfrac{1}{2}x_4 \Longrightarrow x_1 \le 1$$

因此，x_1 只能增加到 1。此時 x_5 降爲 0，而成爲非基變數。我們將阻擋方程式

$$x_5 = 1 - x_1 + \frac{1}{2}x_4$$

改寫爲

$$x_1 = 1 + \frac{1}{2}x_4 - x_5$$

將其代入式 (3.5)、(3.6) 及 (3.7)，並加上阻擋方程式，可得

$$Z = 27 - \frac{3}{2}x_4 - 2x_5 \qquad (3.9)$$

$$x_3 = 9 - \frac{3}{2}x_4 + 3x_5 \qquad (3.10)$$

$$x_2 = 5 - \frac{1}{2}x_4 \qquad (3.11)$$

$$x_1 = 1 + \frac{1}{2}x_4 - x_5 \qquad (3.12)$$

將 Z 對非基變數 x_4 及 x_5 偏微分，分別可得

$$\frac{\partial Z}{\partial x_4} = -\frac{3}{2}, \qquad \frac{\partial Z}{\partial x_5} = -2$$

由於偏微分之值均爲負值，因此若讓任何一個非基變數增加，Z 值反而會減少，所以此解即爲最佳解。因爲非基變數之值均爲 0，所以 Z 及基變數之值即爲式 (3.9)–(3.12) 等號右邊的常數。換句話說：我們可直接由式 (3.9)–(3.12) 讀出此線性程式的最佳解爲 $(x_1, x_2, x_3, x_4, x_5) = (1, 5, 9, 0, 0), Z = 27$。

3.3　單純法

瞭解了單純法的代數概念後，我們即可介紹單純法的表形式——**單純表** (simplex tableau)。我們將典型例題的線性程式 (3.1)–(3.4) 改寫爲以下形式：

$$
\begin{aligned}
Z - 2x_1 - 5x_2 \qquad\qquad &= 0 \\
3x_1 \qquad + x_3 \qquad &= 12 \\
2x_2 \qquad + x_4 \qquad &= 10
\end{aligned}
$$

表 3.1　典型例題的起始單純表

BV	Z	x_1	x_2	x_3	x_4	x_5	RHS	r
Z	1	-2	-5	0	0	0	0	
x_3	0	3	0	1	0	0	12	$-$
x_4	0	0	2	0	1	0	10	$5 \rightarrow$
x_5	0	1	1	0	0	1	6	6

$$x_1 + x_2 \qquad + x_5 = 6$$
$$x_1, x_2, x_3, x_4, x_5 \geq 0$$

根據此形式，我們可以很容易地建立第一個如表 3.1 所示的起始單純表 (initial simplex tableau)。很明顯地，此表只是將以上我們所改寫之線性程式寫成表的形式。表頭之 BV 代表**基變數** (basic variable)，RHS 代表**右手邊常數** (right-hand-side)，r 代表比率 (ratio)。在 BV 欄下，我們列出 Z 及所有基變數。其餘各欄（r 欄除外）則列出目標函數及各限制式的係數。因爲限制式均不含 Z，所以在 Z 欄下，僅 Z 列爲 1，其餘各列均爲 0。實際上在演算過程中，Z 欄之值始終保持不變，所以有時我們亦可將此欄省略。

　　依照上述單純法的代數說明，第一個單純表所對應的解，即是以原始變數爲非基變數的解。在建立好第一個單純表之後，我們要決定此表的解是否爲最佳解。在上節中，我們以 Z 對非基變數偏微分之值決定；現在，我們只需由 Z 列係數即可決定，因爲 Z 列係數的負值即爲偏微分之值。因此，如果 Z 列係數均爲正值（亦即：偏微分之值均爲負值），則此解即爲最佳解；否則，此解仍非最佳解，而須繼續改善。在此例中，x_1 與 x_2 的 Z 列係數均爲負值，所以此解仍可繼續改善。我們選擇單位增量較大的 x_2 爲**進入變數**；爲方便起見，我們可用符號「↓」表示，此欄稱爲**基準欄** (pivot column)。決定好進入變數之後，接著我們要決定

離開變數。在上節中，我們是以當進入變數增加時，最先降爲零的基變數爲**離開變數**；現在，我們只需將各基變數的RHS，除以其在進入變數欄下之值（僅需考慮在進入變數欄下值爲正的基變數，值爲零或負的不必考慮；詳細原因見3.2節），然後選擇比率最小的基變數即可。此法稱爲**最小比率測試**(minimum ratio test)，相對應最小比率基變數之列稱爲**基準列**(pivot row)。基準欄與基準列相交的數字稱爲**基準元素**(pivot element)。在此例中，基變數 x_3, x_4, x_5 之比率分別爲 $-, 5, 6$（見表中之 r 欄；$-$ 表示該基變數不必考慮），所以我們選擇比率最小的 x_4 爲離開變數，並標上符號「$\rightarrow$」。此時的基準元素爲2。

接下來，我們要由第一個單純表產生第二個單純表。在上節中，我們是將阻擋方程式代入各式中求得；在此，我們可利用高氏消去法(Gauss-Jordan method of elimination) 求之。高氏消去法的兩項法則如下：

1. 一列可被乘上一個常數
2. 一列的乘積可加到另一列或被另一列減去

（當利用高式消去法產生下一個單純表時，作者建議在以上的第2項法則中，一律使用加法，而不用減法。因爲一般而言，加法較減法容易，而且始終維持一致性，不易混淆。爲了要使用加法，所以當符號一致時，須乘上負值；而當符號相反時，則乘上正值即可。）根據第1項法則，我們可將第二列（即：x_4 之列）除以2，得到新的第二列（見表3.2）。根據第2項法則，我們將新的第二列乘以5後，與 Z 列相加，而得到新的 Z 列，亦即：

$$Z\text{列} \qquad [\; 1 \quad -2 \quad -5 \quad 0 \quad 0 \quad 0 \quad 0 \;]$$
$$\text{新的第二列} \; 5[\; 0 \quad 0 \quad 1 \quad 0 \quad \tfrac{1}{2} \quad 0 \quad 5 \;]$$
$$\overline{\text{新的}Z\text{列} \qquad [\; 1 \quad -2 \quad 0 \quad 0 \quad \tfrac{5}{2} \quad 0 \quad 25 \;]}$$

表 3.2　　　典型例題的第二個單純表

BV	Z	x_1	x_2	x_3	x_4	x_5	RHS	r
Z	1	-2	0	0	$\frac{5}{2}$	0	25	
x_3	0	3	0	1	0	0	12	4
x_2	0	0	1	0	$\frac{1}{2}$	0	5	—
x_5	0	1	0	0	$-\frac{1}{2}$	1	1	1 $\rightarrow$

表 3.3　　　典型例題的第三個單純表（最佳單純表）

BV	Z	x_1	x_2	x_3	x_4	x_5	RHS	r
Z	1	0	0	0	$\frac{3}{2}$	2	27	
x_3	0	0	0	1	$\frac{3}{2}$	-3	9	
x_2	0	0	1	0	$\frac{1}{2}$	0	5	
x_1	0	1	0	0	$-\frac{1}{2}$	1	1	

同理，我們將新的第二列乘以 -1 後與第三列相加，而得到新的第三列，亦即：

$$
\begin{array}{lcccccccc}
第三列 & [& 0 & 1 & 1 & 0 & 0 & 1 & 6 &] \\
新的第二列 & -1[& 0 & 0 & 1 & 0 & \frac{1}{2} & 0 & 5 &] \\
\hline
新的第三列 & [& 0 & 1 & 0 & 0 & -\frac{1}{2} & 1 & 1 &]
\end{array}
$$

因為第一列進入變數欄下之值為零，所以第一列之值維持不變。所得到的第二個單純表如表 3.2 所示。

　　以同樣的方法繼續做下去，我們可得到第三個單純表（見表 3.3）。因在此表中，Z 列已無負值，所以其解即為最佳解，我們稱此表為**最佳單純表**。此例題完整的三個單純表如表 3.4 所示，其所對應的幾何圖形如圖 3.2 所示，其中 A、B、C 三點分別對應第一、二、三個單純表。由此圖可知，單純法在圖中尋找最佳解的路徑為：由 A 至 B，再由 B 至 C。

表 3.4　　典型例題完整的單純表組

BV	Z	x_1	x_2	x_3	x_4	x_5	RHS	r
Z	1	-2	-5	0	0	0	0	
x_3	0	3	0	1	0	0	12	$-$
x_4	0	0	2	0	1	0	10	5 $\rightarrow$
x_5	0	1	1	0	0	1	6	6

BV	Z	x_1	x_2	x_3	x_4	x_5	RHS	r
Z	1	-2	0	0	$\frac{5}{2}$	0	25	
x_3	0	3	0	1	0	0	12	4
x_2	0	0	1	0	$\frac{1}{2}$	0	5	$-$
x_5	0	1	0	0	$-\frac{1}{2}$	1	1	1 $\rightarrow$

BV	Z	x_1	x_2	x_3	x_4	x_5	RHS	r
Z	1	0	0	0	$\frac{3}{2}$	2	27	
x_3	0	0	0	1	$\frac{3}{2}$	-3	9	
x_2	0	0	1	0	$\frac{1}{2}$	0	5	
x_1	0	1	0	0	$-\frac{1}{2}$	1	1	

在所有的單純表中，我們發覺 Z 及各基變數之欄，只有其相對應列的係數為 1，其餘各列的係數均為零。例如：在表 3.1 的 x_3 欄中，僅 x_3 列的係數為 1，其餘各列在此欄的係數均為零。這是因為我們將 Z 及基變數以非基變數表示出來（回憶上節所述），基變數不會出現在其它列，因此基變數在其它列的係數必為零。此形式稱為自然形式 (canonical form) 或適當形式 (proper form)。

我們可將以上所討論單純法的步驟摘要如下（以下步驟係針對標準形式而言）：

1. 起始步驟：加上寬鬆變數。在起始的 BFS 裡，讓原始變數為非基變數，而讓寬鬆變數為基變數。

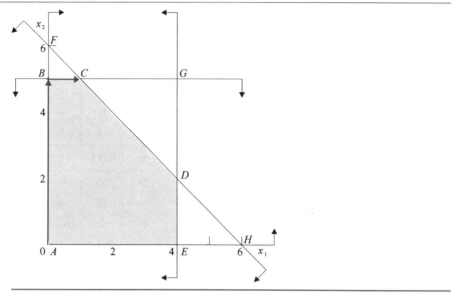

圖 3.2　　典型例題之單純法所對應的圖形

2. 最佳測試：若所有 Z 列係數均爲非負值，則此解即爲最佳解，程序
　 停止；否則繼續。

3. 反覆步驟：

　(a) 決定進入變數；選擇具最負(most negative)Z列係數的變數爲進
　　　入變數。

　(b) 決定離開變數；以最小比率測試決定。

　(c) 產生新的單純表；利用高氏消去法產生。

　回到步驟2。

3.4　單純法的特殊情況

在上節中，我們介紹了單純法的基本步驟，但是在求解的過程中，有時
會發生一些特殊的情況（例如：進入變數之欄沒有正值），本節對這些
特殊的情況將有詳細的說明。（請參見2.4節特殊情況的幾何意義。）

表 3.5　　例 3.1 的最佳單純表

BV	Z	x_1	x_2	x_3	x_4	x_5	RHS	r
Z	1	0	0	0	0	1	6	
x_3	0	0	0	1	$\frac{3}{2}$	-3	9	$6 \rightarrow$
x_2	0	0	1	0	$\frac{1}{2}$	0	5	10
x_1	0	1	0	0	$-\frac{1}{2}$	1	1	
BV	Z	x_1	x_2	x_3	x_4	x_5	RHS	r
Z	1	0	0	0	0	1	6	
x_4	0	0	0	$\frac{2}{3}$	1	-2	6	
x_2	0	0	1	$-\frac{1}{3}$	0	1	2	
x_1	0	1	0	$\frac{1}{3}$	0	0	4	

多重最佳解

若至少有一個非基變數，其在最佳單純表的 Z 列係數為零，則此線性程式具有**多重最佳解**（multiple optimal solution），或稱為**多者擇一最佳解**（alternative optimal solution），因為如果我們讓該非基變數為進入變數繼續做下去，可得到 Z 值相同的另外一組解（為何？）。事實上，這兩組解的任何凸組合（convex combination；見附錄 A）均為最佳解。

例 3.1：假設典型例題的目標函數為

$$Z = x_1 + x_2$$

則其最佳單純表如表 3.5 所示。在表 3.5 的第一個單純表中，因 Z 列係數均為非負值，所以我們已得到最佳解。此時，非基變數 x_4 的 Z 列係數為零，所以我們可讓其為進入變數，而得到 Z 值相同的第二個單純表。此例題的幾何圖形如圖 3.3 所示，其中 C 與 D 分別對應表 3.5 的第一個與第二個單純表。很明顯地，此兩組解任何凸組合的 Z 值均相同，所以均為最佳解。（見 2.4 節。）　　□

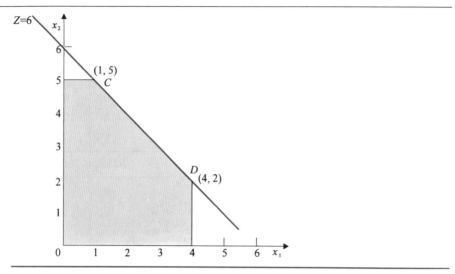

圖 3.3　　　例 3.1 圖解法之圖形

無窮解

若在任何一個單純表中（不一定需要是最佳單純表），存在一個 Z 列係數為負的非基變數，且該欄的其餘係數沒有正值，則此線性程式為**無窮解**(unbounded solution)。因為在此情況下，當我們讓該非基變數為進入變數繼續做下去時，沒有一個基變數會因為該進入變數的增加而變為負值，所以我們可以無限制地增加此進入變數之值，而得到無窮大的 Z 值（對極大化問題而言）。如在第二章的圖解法中所述，在實際狀況下，不可能會發生如此的情形。因此，若在單純法的求解過程中出現無窮解的情形，則代表線性規畫陳式有誤。此時，應找出錯誤所在，並建立確實能夠代表實際問題的正確線性規畫陳式。

例 3.2：假設典型例題的第二個與第三個限制式改為 $\geq$，即：

$$2x_2 \geq 10$$
$$x_1 + x_2 \geq 6$$

表 3.6　　　例 3.2 的最佳單純表

BV	Z	x_1	x_2	x_3	x_4	x_5	RHS	r
Z	1	8	0	0	0	-10	35	
x_3	0	3	0	1	0	0	12	
x_2	0	1	1	0	0	-1	6	
x_4	0	2	0	0	1	-2	2	

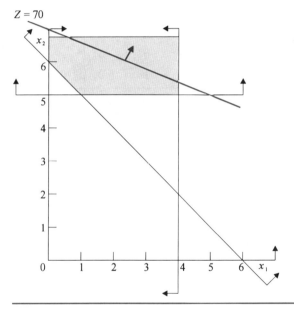

圖 3.4　　　例 3.2 圖解法之圖形

則其最佳單純表如表 3.6 所示。若我們選擇 x_5 為進入變數，則我們可以無限地增加 x_5 之值，而得到無窮大的 Z 值。此時，沒有任何一個基變數會因為該進入變數的增加而減少（x_2 與 x_4 反而會隨之增加），因此不可能會變為負值。此例題的幾何圖形如圖 3.4 所示。　　　□

退化解

表 3.7　　例 3.3 的完整單純表組

BV	Z	x_1	x_2	x_3	x_4	x_5	RHS	r
Z	1	-2	-5	0	0	0	0	
x_3	0	3	0	1	0	0	12	—
x_4	0	0	2	0	1	0	10	5 $\rightarrow$
x_5	0	1	1	0	0	1	5	5

BV	Z	x_1	x_2	x_3	x_4	x_5	RHS	r
Z	1	-2	0	0	$\frac{5}{2}$	0	25	
x_3	0	3	0	1	0	0	12	4
x_2	0	0	1	0	$\frac{1}{2}$	0	5	—
x_5	0	1	0	0	$-\frac{1}{2}$	1	0	0 $\rightarrow$

BV	Z	x_1	x_2	x_3	x_4	x_5	RHS	r
Z	1	0	0	0	$\frac{3}{2}$	2	25	
x_3	0	0	0	1	$\frac{3}{2}$	-3	12	
x_2	0	0	1	0	$\frac{1}{2}$	0	5	
x_1	0	1	0	0	$-\frac{1}{2}$	1	0	

當執行最小比率測試時，若最小的兩個或兩個以上的比率相同時，則在下一個單純表中，至少會有一個基變數之值為零。我們稱此值為零的基變數為**退化變數**(degenerate variable)，此解為**退化解**(degenerate solution)，其相對應的可行基解為**退化可行基解**(degenerate basic feasible solution)。此時，若我們繼續做下去，則該變數必定為離開變數（假設僅有此一個退化變數），因其比率為零，必為最小。此外，在下一個單純表中，進入變數之值亦將為零（因為進入變數之值即為上一個單純表的最小比率），所以 Z 值將不會改變。在理論上，數個不同的 BFS 有可能出現**循環**(cycling)的現象，而使得 Z 值始終不變；但實際上，發生循環的可能性非常小。因此在以單純法求解實際問題而遇到退化解的情形時，可以不必理會，只需按正常的步驟繼續做下去即可。

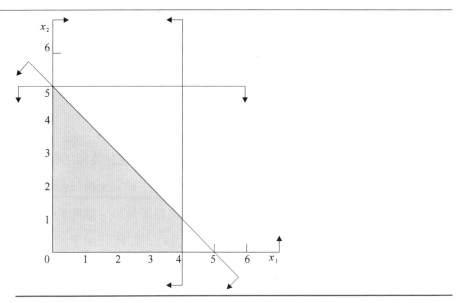

圖 3.5　　　例 3.3 圖解法之圖形

例 3.3：假設典型例題的第三個限制式改為

$$x_1 + x_2 \leq 5$$

則其完整的單純表組如表 3.7 所示。在第一個單純表中，基變數 x_4 與 x_5 的比率相同，所以在第二個單純表中會產生退化解的情形 ($x_5 = 0$)，同時，第三個單純表的 Z 值與第二個單純表相同。此例題的幾何圖形如圖 3.5 所示。值得注意的是，雖然表 3.7 中的第二個與第三個單純表的基變數不同，但卻對應此圖中的同一個擴充角點解 $(0, 5, 12, 0, 0)$。　　　□

3.5　單純法處理其它線性規畫形式的方法

以上所討論的是單純法處理線性程式標準形式的方法。本節將探討如何以單純法處理其它形式的線性程式，包括：極小化問題、等式限制式、大於等於限制式及無非負限制式等情形。

　　實際上，其它形式與標準形式在單純法解法上唯一的差異，僅在於尋找起始BFS的方式不同而已，因此，處理其它形式時，只需修正單純法的起始步驟即可。

極小化問題

　　極小化問題的處理方法有兩種。第一種方法是將極小化問題（即：極小化 Z ）轉換為極大化問題（即：極大化 $-Z$ ），再以極大化問題的方式處理。這是因為使得 $-Z$ 最大即為使得 Z 最小。須特別注意的是，此時單純表中 Z 欄的 Z 列係數是 -1 ，因此，任何一個單純表之解的 Z 值不是RHS欄的 Z 值，而是RHS欄 Z 值的負值。

　　處理極小化問題的第二種方法，是直接改變單純法中以下兩步驟的準則：

1. 最佳測試：若 Z 列的所有係數均為非正值，則此解即為最佳解，程序停止；否則繼續。

2. 反覆步驟(a)：決定進入變數；選擇具最正(most positive) Z 列係數的變數為進入變數。

例3.4：考慮僅目標函數與典型例題目標函數符號相反的線性程式如下：

$$極小化 \quad Z = -2x_1 - 5x_2$$
$$受限於 \quad 3x_1 \quad \leq 12$$
$$2x_2 \leq 10$$
$$x_1 + x_2 \leq 6$$
$$x_1, x_2 \geq 0$$

若採用第一種方法，我們須先將目標函數轉換如下：

$$極大化 \quad -Z = 2x_1 + 5x_2$$

表3.8　　例3.4第一種方法

BV	Z	x_1	x_2	x_3	x_4	x_5	RHS	r
Z	-1	-2	-5	0	0	0	0	
x_3	0	3	0	1	0	0	12	$-$
x_4	0	0	2	0	1	0	10	$5 \rightarrow$
x_5	0	1	1	0	0	1	6	6
BV	Z	x_1	x_2	x_3	x_4	x_5	RHS	r
Z	-1	-2	0	0	$\frac{5}{2}$	0	25	
x_3	0	3	0	1	0	0	12	4
x_2	0	0	1	0	$\frac{1}{2}$	0	5	$-$
x_5	0	1	0	0	$-\frac{1}{2}$	1	1	$1 \rightarrow$
BV	Z	x_1	x_2	x_3	x_4	x_5	RHS	r
Z	-1	0	0	0	$\frac{3}{2}$	2	27	
x_3	0	0	0	1	$\frac{3}{2}$	-3	9	
x_2	0	0	1	0	$\frac{1}{2}$	0	5	
x_1	0	1	0	0	$-\frac{1}{2}$	1	1	

接著即可按處理標準形式的方式處理，其完整的單純表組如表3.8所示。我們特別注意，在表3.8的所有單純表中，Z欄的Z列係數均為-1。由最佳單純表（第三個單純表）我們得到$-Z = 27$，所以此題最佳解的Z值為-27。

第二種方法的完整單純表組如表3.9所示。此時，我們選擇具最正Z列係數的變數為進入變數，且當所有Z列係數均為非正值時，所得到的解即為最佳解（見第三個單純表）。當然，表3.8與表3.9所得到的解是完全相同的。事實上，此兩表僅Z列的係數符號相反，其餘係數則完全相同。

表3.9　　　例3.4第二種方法

BV	Z	x_1	x_2	x_3	x_4	x_5	RHS	r
Z	1	2	5	0	0	0	0	
x_3	0	3	0	1	0	0	12	—
x_4	0	0	2	0	1	0	10	5 →
x_5	0	1	1	0	0	1	6	6

BV	Z	x_1	x_2	x_3	x_4	x_5	RHS	r
Z	1	2	0	0	$-\frac{5}{2}$	0	-25	
x_3	0	3	0	1	0	0	12	4
x_2	0	0	1	0	$\frac{1}{2}$	0	5	—
x_5	0	1	0	0	$-\frac{1}{2}$	1	1	1 →

BV	Z	x_1	x_2	x_3	x_4	x_5	RHS	r
Z	1	0	0	0	$-\frac{3}{2}$	-2	-27	
x_3	0	0	0	1	$\frac{3}{2}$	-3	9	
x_2	0	0	1	0	$\frac{1}{2}$	0	5	
x_1	0	1	0	0	$-\frac{1}{2}$	1	1	

□

等式限制式

若限制式爲等式(=)，則原點將不再是可行解（除非右手邊常數均爲零）。此時，爲使原點仍爲可行解，我們可加上一個所謂的人工變數(artificial variable)。當然，爲得到原問題的可行解，最後我們必須使得人工變數之值爲零。至於如何使得人工變數之值爲零，我們在下節中將有詳細的說明。

例3.5：若一個線性程式除目標函數外僅有以下一個限制式：

$$x_1 + x_2 = 6$$

則原點(即:$x_1 = 0, x_2 = 0$之點)不再是可行解。加上人工變數$\overline{x}_3$後,可得

$$x_1 + x_2 + \overline{x}_3 = 6$$

$$\overline{x}_3 \geq 0$$

此時讓$\overline{x}_3 = 6$,即可使得原點成為可行解。 □

大於等於限制式

若限制式為大於等於($\geq$),則原點亦將不再是可行解(除非右手邊常數均為零)。此時,為使原點仍為可行解,我們可減去一個所謂的**剩餘變數**(surplus variable)使其成為等式後,再如同處理等式的方式,加上一個人工變數。當然,如同等式限制式一樣,為得到原問題的可行解,最後我們必須使得人工變數之值為零。

例3.6:若一個線性程式除目標函數外僅有以下一個限制式:

$$x_1 + x_2 \geq 6$$

則原點(即:$x_1 = 0, x_2 = 0$之點)不是可行解。減去剩餘變數x_3並加上人工變數$\overline{x}_4$後,可得

$$x_1 + x_2 - x_3 + \overline{x}_4 = 6$$

$$x_3, \overline{x}_4 \geq 0$$

此時,讓$x_3 = 0, \overline{x}_4 = 6$,即可使得原點成為可行解。 □

變數允許為負值

變數允許為負值的情況又可分為:(1)有下限值及(2)無下限值,兩種情形。

有下限值

若允許爲負的變數有下限值時，我們當然可以將其視爲功能限制式，並以功能限制式的方式處理，但是以下所討論的處理方式將更爲有效。

考慮一個允許爲負值且下限值爲 l_i ($l_i < 0$) 的變數如下：

$$x_i \geq l_i$$

我們以 $x_i' = x_i - l_i$ 取代 x_i（即：$x_i = x_i' + l_i$），則 $x_i' \geq 0$。以此方式處理，功能限制式的數目將不會增加。

很明顯地，對於其它有下限值的情形（亦即：$l_i > 0$），我們亦應以此同樣的方式處理，如此才可盡量減少功能限制式。（註：功能限制式是影響計算時間的最主要因素；見3.8節。）

例3.7：考慮以下線性程式：

$$
\begin{aligned}
\text{極大化} \quad & Z = 2x_1 + 5x_2 \\
\text{受限於} \quad & 3x_1 \qquad\quad \leq 12 \\
& \qquad\quad 2x_2 \leq 10 \\
& \;\; x_1 + \;\; x_2 \leq 6 \\
& x_1 \geq -10, x_2 \geq 0
\end{aligned}
$$

讓 $x_1' = x_1 - (-10) = x_1 + 10$（即：$x_1 = x_1' - 10$），則

$$
\begin{aligned}
\text{極大化} \quad & Z = 2x_1' + 5x_2 - 20 \\
\text{受限於} \quad & 3x_1' \qquad\quad \leq 42 \\
& \qquad\quad 2x_2 \leq 10 \\
& \;\; x_1' + \;\; x_2 \leq 16 \\
& x_1', x_2 \geq 0
\end{aligned}
$$

在此線性程式中，所有變數均有非負限制式，因此可用一般方式處理。在得到最佳解後，須記得經由 $x_1 = x_1' - 10$ 的轉換，以得到原線性程式的最佳解。　　　　　　　　　　　　　　　　　　　　　　　　□

無下限值

若允許為負的變數沒有下限值（亦即：x_i 不受限），則我們可用兩個非負變數予以取代，亦即：

$$x_i = x_i^+ - x_i^-$$

$$x_i^+, x_i^- \geq 0$$

這是因為任何值（不論是正值或負值）均可用兩個非負的數相減而得，例如：$-3 = 0 - 3$。

　　當允許為負的變數超過一個（如 x_1, x_2, x_3 不受限）時，雖然我們亦可用同樣的方式處理，但卻會增加相同數目的變數。此時，我們只需減去同一個變數，即可使得僅增加一個變數，亦即：

$$x_1 = x_1' - x$$

$$x_2 = x_2' - x$$

$$x_3 = x_3' - x$$

$$x_1', x_2', x_3', x \geq 0$$

3.6　大 M 法

一般而言，處理人工變數有兩個基本的方法：**大 M 法**(big-M method) 與**雙階法**(two-phase method)。本節先介紹大 M 法，雙階法則將於下節中介紹。

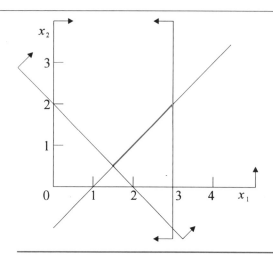

圖 3.6　　例 3.8 問題 P 的可行區域

　　如果所有的限制式均爲 ≤ 的形式，那麼我們即可用原點當作起始 BFS，因爲此時原點必爲可行解。但是，若限制式有 = 或 ≥ 的形式時，原點往往就不是可行解（除非爲退化解），因此也就無法當作起始 BFS。如前所述，此時爲使原點仍可當作起始 BFS，我們可加上人工變數。

例 3.8：考慮下列線性程式：

$$P: 極大化 \quad Z = 2x_1 + x_2$$

$$受限於 \qquad x_1 + x_2 \geq 2$$
$$x_1 \qquad \leq 3$$
$$x_1 - x_2 = 1$$
$$x_1, x_2 \geq 0$$

爲方便說明起見，我們稱此原問題爲問題 P，其可行區域如圖 3.6 所示（僅爲一條線段）。因爲問題 P 的限制式含有 = 及 ≥ 的形式，所以原點不在可行區域之內。加上人工變數後，此問題成爲以下的形式（稱之爲問題 P(M)）：

$$P(M): 極大化 \quad Z = 2x_1 + x_2 - M\overline{x}_4 - M\overline{x}_6$$

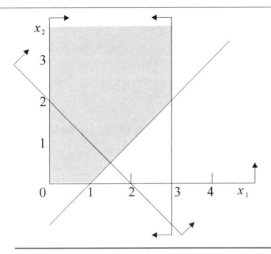

圖 3.7　　　　例 3.8 問題 P(M) 的可行區域

$$受限於 \qquad x_1 + x_2 - \quad x_3 + \quad \overline{x}_4 \qquad\qquad = 2$$

$$x_1 \qquad\qquad\qquad\qquad + x_5 \qquad = 3$$

$$x_1 - x_2 \qquad\qquad\qquad + \overline{x}_6 = 1$$

$$x_1, x_2, x_3, \overline{x}_4, x_5, \overline{x}_6 \geq 0$$

問題 P(M) 的可行區域如圖 3.7 所示，由圖中可看出，此時原點落於問題 P(M) 的可行區域。　　　　　　　　　　　　　　　　　　　　□

　　因此，就幾何意義而言，加上人工變數後，使得等式限制式的可行區域由一條線變成了半個面；使得大於等於限制式的可行區域由半個面變成了整個面。

　　雖然我們有了起始 BFS，但為了找到原問題 P 的可行解，我們必須使得所有人工變數的值均為零。為達到此一目的，我們在目標函數上，給予人工變數一個極大的負係數，亦即：$-M$（對於極小化問題，我們則給予人工變數一個極大的正係數，亦即：M）。因此在單純法的運算過程中，自然會盡其可能地將人工變數刪除，以得到較佳的目標函數值。最後要注意的是，在建立起始 BFS（亦即：第一個單純表）時，必

須先還原 (restore) Z 列，以得到適當形式。其餘步驟則與一般單純法相同。

大 M 法的結果

當使用大 M 法處理人工變數時，最後會得到以下的結果：

1. 找到 P(M) 的最佳解
   (a) 此時若所有人工變數均爲零，則此最佳解即爲 P 的最佳解。
   (b) 此時若存在人工變數不爲零，則 P 爲無可行解。
2. P(M) 爲無窮解
   (a) 此時若所有人工變數均爲零，則 P 爲無窮解。
   (b) 此時若存在人工變數不爲零，且此無窮解的條件來自最負的 Z 列係數，則 P 爲無可行解；若無窮解的條件不是來自最負的 Z 列係數，則繼續做下去。

　　因爲人工變數的功能僅是爲了尋找原問題 P 的可行解，所以當此功能達成後（即：所有人工變數均已由基變數轉換爲非基變數時），我們即可將所有的人工變數刪除。

例 3.9：以大 M 法解例 3.8，可得如表 3.10 所示的完整單純表組。在建立起始 BFS（亦即：第一個單純表）時，我們先以高氏消去法還原 Z 列如下：

$$
\begin{array}{l}
\text{還原前} \quad \begin{bmatrix} 1 & -2 & -1 & 0 & M & 0 & M & 0 \end{bmatrix} \\
\qquad\quad -M\begin{bmatrix} 0 & 1 & 1 & -1 & 1 & 0 & 0 & 2 \end{bmatrix} \\
\qquad\quad -M\begin{bmatrix} 0 & 1 & -1 & 0 & 0 & 0 & 1 & 1 \end{bmatrix} \\
\hline
\text{還原後} \quad \begin{bmatrix} 1 & -2M-2 & -1 & M & 0 & 0 & 0 & -3M \end{bmatrix}
\end{array}
$$

表 3.10　例3.9的完整單純表組

BV	Z	x_1	x_2	x_3	$\overline{x}_4$	x_5	$\overline{x}_6$	RHS	r
Z	1	$-2M-2$	-1	M	0	0	0	$-3M$	
$\overline{x}_4$	0	1	1	-1	1	0	0	2	2
x_5	0	1	0	0	0	1	0	3	3
$\overline{x}_6$	0	1	-1	0	0	0	1	1	1 $\rightarrow$

BV	Z	x_1	x_2	x_3	$\overline{x}_4$	x_5	$\overline{x}_6$	RHS	r
Z	1	0	$-2M-3$	M	0	0	$2M+2$	$-M+2$	
$\overline{x}_4$	0	0	2	-1	1	0	-1	1	$\frac{1}{2}\rightarrow$
x_5	0	0	1	0	0	1	-1	2	2
x_1	0	1	-1	0	0	0	1	1	

BV	Z	x_1	x_2	x_3	x_5	RHS	r
Z	1	0	0	$-\frac{3}{2}$	0	$\frac{7}{2}$	
x_2	0	0	1	$-\frac{1}{2}$	0	$\frac{1}{2}$	
x_5	0	0	0	$\frac{1}{2}$	1	$\frac{3}{2}$	3 $\rightarrow$
x_1	0	1	0	$-\frac{1}{2}$	0	$\frac{3}{2}$	

BV	Z	x_1	x_2	x_3	x_5	RHS	r
Z	1	0	0	0	3	8	
x_2	0	0	1	0	1	2	
x_3	0	0	0	1	2	3	
x_1	0	1	0	0	1	3	

在第三個單純表中，所有人工變數均已成為非基變數，因此我們可將其刪除。繼續做下去即可得到P(M)的最佳解。在此解中，因為所有的人工變數均為零，所以此解即為P的最佳解。　　　　□

3.7　雙階法

表 3.11	大 M 法與雙階法對例3.8目標函數考慮的比較
原問題	極大化 $Z = 2x_1 + x_2$
大 M 法	極大化 $Z = 2x_1 + x_2 - M\overline{x}_4 - M\overline{x}_6$
雙階法第一階段	極大化 $Z = -\overline{x}_4 - \overline{x}_6$
雙階法第二階段	極大化 $Z = 2x_1 + x_2$

雙階法(two-phase method)是處理人工變數的另一種方法。雙階法與大 M 法的差異,僅為其不必指定一個大 M 的係數。換句話說:在大 M 法中,我們利用一個大 M 值來區分人工變數與其他變數;而在雙階法中,我們是以雙階段的方式來做此區分。

在雙階法第一階段的目標函數裡,我們僅考慮人工變數,而不考慮其餘變數,因此我們不必使用大 M 值,而僅須給予人工變數 -1 的係數即可。進入第二階段時,我們再回復到原問題的目標函數,而不再考慮人工變數。表3.11提供了大 M 法與雙階法對例3.8目標函數考慮的比較。最後要注意的是,如同大 M 法,在建立起始BFS時,我們必須先還原 Z 列以得到適當形式。

第一階段問題的結果

我們先想想看,第一階段問題會有哪些可能的結果?第一階段問題是否有可能為無窮解呢?答案是否定的。這是因為無窮解的 Z 值必為無窮大(對極大化問題而言),但第一階段問題僅考慮人工係數,且其在目標函數的係數為 -1,所以第一階段的最佳可能值僅為零(不論是對極大化問題或是對極小化問題),而不可能為無窮大。再者,我們考慮第一階段問題是否可能無可行解呢?答案亦是否定的。這是因為有了人工變數後,原點即為一個可行解。因此,第一階段問題唯一可能的結果是得

表 3.12   例 3.10 第一階段的單純表組

BV	Z	x_1	x_2	x_3	$\overline{x}_4$	x_5	$\overline{x}_6$	RHS	r
Z	1	-2	0	1	0	0	0	-3	
$\overline{x}_4$	0	1	1	-1	1	0	0	2	2
x_5	0	1	0	0	0	1	0	3	3
$\overline{x}_6$	0	1	-1	0	0	0	1	1	$1 \rightarrow$

BV	Z	x_1	x_2	x_3	$\overline{x}_4$	x_5	$\overline{x}_6$	RHS	r
Z	1	0	-2	1	0	0	2	-1	
$\overline{x}_4$	0	0	2	-1	1	0	-1	1	$\frac{1}{2} \rightarrow$
x_5	0	0	1	0	0	1	-1	2	2
x_1	0	1	-1	0	0	0	1	1	

BV	Z	x_1	x_2	x_3	$\overline{x}_4$	x_5	$\overline{x}_6$	RHS	r
Z	1	0	0	0	1	0	1	0	
x_2	0	0	1	$-\frac{1}{2}$	$\frac{1}{2}$	0	$-\frac{1}{2}$	$\frac{1}{2}$	
x_5	0	0	0	$\frac{1}{2}$	$-\frac{1}{2}$	1	$-\frac{1}{2}$	$\frac{3}{2}$	
x_1	0	1	0	$-\frac{1}{2}$	$\frac{1}{2}$	0	$\frac{1}{2}$	$\frac{3}{2}$	

到一個最佳解。若在此最佳解中，所有人工變數均為零，我們即可進入第二階段；若在此最佳解中，存在某些人工變數不為零，那麼原問題則為無可行解。

第二階段

在第二階段中，我們從第一階段所得到的 BFS 開始，繼續解原問題 P。因為在此階段中，人工變數已不再有任何用途，所以我們可先將其在單純表中相對的欄位消除。然後，我們回復到原問題的目標函數，並還原 Z 列以得到適當形式。接下來，我們即可用一般的單純法，繼續解此問題。

表 3.13　　例 3.10 的第二階段單純表組

BV	Z	x_1	x_2	x_3	x_5	RHS	r
Z	1	0	0	$-\frac{3}{2}$	0	$\frac{7}{2}$	
x_2	0	0	1	$-\frac{1}{2}$	0	$\frac{1}{2}$	
x_5	0	0	0	$\frac{1}{2}$	1	$\frac{3}{2}$	$3 \rightarrow$
x_1	0	1	0	$-\frac{1}{2}$	0	$\frac{3}{2}$	

BV	Z	x_1	x_2	x_3	x_5	RHS	r
Z	1	0	0	0	3	8	
x_2	0	0	1	0	1	2	
x_3	0	0	0	1	2	3	
x_1	0	1	0	0	1	3	

例 3.10：以雙階法解例 3.8 可得如表 3.12 所示的第一階段單純表組。在第一階段的目標函數裡，我們僅考慮人工變數，並給予其係數 -1。當建立起始 BFS 時，我們先以高氏消去法還原 Z 列如下：

$$
\begin{array}{rl}
\text{還原前} & [\ 1 \quad 0 \quad 0 \quad 0 \quad 1 \quad 0 \quad 1 \quad 0\ ] \\
-1 & [\ 0 \quad 1 \quad 1 \quad -1 \quad 1 \quad 0 \quad 0 \quad 2\ ] \\
-1 & [\ 0 \quad 1 \quad -1 \quad 0 \quad 0 \quad 0 \quad 1 \quad 1\ ] \\
\hline
\text{還原後} & [\ 1 \quad -2 \quad 0 \quad 1 \quad 0 \quad 0 \quad 0 \quad -3\ ]
\end{array}
$$

當做到第三個單純表時，我們得到了第一階段的最佳解。因為此時所有的人工變數均為零，所以我們可以進入第二階段。

雙階法第二階段的單純表組如表 3.13 所示。在第二階段開始，我們將人工變數在單純表中相對的欄位消除，然後用原問題目標函數的係數，還原 Z 列如下：

還原前	[	1	−2	−1	0	0	0	]
1[		0	0	1	$-\frac{1}{2}$	0	$\frac{1}{2}$	]
2[		0	1	0	$-\frac{1}{2}$	0	$\frac{3}{2}$	]
還原後	[	1	0	0	$-\frac{3}{2}$	0	$\frac{7}{2}$	]

接著，我們即可用一般的單純法，繼續解第二階段的問題，而得到此問題的最佳解。

　　讀者若將雙階法的表3.12及表3.13與大 M 法的表3.10相對照，將會發覺許多相似之處，因為如前所述，此兩方法的差異，僅為在雙階法中不必指定一個大 M 的係數而已。　　　　　　　　　　　□

3.8　電腦執行

　　對線性規畫而言，限制式的數目比變數的數目對計算時間的影響大。此外，係數的密度(density)越高（非零的係數越多，密度越高；反之，密度越低），所需的計算時間亦越長。

　　市面上的線性規畫套裝軟體相當多，大部分軟體所採用的方法是修正單純法（將於第四章介紹）。在大型電腦方面，最常使用的線性規畫套裝軟體是MPSIII；在PC上最常用的則是LINDO。大部分電腦軟體（包含以上所提的兩種）除了求解線性規畫問題的功能外，亦可用以求解整數規畫問題。

3.9　內在點演算法

　　1984年 Narendra Karmarkar 發展出求解線性規畫問題的另一種方法——**內在點演算法**(interior-point algorithm)。據稱，此新的線性規畫演算法求解大型線性規畫問題的速度，較單純法快50倍之多。然而，此演算

法除了目前的套裝軟體尚不普遍且極爲昂貴外，還有以下兩個明顯的缺點：

1. 它需要相當大的整備時間(setup time)，所以此法不適用於小型問題（如1,000個限制式以下的問題）。

2. 它無法做敏感度分析。

由於內在點演算法超出本書的範圍，所以本書將不介紹。有興趣的讀者可參見Winston (1991)。

3.10　習題

1. 考慮以下線性程式：

$$極大化 \quad Z = 3x_1 + 2x_2$$
$$受限於 \quad 4x_1 + 2x_2 \leq 10$$
$$x_1 + 3x_2 \leq 12$$
$$x_2 \leq 5$$
$$x_1, x_2 \geq 0$$

(a) 以圖解法解此問題，並找出所有角點解及角點可行解。

(b) 以單純法的代數形式解此問題。

(c) 以單純法解此問題，並找出各單純表與(a)之圖解法各角點可行解的對應關係。

2. 考慮以下線性程式：

$$極大化 \quad Z = 3x_1 - x_2$$
$$受限於 \quad -x_1 + x_2 \leq 1$$
$$x_1 - x_2 \leq 2$$

$$4x_1 + 5x_2 \leq 20$$
$$x_1, x_2 \geq 0$$

(a) 以圖解法解此問題，並找出所有角點解與角點可行解。

(b) 以單純法解此問題，並找出各單純表與(a)之圖解法各角點可行解的對應關係。

3. 以單純法解以下問題：

$$極小化 \quad Z = -3x_1 - 5x_2 - 2x_3$$
$$受限於 \quad 2x_1 + 4x_2 + 3x_3 \leq 42$$
$$3x_1 + 2x_2 - x_3 \leq 12$$
$$-x_1 + 4x_2 \qquad \leq 20$$
$$x_1, x_2, x_3 \geq 0$$

4. 以單純法解以下問題：

$$極大化 \quad Z = 4x_1 - 6x_2 + 2x_3 - 5x_4 + 12x_5$$
$$受限於 \quad 2x_1 + 3x_2 + 5x_3 + 6x_4 + 6x_5 \leq 30$$
$$4x_1 - 2x_2 + x_3 - x_4 + 10x_5 \leq 20$$
$$x_i \geq 0, i = 1, 2, ..., 5$$

5. 以單純法解以下問題：

$$極大化 \quad Z = 2x_1 - 3x_2 + 3x_3$$
$$受限於 \quad 3x_1 + x_2 + 2x_3 \leq 6$$
$$x_1 - x_2 + x_3 \leq 2$$
$$2x_1 - x_2 + 4x_3 \leq 8$$
$$x_1, x_2, x_3 > 0$$

6. 以單純法解以下問題：

$$\text{極大化} \quad Z = \quad 2x_1 + 7x_2$$
$$\text{受限於} \qquad -3x_1 - \quad x_2 \leq 3$$
$$x_2 \leq 5$$
$$-2x_1 + 2x_2 \leq 4$$
$$x_1, x_2 \geq 0$$

7. 考慮以下線性程式：

$$\text{極大化} \quad Z = 2x_1 - 3x_2 + 3x_3 + 5x_4 - 2x_5 + 10x_6$$
$$\text{受限於} \qquad 3x_1 + \quad x_2 + 5x_3 + 3x_4 + 6x_5 + \quad 2x_6 \leq 45$$
$$x_i \geq 0, i = 1, 2, ..., 6$$

(a) 以觀察法解此問題。

(b) 若此問題改為極小化問題，則觀察法之解為何？

(c) 以單純法證明您所用的觀察法確實能解單一限制式的線性程式
（不論是極大化問題或極小化問題）。

8. 考慮以下線性程式：

$$\text{極小化} \quad Z = -8x_1 + 3x_2$$
$$\text{受限於} \qquad x_1 - \quad x_2 \leq 2$$
$$5x_1 + 4x_2 \leq 20$$
$$x_1, x_2 \geq 0$$

(a) 將此極小化問題轉換為極大化問題，並以單純法解之。

(b) 直接以單純法解此極小化問題。

9. 考慮以下線性程式：

$$極大化 \quad Z = \quad x_1 - \quad x_2$$
$$受限於 \qquad x_1 \qquad \leq 6$$
$$x_2 \geq 3$$
$$-x_1 + 2x_2 = 2$$
$$x_1, x_2 \geq 0$$

(a) 此問題的可行區域爲何？

(b) 加上人工變數後的可行區域爲何？

10. 考慮以下線性程式：

$$極大化 \quad Z = \quad x_1 + 3x_2 - 5x_3$$
$$受限於 \qquad x_1 + \quad x_2 \qquad \leq 15$$
$$2x_1 + 3x_2 - \quad x_3 \geq 6$$
$$5x_1 - 2x_2 + 2x_3 \geq 10$$
$$x_1, x_2, x_3 \geq 0$$

(a) 以大 M 法解此問題。

(b) 以雙階法解此問題。

11. 以大 M 法求解以下線性程式：

$$極小化 \quad Z = 3x_1 + 5x_2$$
$$受限於 \qquad x_1 - \quad x_2 \geq 4$$
$$2x_1 + 3x_2 = 6$$
$$x_1, x_2 \geq 0$$

12. 以雙階法求解以下線性程式：

$$極小化 \quad Z = 3x_1 + 4x_2$$

$$受限於 \quad 2x_1 + 7x_2 \leq 15$$
$$2x_1 + 3x_2 \geq 8$$
$$x_1, x_2 \geq 0$$

13. 以雙階法求解以下線性程式：

$$極大化 \quad Z = 3x_1 + 5x_2 + x_3$$
$$受限於 \quad x_1 - x_2 + 3x_3 \geq 6$$
$$2x_1 + 2x_2 + x_3 \leq 6$$
$$x_1, x_2, x_3 \geq 0$$

14. 考慮以下具有允許為負值之變數的線性程式：

$$極大化 \quad Z = 3x_1 + 5x_2$$
$$受限於 \quad 3x_1 + x_2 \leq 6$$
$$x_1 + 2x_2 \leq 4$$
$$x_2 \geq -2$$
$$x_1 \text{ 不受限}$$

將此線性程式轉換為僅有兩個功能限制式的線性程式，並以單純法解之。

15. 以單純法解以下問題：

$$極大化 \quad Z = -3x_1 + 3x_2 + x_3$$
$$受限於 \quad 4x_2 + x_3 \leq 20$$
$$x_1 + x_2 - 2x_3 \leq 10$$
$$-3x_1 + 2x_2 + x_3 \leq 30$$
$$x_1, x_2, x_3 \text{ 不受限}$$

第四章
線性規畫的高等主題

本章大綱

在第三章中，我們曾經介紹了求解線性規畫的基本方法——單純法。在本章中，我們將進一步探討如何更有效率地執行單純法。首先，我們將在4.1節中介紹單純法的**矩陣形式**(matrix form)，以作爲4.2節修正單純法(revised simplex method)的基礎。由於基底(basis)之反矩陣(inverse matrix)在修正單純法中扮演相當重要的角色，所以4.3節提出了求解此反矩陣極爲有效率的方法——乘積形式(product form)。最後，我們將在4.4節中討論如何將上限限制式（如：$x_1 \leq 4$），自功能限制式中移開，而以類似非負限制式的方式處理，如此將可有效地減少計算所需的時間。

4.1　矩陣形式

本節將介紹單純法的**矩陣形式**(matrix form)。（附錄A對矩陣有簡單、扼要的介紹與複習。）我們可將極大化線性程式的擴充形式用以下的矩陣形式表示：

$$\text{極大化} \quad Z = \mathbf{cx}$$
$$\text{受限於} \quad \mathbf{Ax} = \mathbf{b}$$
$$\mathbf{x} \geq \mathbf{0}$$

其中 $\mathbf{c}$ 爲列向量(row vector)

$$\mathbf{c} = [c_1, c_2, ..., c_n]$$

$\mathbf{x}$, $\mathbf{b}$, $\mathbf{0}$ 爲行向量(column vector)

$$\mathbf{x} = \begin{pmatrix} x_1 \\ x_2 \\ \vdots \\ x_n \end{pmatrix} \qquad \mathbf{b} = \begin{pmatrix} b_1 \\ b_2 \\ \vdots \\ b_m \end{pmatrix} \qquad \mathbf{0} = \begin{pmatrix} 0 \\ 0 \\ \vdots \\ 0 \end{pmatrix}$$

$\mathbf{A}$ 為 $m \times n$ 的矩陣

$$\mathbf{A} = \begin{pmatrix} a_{11} & a_{12} & \dots & a_{1n} \\ a_{21} & a_{22} & \dots & a_{2n} \\ \vdots & \vdots & \ddots & \vdots \\ a_{m1} & a_{m2} & \dots & a_{mn} \end{pmatrix}$$

給定 $\mathbf{Ax} = \mathbf{b}$ 的一個基解 $\mathbf{x}$，我們可將其分割為

$$\mathbf{x} = \begin{pmatrix} \mathbf{x_B} \\ \mathbf{x_N} \end{pmatrix}$$

其中 $\mathbf{x_B}$ 包含 m 個基變數，$\mathbf{x_N}$ 包含 $(n-m)$ 個非基變數。相對地，我們可將 $\mathbf{c}$ 與 $\mathbf{A}$ 分割為

$$\mathbf{c} = (\mathbf{c_B} \ \mathbf{c_N})$$

及

$$\mathbf{A} = (\mathbf{B} \ \mathbf{N})$$

因此，我們可將 $\mathbf{Ax} = \mathbf{b}$ 重新寫為

$$(\mathbf{B} \ \mathbf{N}) \begin{pmatrix} \mathbf{x_B} \\ \mathbf{x_N} \end{pmatrix} = \mathbf{b}$$

或

$$\mathbf{Bx_B} + \mathbf{Nx_N} = \mathbf{b}$$

因為單純法的基解必定使得 $\mathbf{B}$ 為非奇異的（nonsingular；見附錄 A），所以其 $\mathbf{B}^{-1}$ 必定存在，因此我們可將等號左右兩邊分別乘上 $\mathbf{B}^{-1}$ 而得

$$\mathbf{x_B} + \mathbf{B}^{-1}\mathbf{Nx_N} = \mathbf{B}^{-1}\mathbf{b} \tag{4.1}$$

或

$$\mathbf{x_B} = \mathbf{B}^{-1}\mathbf{b} - \mathbf{B}^{-1}\mathbf{Nx_N} \tag{4.2}$$

同樣地，我們可將 $Z = \mathbf{cx}$ 改寫為

表 4.1   單純表的矩陣形式 (一)

BV	Z	$\mathbf{x_B}$	$\mathbf{x_N}$	RHS
Z	1	$\mathbf{0}$	$\mathbf{c_B B^{-1} N - c_N}$	$\mathbf{c_B B^{-1} b}$
$\mathbf{x_B}$	$\mathbf{0}$	$\mathbf{I}$	$\mathbf{B^{-1} N}$	$\mathbf{B^{-1} b}$

$$Z = (\mathbf{c_B}\ \mathbf{c_N}) \begin{pmatrix} \mathbf{x_B} \\ \mathbf{x_N} \end{pmatrix}$$

或

$$Z = \mathbf{c_B x_B} + \mathbf{c_N x_N}$$

將 (4.2) 代入上式可得

$$Z = \mathbf{c_B}(\mathbf{B^{-1} b} - \mathbf{B^{-1} N x_N}) + \mathbf{c_N x_N}$$

$$= \mathbf{c_B B^{-1} b} - (\mathbf{c_B B^{-1} N} - \mathbf{c_N})\mathbf{x_N}$$

或

$$Z + (\mathbf{c_B B^{-1} N} - \mathbf{c_N})\mathbf{x_N} = \mathbf{c_B B^{-1} b} \tag{4.3}$$

根據 (4.1) 與 (4.3)，我們可將單純表的矩陣形式以表 4.1 表示。為方便說明起見，我們將稱此矩陣形式為單純表的矩陣形式 (一)。某一非基變數之行則為

$$\begin{pmatrix} x_j \\ \hline \mathbf{c_B B^{-1} a}_j - c_j \\ \mathbf{B^{-1} a}_j \end{pmatrix}$$

其中 $\mathbf{a}_j$ 為行向量

$$\mathbf{a}_j = \begin{pmatrix} a_{1j} \\ a_{2j} \\ \vdots \\ a_{mj} \end{pmatrix}$$

表 4.2　　　單純表的矩陣形式(二)

BV	Z	$\mathbf{x}$	RHS
Z	1	$\mathbf{c_B}\mathbf{B}^{-1}\mathbf{A} - \mathbf{c}$	$\mathbf{c_B}\mathbf{B}^{-1}\mathbf{b}$
$\mathbf{x_B}$	0	$\mathbf{B}^{-1}\mathbf{A}$	$\mathbf{B}^{-1}\mathbf{b}$

我們經常習慣讓

$$z_j = \mathbf{c_B}\mathbf{B}^{-1}\mathbf{a}_j$$

因此

$$z_j - c_j = \mathbf{c_B}\mathbf{B}^{-1}\mathbf{a}_j - c_j$$

　　矩陣形式(一)是將變數按基變數與非基變數的順序予以排列。除此之外,我們亦可將變數按變數的下標(subscript)順序排列,而得到表 4.2 所示的矩陣形式。我們將稱此形式為單純表的矩陣形式(二)。

例 4.1:考慮典型例題。建立一個以 x_1, x_2, x_3 為基變數的單純表。若此基解不是最佳解,則以單純法繼續求得最佳解。

解答:我們先寫出典型例題擴充形式的係數如下:

$$\mathbf{c} = \begin{pmatrix} 2 & 5 & 0 & 0 & 0 \end{pmatrix}$$

$$\mathbf{A} = \begin{pmatrix} 3 & 0 & 1 & 0 & 0 \\ 0 & 2 & 0 & 1 & 0 \\ 1 & 1 & 0 & 0 & 1 \end{pmatrix} \qquad \mathbf{b} = \begin{pmatrix} 12 \\ 10 \\ 6 \end{pmatrix}$$

因為

$$\mathbf{x_B} = \begin{pmatrix} x_1 \\ x_2 \\ x_3 \end{pmatrix}$$

所以

$$\mathbf{c_B} = \begin{pmatrix} 2 & 5 & 0 \end{pmatrix}$$

$$\mathbf{B} = \begin{array}{ccc} x_1 & x_2 & x_3 \\ \begin{pmatrix} 3 & 0 & 1 \\ 0 & 2 & 0 \\ 1 & 1 & 0 \end{pmatrix} \end{array}$$

我們可求得 $\mathbf{B}^{-1}$ 如下

$$\mathbf{B}^{-1} = \begin{pmatrix} 0 & -\frac{1}{2} & 1 \\ 0 & \frac{1}{2} & 0 \\ 1 & \frac{3}{2} & -3 \end{pmatrix}$$

得到 $\mathbf{B}^{-1}$ 後，我們即可代入矩陣形式（二）之公式，而求得各部份之值如下：

$$\mathbf{B}^{-1}\mathbf{A} = \begin{pmatrix} 0 & -\frac{1}{2} & 1 \\ 0 & \frac{1}{2} & 0 \\ 1 & \frac{3}{2} & -3 \end{pmatrix} \begin{pmatrix} 3 & 0 & 1 & 0 & 0 \\ 0 & 2 & 0 & 1 & 0 \\ 1 & 1 & 0 & 0 & 1 \end{pmatrix}$$

$$= \begin{pmatrix} 1 & 0 & 0 & -\frac{1}{2} & 1 \\ 0 & 1 & 0 & \frac{1}{2} & 0 \\ 0 & 0 & 1 & \frac{3}{2} & -3 \end{pmatrix}$$

$$\mathbf{c_B}\mathbf{B}^{-1}\mathbf{A} - \mathbf{c} = (2 \ \ 5 \ \ 0) \begin{pmatrix} 1 & 0 & 0 & -\frac{1}{2} & 1 \\ 0 & 1 & 0 & \frac{1}{2} & 0 \\ 0 & 0 & 1 & \frac{3}{2} & -3 \end{pmatrix} - (2 \ \ 5 \ \ 0 \ \ 0 \ \ 0)$$

$$= (0 \ \ 0 \ \ 0 \ \ \frac{3}{2} \ \ 2)$$

$$\mathbf{B}^{-1}\mathbf{b} = \begin{pmatrix} 0 & -\frac{1}{2} & 1 \\ 0 & \frac{1}{2} & 0 \\ 1 & \frac{3}{2} & -3 \end{pmatrix} \begin{pmatrix} 12 \\ 10 \\ 6 \end{pmatrix} = \begin{pmatrix} 1 \\ 5 \\ 9 \end{pmatrix}$$

$$\mathbf{c_B}\mathbf{B}^{-1}\mathbf{b} = (2 \ \ 5 \ \ 0) \begin{pmatrix} 1 \\ 5 \\ 9 \end{pmatrix} = 27$$

表 4.3　　例 4.1 的單純表

BV	Z	x_1	x_2	x_3	x_4	x_5	RHS	r
Z	1	0	0	0	$\frac{3}{2}$	2	27	
x_1	0	1	0	0	$-\frac{1}{2}$	1	1	
x_2	0	0	1	0	$\frac{1}{2}$	0	5	
x_3	0	0	0	1	$\frac{3}{2}$	-3	9	

將以上所得到的係數填入矩陣形式(二)，即可得到表 4.3 所示之以 $x_1, x_2,$ x_3 爲基變數的單純表。因爲在此單純表中，所有 Z 列係數均爲非負值，所以此表即爲最佳單純表。值得注意的是，此表中的數字與表 3.4 第三個單純表中的數字不完全相同；這只是因爲基變數順序不同的原因而已。若將此表的第一列與第三列對調，則可得到與表 3.4 第三個單純表完全相同的結果。　　　　　□

　　由以上例題我們知道，如果能完全猜對構成最佳單純表的基變數，那麼我們即可直接寫出最佳單純表。即使我們只能猜對部份基變數，我們亦可省略許多步驟，而直接跳到所猜測基變數的單純表，由此單純表繼續做下去，也許再做幾個步驟，即可得到最佳解。因此，熟悉單純表的矩陣形式，將使我們對單純法更能夠應用自如。事實上，我們在此介紹單純表矩陣形式的主要目的，是用以說明下節將探討的修正單純法。

4.2　修正單純法

由單純表的矩陣型式(一)可看出，許多部份是始終不變的，如：Z 欄與 $\mathbf{x_B}$ 欄。此外，有些部分在計算過程中並不是全部都需要，如：$\mathbf{B^{-1}N}$。因此，我們可將單純表簡化爲表 4.4 所示的形式。所需的 $\mathbf{c_B B^{-1} N - c_N}$ 與

表 4.4　　修正單純表的矩陣形式

$\mathbf{c_B B}^{-1}$	$\mathbf{c_B B}^{-1}\mathbf{b}$
$\mathbf{B}^{-1}$	$\mathbf{B}^{-1}\mathbf{b}$

進入變數欄 $\mathbf{B}^{-1}\mathbf{a}_j$ 則於表外求之。此法稱為**修正單純法**(revised simplex method)，而表 4.4 則稱為**修正單純表**(revised simplex tableau)。

我們簡單地比較一下單純法與修正單純法的效率。讓 n 為加上所有所需寬鬆變數、剩餘變數及人工變數後的變數個數，則單純表具有 $n+2$ 欄（其中 Z 與 RHS 各佔一欄），而修正單純表僅有 $m+1$ 欄。因為 $n \geq m$，所以修正單純法所需的計算絕對較單純法少。很明顯地，當 n 遠大於 m 時，修正單純法特別有效率。

例 4.2：考慮典型例題的擴充形式如下：

$$\text{極大化} \quad Z = 2x_1 + 5x_2$$

$$\begin{aligned}
\text{受限於} \qquad 3x_1 \qquad\quad + x_3 \qquad\qquad &= 12 \\
2x_2 \qquad\quad + x_4 \qquad &= 10 \\
x_1 + \ x_2 \qquad\qquad\quad + x_5 &= 6 \\
x_1, x_2, x_3, x_4, x_5 &\geq 0
\end{aligned}$$

首先讓寬鬆變數 x_3, x_4, x_5 為基變數，可得

$$\mathbf{x_B} = \begin{pmatrix} x_3 \\ x_4 \\ x_5 \end{pmatrix} \qquad \mathbf{B} = \begin{pmatrix} 1 & 0 & 0 \\ 0 & 1 & 0 \\ 0 & 0 & 1 \end{pmatrix}$$

$$\mathbf{c_B} = (0 \ \ 0 \ \ 0) \qquad \mathbf{b} = \begin{pmatrix} 12 \\ 10 \\ 6 \end{pmatrix}$$

由 $\mathbf{B}$ 可得 $\mathbf{B}^{-1}$ 如下：

表 4.5　　例 4.2 的第一個修正單純表

	0	0	0	0	−5	
x_3	1	0	0	12	0	−
x_4	0	1	0	10	2	5 →
x_5	0	0	1	6	1	6

$$\mathbf{B}^{-1} = \begin{pmatrix} 1 & 0 & 0 \\ 0 & 1 & 0 \\ 0 & 0 & 1 \end{pmatrix}$$

得到 $\mathbf{B}^{-1}$ 後，我們即可代入表 4.4 修正單純表中其餘各部份的公式而得

$$\mathbf{c_B}\mathbf{B}^{-1} = (0\ \ 0\ \ 0) \begin{pmatrix} 1 & 0 & 0 \\ 0 & 1 & 0 \\ 0 & 0 & 1 \end{pmatrix} = (0\ \ 0\ \ 0)$$

$$\mathbf{B}^{-1}\mathbf{b} = \begin{pmatrix} 1 & 0 & 0 \\ 0 & 1 & 0 \\ 0 & 0 & 1 \end{pmatrix} \begin{pmatrix} 12 \\ 10 \\ 6 \end{pmatrix} = \begin{pmatrix} 12 \\ 10 \\ 6 \end{pmatrix}$$

$$\mathbf{c_B}\mathbf{B}^{-1}\mathbf{b} = (0\ \ 0\ \ 0) \begin{pmatrix} 12 \\ 10 \\ 6 \end{pmatrix} = 0$$

將以上所得到的係數代入修正單純表即可得到表 4.5。欲決定此解是否為最佳解，我們計算各非基變數（即：x_1 與 x_2）之 Z 列係數如下：

$$z_1 - c_1 = \mathbf{c_B}\mathbf{B}^{-1}\mathbf{a}_1 - c_1 = (0\ \ 0\ \ 0) \begin{pmatrix} 3 \\ 0 \\ 1 \end{pmatrix} - 2 = -2$$

$$z_2 - c_2 = \mathbf{c_B}\mathbf{B}^{-1}\mathbf{a}_2 - c_2 = (0\ \ 0\ \ 0) \begin{pmatrix} 0 \\ 2 \\ 1 \end{pmatrix} - 5 = -5$$

我們選擇具最負 Z 列係數的 x_2 爲進入變數，並計算所需之 x_2 欄如下：

$$\mathbf{B}^{-1}\mathbf{a}_2 = \begin{pmatrix} 1 & 0 & 0 \\ 0 & 1 & 0 \\ 0 & 0 & 1 \end{pmatrix} \begin{pmatrix} 0 \\ 2 \\ 1 \end{pmatrix} = \begin{pmatrix} 0 \\ 2 \\ 1 \end{pmatrix}$$

表 4.6　　例 4.2 的第二個修正單純表

	0	$\frac{5}{2}$	0	25	-2	
x_3	1	0	0	12	3	4
x_2	0	$\frac{1}{2}$	0	5	0	—
x_5	0	$-\frac{1}{2}$	1	1	1	1

爲計算方便起見，我們可將所求得的 $\mathbf{B}^{-1}\mathbf{a}_2$ 列於修正單純表右側。由最小比率測試得知，x_4 爲離開變數，因此，在第二步驟中

$$\mathbf{x_B} = \begin{pmatrix} x_3 \\ x_2 \\ x_5 \end{pmatrix} \qquad \mathbf{B} = \begin{pmatrix} 1 & 0 & 0 \\ 0 & 2 & 0 \\ 0 & 1 & 1 \end{pmatrix} \qquad \mathbf{c_B} = (0 \ \ 5 \ \ 0)$$

我們可求得 $\mathbf{B}^{-1}$ 爲

$$\mathbf{B}^{-1} = \begin{pmatrix} 1 & 0 & 0 \\ 0 & \frac{1}{2} & 0 \\ 0 & -\frac{1}{2} & 1 \end{pmatrix}$$

得到 $\mathbf{B}^{-1}$ 後，我們即可代入公式求得修正單純表其餘各部份之值如下：

$$\mathbf{c_B}\mathbf{B}^{-1} = (0 \ \ 5 \ \ 0) \begin{pmatrix} 1 & 0 & 0 \\ 0 & \frac{1}{2} & 0 \\ 0 & -\frac{1}{2} & 1 \end{pmatrix} = (0 \ \ \frac{5}{2} \ \ 0)$$

$$\mathbf{B}^{-1}\mathbf{b} = \begin{pmatrix} 1 & 0 & 0 \\ 0 & \frac{1}{2} & 0 \\ 0 & -\frac{1}{2} & 1 \end{pmatrix} \begin{pmatrix} 12 \\ 10 \\ 6 \end{pmatrix} = \begin{pmatrix} 12 \\ 5 \\ 1 \end{pmatrix}$$

$$\mathbf{c_B}\mathbf{B}^{-1}\mathbf{b} = (0 \ \ \frac{5}{2} \ \ 0) \begin{pmatrix} 12 \\ 10 \\ 6 \end{pmatrix} = 25$$

將所得到的係數代入表 4.4，可得表 4.6 所示的第二個修正單純表。欲決定此解是否爲最佳解，我們計算各非基變數之 Z 列係數如下：

表 4.7　　　例 4.2 的第三個修正單純表

	0	$\frac{3}{2}$	2	27
x_3	1	$\frac{3}{2}$	-3	9
x_2	0	$\frac{1}{2}$	0	5
x_1	0	$-\frac{1}{2}$	1	1

$$z_1 - c_1 = \mathbf{c_B}\mathbf{B}^{-1}\mathbf{a}_1 - c_1 = (0 \quad \frac{5}{2} \quad 0) \begin{pmatrix} 3 \\ 0 \\ 1 \end{pmatrix} - 2 = -2$$

$$z_4 - c_4 = \mathbf{c_B}\mathbf{B}^{-1}\mathbf{a}_4 - c_4 = (0 \quad \frac{5}{2} \quad 0) \begin{pmatrix} 0 \\ 1 \\ 0 \end{pmatrix} - 0 = \frac{5}{2}$$

我們選擇具最負 Z 列係數的 x_1 爲進入變數（實際上僅有 x_1 的 Z 列係數爲負），並計算所需之 x_1 欄如下：

$$\mathbf{B}^{-1}\mathbf{a}_1 = \begin{pmatrix} 1 & 0 & 0 \\ 0 & \frac{1}{2} & 0 \\ 0 & -\frac{1}{2} & 1 \end{pmatrix} \begin{pmatrix} 3 \\ 0 \\ 1 \end{pmatrix} = \begin{pmatrix} 3 \\ 0 \\ 1 \end{pmatrix}$$

由最小比率測試得知，x_5 爲離開變數，因此，在第三步驟中

$$\mathbf{x_B} = \begin{pmatrix} x_3 \\ x_2 \\ x_1 \end{pmatrix} \qquad \mathbf{B} = \begin{pmatrix} 1 & 0 & 3 \\ 0 & 2 & 0 \\ 0 & 1 & 1 \end{pmatrix} \qquad \mathbf{c_B} = (0 \quad 5 \quad 2)$$

且

$$\mathbf{B}^{-1} = \begin{pmatrix} 1 & \frac{3}{2} & -3 \\ 0 & \frac{1}{2} & 0 \\ 0 & -\frac{1}{2} & 1 \end{pmatrix}$$

代入矩陣公式可得表 4.7 所示的第三個修正單純表。欲決定此解是否爲最佳解，我們計算各非基變數之 Z 列係數如下：

$$z_4 - c_4 = \mathbf{c_B}\mathbf{B}^{-1}\mathbf{a}_4 - c_4 = (0 \quad \frac{3}{2} \quad 2) \begin{pmatrix} 0 \\ 1 \\ 0 \end{pmatrix} - 0 = \frac{3}{2}$$

$$z_5 - c_5 = \mathbf{c_B B}^{-1}\mathbf{a}_5 - c_5 = \begin{pmatrix} 0 & \dfrac{3}{2} & 2 \end{pmatrix} \begin{pmatrix} 0 \\ 0 \\ 1 \end{pmatrix} - 0 = 2$$

此時，因為所有 Z 列係數均已為非負值，所以此解即為最佳解。當然，在此我們以修正單純法所得到的最佳解與 3.3 節以單純法所得到的最佳解是完全相同的。　　　　　　　　　　　　　　　　　　　　□

4.3　反矩陣有效率的計算法

在修正單純法中，$\mathbf{B}^{-1}$ 扮演著相當重要的角色，因此，如果我們能夠很快速地求得 $\mathbf{B}^{-1}$，將可使得修正單純法更有效率。本節即是探討如何由第 k 步驟的 $\mathbf{B}^{-1}$（以 $\mathbf{B}_k^{-1}$ 表示）求得第 $k+1$ 步驟的 $\mathbf{B}^{-1}$（以 $\mathbf{B}_{k+1}^{-1}$ 表示）。

假設第 k 步驟的 $\mathbf{B}$ 為

$$\mathbf{B}_k = [\mathbf{a}_3 \ \ \mathbf{a}_4 \ \ \mathbf{a}_5]$$

第 $k+1$ 步驟的 $\mathbf{B}$ 為

$$\mathbf{B}_{k+1} = [\mathbf{a}_1 \ \ \mathbf{a}_4 \ \ \mathbf{a}_5]$$

（亦即：由第 k 步驟到第 $k+1$ 步驟時，x_1 為進入變數，x_3 為離開變數。）則我們可得

$$
\begin{aligned}
\mathbf{B}_{k+1} &= [\mathbf{a}_1 \ \ \mathbf{a}_4 \ \ \mathbf{a}_5] \\
&= \left[\mathbf{B}_k\left(\mathbf{B}_k^{-1}\mathbf{a}_1\right) \ \ \mathbf{B}_k\begin{pmatrix} 0 \\ 1 \\ 0 \end{pmatrix} \ \ \mathbf{B}_k\begin{pmatrix} 0 \\ 0 \\ 1 \end{pmatrix} \right] \\
&= \left[\mathbf{B}_k\left(\mathbf{y}_1\right) \ \ \mathbf{B}_k\begin{pmatrix} 0 \\ 1 \\ 0 \end{pmatrix} \ \ \mathbf{B}_k\begin{pmatrix} 0 \\ 0 \\ 1 \end{pmatrix} \right] \\
&= \mathbf{B}_k\begin{pmatrix} y_{11} & 0 & 0 \\ y_{21} & 1 & 0 \\ y_{31} & 0 & 1 \end{pmatrix}
\end{aligned}
$$

所以

$$\mathbf{B}_{k+1}^{-1} = \begin{pmatrix} y_{11} & 0 & 0 \\ y_{21} & 1 & 0 \\ y_{31} & 0 & 1 \end{pmatrix}^{-1} \mathbf{B}_k^{-1}$$

其中

$$\begin{pmatrix} y_{11} & 0 & 0 \\ y_{21} & 1 & 0 \\ y_{31} & 0 & 1 \end{pmatrix}^{-1} = \begin{pmatrix} \frac{1}{y_{11}} & 0 & 0 \\ -\frac{y_{21}}{y_{11}} & 1 & 0 \\ -\frac{y_{31}}{y_{11}} & 0 & 1 \end{pmatrix}$$

這是因爲

$$\left(\begin{array}{ccc|ccc} y_{11} & 0 & 0 & 1 & 0 & 0 \\ y_{21} & 1 & 0 & 0 & 1 & 0 \\ y_{31} & 0 & 1 & 0 & 0 & 1 \end{array} \right) \Longrightarrow \left(\begin{array}{ccc|ccc} 1 & 0 & 0 & \frac{1}{y_{11}} & 0 & 0 \\ 0 & 1 & 0 & -\frac{y_{21}}{y_{11}} & 1 & 0 \\ 0 & 0 & 1 & -\frac{y_{31}}{y_{11}} & 0 & 1 \end{array} \right)$$

因此，我們得到 $\mathbf{B}_{k+1}^{-1}$ 與 $\mathbf{B}_k^{-1}$ 的關係如下：

$$\mathbf{B}_{k+1}^{-1} = \begin{pmatrix} \frac{1}{y_{11}} & 0 & 0 \\ -\frac{y_{21}}{y_{11}} & 1 & 0 \\ -\frac{y_{31}}{y_{11}} & 0 & 1 \end{pmatrix} \mathbf{B}_k^{-1}$$

　　以上的推導是當基底(basis)第一個變數改變的時候。以同樣的方式，我們可以得到當基底其他的變數改變時，$\mathbf{B}_{k+1}^{-1}$ 與 $\mathbf{B}_k^{-1}$ 的關係。例如：若 $\mathbf{B}_k$ 維持不變，而 $\mathbf{B}_{k+1}$ 改爲 $[\mathbf{a}_3 \ \ \mathbf{a}_1 \ \ \mathbf{a}_5]$（亦即：基底的第二個變數改變），那麼 $\mathbf{B}_{k+1}^{-1}$ 與 $\mathbf{B}_k^{-1}$ 的關係則爲

$$\mathbf{B}_{k+1}^{-1} = \begin{pmatrix} 1 & -\frac{y_{11}}{y_{21}} & 0 \\ 0 & \frac{1}{y_{21}} & 0 \\ 0 & -\frac{y_{31}}{y_{21}} & 1 \end{pmatrix} \mathbf{B}_k^{-1}$$

　　由以上的討論得知，我們只需在 $\mathbf{B}_k^{-1}$ 的前面，乘上一個簡單的矩陣（以 $\mathbf{E}_k$ 表示），即可求得 $\mathbf{B}_{k+1}^{-1}$。若進入變數 x_j 爲基底的第 i 個變數，則 $\mathbf{E}_k$ 僅第 i 欄不是呈單位矩陣 (identity matrix) 的形式。讓 $\mathbf{y}_j = \mathbf{B}_k^{-1}\mathbf{a}_j$，則第 i 欄的第 i 個元素爲 $1/y_{ij}$，其餘各元素 l 則爲 $-y_{lj}/y_{ij}$。

最後，我們將 $\mathbf{B}_k^{-1}$ 以 $\mathbf{E}_k$ 表達。因為 $\mathbf{B}_1 = \mathbf{B}_1^{-1} = \mathbf{I}$（單位矩陣），所以

$$\mathbf{B}_2^{-1} = \mathbf{E}_1\mathbf{B}_1^{-1} = \mathbf{E}_1$$

$$\mathbf{B}_3^{-1} = \mathbf{E}_2\mathbf{B}_2^{-1} = \mathbf{E}_2\mathbf{E}_1$$

因此可得

$$\mathbf{B}_k^{-1} = \mathbf{E}_{k-1}\mathbf{E}_{k-2}\cdots\mathbf{E}_1$$

此式被稱為**反矩陣的乘積形式**(product form of the inverse)。大多數線性規畫的電腦軟體係採用修正單純法，並以此反矩陣的乘積形式計算所需的反矩陣。

例 4.3：考慮典型例題，其第二步驟的 $\mathbf{B}^{-1}$ 為

$$\mathbf{B}_2^{-1} = \begin{pmatrix} 1 & 0 & 0 \\ 0 & \frac{1}{2} & 0 \\ 0 & -\frac{1}{2} & 1 \end{pmatrix}$$

欲由 $\mathbf{B}_2^{-1}$ 求 $\mathbf{B}_3^{-1}$，我們須先求得進入變數 x_1 在第二步驟時之 $\mathbf{y}_1$ 如下：

$$\mathbf{y}_1 = \mathbf{B}_2^{-1}\mathbf{a}_1 = \begin{pmatrix} 1 & 0 & 0 \\ 0 & \frac{1}{2} & 0 \\ 0 & -\frac{1}{2} & 1 \end{pmatrix}\begin{pmatrix} 3 \\ 0 \\ 1 \end{pmatrix} = \begin{pmatrix} 3 \\ 0 \\ 1 \end{pmatrix}$$

因為由第二步驟至第三步驟，基底的第三個基變數改變（見表 4.6 與表 4.7），所以代入公式可得

$$\mathbf{B}_3^{-1} = \begin{pmatrix} 1 & 0 & -\frac{y_{11}}{y_{31}} \\ 0 & 1 & -\frac{y_{21}}{y_{31}} \\ 0 & 0 & \frac{1}{y_{31}} \end{pmatrix}\mathbf{B}_2^{-1}$$

$$= \begin{pmatrix} 1 & 0 & -3 \\ 0 & 1 & 0 \\ 0 & 0 & 1 \end{pmatrix}\begin{pmatrix} 1 & 0 & 0 \\ 0 & \frac{1}{2} & 0 \\ 0 & -\frac{1}{2} & 1 \end{pmatrix}$$

$$= \begin{pmatrix} 1 & \frac{3}{2} & -3 \\ 0 & \frac{1}{2} & 0 \\ 0 & -\frac{1}{2} & 1 \end{pmatrix}$$

此結果與4.2節以修正單純法求解的結果完全相同（見表4.7）。　□

4.4　上限技巧

我們曾在3.8節中提到，功能限制式是影響計算時間最主要的因素。因此，如果可能的話，我們應盡量減少功能限制式的數目。**上限技巧**(upper bound technique)即是將上限限制式（如：$x_1 \leq 4$）由功能限制式中移開，而以類似非負限制式的方式處理。（回憶在3.2節與3.3節中，非負限制式是以最小比率測試的方式處理。）

上限技巧的主要秘訣就是重新定義基變數與非基變數的觀念。在不考慮退化解的情況下，所有值為零或為其上限的變數均為非基變數（在一般單純法中，僅值為零的變數為非基變數），其餘值介於零與其上限之間的變數則為基變數。為進一步說明此觀念所引伸出來的作法，我們考慮以下上限限制式：

$$x_i \leq u_i$$

其中u_i為x_i的上限。（當然，x_i的非負限制式〔即：$x_i \geq 0$〕仍然存在。）讓

$$x_i' = u_i - x_i$$

則$0 \leq x_i' \leq u_i$。（注意：x_i'的上限亦為u_i。）很明顯地，當$x_i = u_i$時，$x_i' = 0$。為讓非基變數維持在單純法中值為零的原則，當x_i達到其上限時，我們以x_i'取代，因為此時$x_i' = 0$。亦即：

1. 若$x_i = 0$，則以x_i為非基變數；
2. 若$x_i = u_i$，則以x_i'為非基變數。

同理，當x_i已為x_i'取代後，x_i'亦應以同樣的方式處理。為簡化說明起見，在以下的討論中，我們仍以x_i為例，而x_i'亦應以同樣的方式處理。

其次，我們考慮在此情況下，當某一個非基變數 x_i 被考慮進入基底時，是否應讓其進入？若讓其進入，何者應為離開變數？當進入變數 x_i 增加時，會發生以下三種狀況之一：

1. 在 x_i 欄中，係數為正的基變數最先變為零。
2. 在 x_i 欄中，係數為負的基變數最先達到其上限。
3. 進入變數 x_i 本身最先達到其上限。

當發生第一種與第二種情況時，該基變數即為離開變數。當發生第三種情況時，因進入變數達到其上限，故仍為非基變數，因此所有基變數維持不變。需要特別注意的是，當發生第二種與第三種情形時，因該變數已達到其上限，故必須以其所相對的變數取代。在以下的例題中，我們將對此有詳盡的說明。

例4.4：考慮以下的線性程式：

$$極大化 \quad Z = 2x_1 - x_2 + x_3$$
$$受限於 \quad 3x_1 + x_2 + x_3 \leq 16$$
$$x_1 - x_2 + 2x_3 \leq 10$$
$$x_1 + x_2 - x_3 \leq 20$$
$$x_1 \leq 5$$
$$x_2 \leq 10$$
$$x_3 \leq 2$$
$$x_1, x_2, x_3 \geq 0$$

加上寬鬆變數 x_4, x_5, x_6 後，可得如表4.8所示的第一個單純表。我們考慮讓具最負 Z 列係數的變數（即：x_1）為進入變數。因為在所有基變數尚未為零時，x_1 已達到其上限值 5 $(\min\{5, 5\frac{1}{3}, 10, 20\} = 5)$，所以 x_1 無法

表4.8　　　例4.4的第一個單純表

BV	Z	x_1	x_2	x_3	x_4	x_5	x_6	RHS	r
Z	1	-2	1	-1	0	0	0	0	
x_4	0	3	1	1	1	0	0	16	$5\frac{1}{3}$
x_5	0	1	-1	2	0	1	0	10	10
x_6	0	1	1	-1	0	0	1	20	20

表4.9　　　例4.4的第二個單純表

BV	Z	x_1'	x_2	x_3	x_4	x_5	x_6	RHS	r
Z	1	2	1	-1	0	0	0	10	
x_4	0	-3	1	1	1	0	0	1	$1 \rightarrow$
x_5	0	-1	-1	2	0	1	0	5	$2\frac{1}{2}$
x_6	0	-1	1	-1	0	0	1	15	$-$

進入而仍爲非基變數，因此基變數仍然維持不變。將x_1以$x_1' = 5 - x_1$取代，可得表4.9所示的第二個單純表。例如：第一列轉換過程如下：

$$3(5 - x_1') + x_2 + x_3 + x_4 = 16$$

$$-3x_1' + x_2 + x_3 + x_4 = 1$$

事實上，此時僅x_1欄與RHS欄會有所改變，其餘各欄之值均維持不變，且x_1欄僅係數的符號改變而已。因爲此表仍然不是最佳單純表，所以我們繼續考慮讓x_3爲進入變數。此時在x_3欄中，係數爲正的x_4最先爲零($\min\{2, 1, 2\frac{1}{2}\} = 1$)，所以$x_4$爲離開變數。（在$x_3$欄中，係數爲負的$x_6$沒有上限值，所以不必考慮其爲離開變數。）以高式消去法可得表4.10所示的第三個單純表。接著，我們考慮讓Z列係數爲負的x_1'爲進入變數。當x_1'增加時，在x_1'欄中係數爲負的x_3亦將隨之增加（x_1'每增加

表 4.10   例 4.4 的第三個單純表

BV	Z	x_1'	x_2	x_3	x_4	x_5	x_6	RHS	r
Z	1	-1	2	0	1	0	0	11	
x_3	0	-3	1	1	1	0	0	1	$\frac{2-1}{3}$ $\rightarrow$
x_5	0	5	-3	0	-2	1	0	3	$\frac{3}{5}$
x_6	0	-4	2	0	1	0	1	16	$-$

1 單位，x_3 增加 3 單位），並最先達到其上限值 2（$\min\{5, \frac{1}{3}, \frac{3}{5}\} = \frac{1}{3}$）。因此，$x_3$ 為離開變數，並為 x_3' 所取代；我們可用以下的方式轉換。首先考慮 x_3 列。

$$-3x_1' + x_2 + x_3 + x_4 = 1$$

$$-3x_1' + x_2 + (2 - x_3') + x_4 = 1$$

$$3x_1' - x_2 + x_3' - x_4 = 1$$

$$x_1' - \frac{1}{3}x_2 + \frac{1}{3}x_3' - \frac{1}{3}x_4 = \frac{1}{3}$$

此列即為新的 x_1' 列。我們先將此列填入單純表中，其餘各列即可根據此列以高式消去法求得；所得結果如表 4.11 所示。因為在表 4.11 中，Z 列係數不再有負值，所以此解即為最佳解。在讀出最佳解時需特別注意的是，有些變數在表中是以 x_i' 的形式出現，所以需要經過轉換而得原變數 x_i 之值。在此例題中，我們可由表 4.11 讀出最佳解為 $x_1 = 5 - x_1' = 5 - \frac{1}{3} = 4\frac{2}{3}$，$x_2 = 0$，$x_3 = 2 - x_3' = 2 - 0 = 2$，$x_4 = 0$，$x_5 = 1\frac{1}{3}$，$x_6 = 17\frac{1}{3}$，$Z = 11\frac{1}{3}$。為方便讀者閱讀起見，我們將本例題的完整單純表組彙整於表 4.12。

表4.11　例4.4的第四個單純表（最佳單純表）

BV	Z	x_1'	x_2	x_3'	x_4	x_5	x_6	RHS	r
Z	1	0	$1\frac{2}{3}$	$\frac{1}{3}$	$\frac{2}{3}$	0	0	$11\frac{1}{3}$	
x_1'	0	1	$-\frac{1}{3}$	$\frac{1}{3}$	$-\frac{1}{3}$	0	0	$\frac{1}{3}$	
x_5	0	0	$-1\frac{1}{3}$	$-1\frac{2}{3}$	$-\frac{1}{3}$	1	0	$1\frac{1}{3}$	
x_6	0	0	$\frac{2}{3}$	$1\frac{1}{3}$	$-\frac{1}{3}$	0	1	$17\frac{1}{3}$	

表4.12　例4.4的完整單純表組

BV	Z	x_1	x_2	x_3	x_4	x_5	x_6	RHS	r
Z	1	-2	1	-1	0	0	0	0	
x_4	0	3	1	1	1	0	0	16	$5\frac{1}{3}$
x_5	0	1	-1	2	0	1	0	10	10
x_6	0	1	1	-1	0	0	1	20	20

BV	Z	x_1'	x_2	x_3	x_4	x_5	x_6	RHS	r
Z	1	2	1	-1	0	0	0	0	
x_4	0	-3	1	1	1	0	0	1	$1 \rightarrow$
x_5	0	-1	-1	2	0	1	0	5	$2\frac{1}{2}$
x_6	0	-1	1	-1	0	0	1	15	$-$

BV	Z	x_1'	x_2	x_3	x_4	x_5	x_6	RHS	r
Z	1	-1	2	0	1	0	0	11	
x_3	0	-3	1	1	1	0	0	1	$\frac{2-1}{3} \rightarrow$
x_5	0	5	-3	0	-2	1	0	3	$\frac{3}{5}$
x_6	0	-4	2	0	1	0	1	16	$-$

BV	Z	x_1'	x_2	x_3'	x_4	x_5	x_6	RHS	r
Z	1	0	$1\frac{2}{3}$	$\frac{1}{3}$	$\frac{2}{3}$	0	0	$11\frac{1}{3}$	
x_1'	0	1	$-\frac{1}{3}$	$\frac{1}{3}$	$-\frac{1}{3}$	0	0	$\frac{1}{3}$	
x_5	0	0	$-1\frac{1}{3}$	$-1\frac{2}{3}$	$-\frac{1}{3}$	1	0	$1\frac{1}{3}$	
x_6	0	0	$\frac{2}{3}$	$1\frac{1}{3}$	$-\frac{1}{3}$	0	1	$17\frac{1}{3}$	

4.5 習題

1. 考慮以下線性程式:

$$\text{極小化} \quad Z = -8x_1 + 3x_2$$
$$\text{受限於} \quad x_1 - x_2 \leq 2$$
$$5x_1 + 4x_2 \leq 20$$
$$x_1, x_2 \geq 0$$

建立一個以 x_1, x_2 爲基變數之單純表。若此基解不是最佳解,則以單純法繼續求得最佳解。

2. 考慮以下線性程式:

$$\text{極小化} \quad Z = 4x_1 + 3x_2 + x_3$$
$$\text{受限於} \quad 2x_1 + x_2 + x_3 \geq 20$$
$$2x_1 + x_2 - 3x_3 \geq 30$$
$$x_1 + 3x_2 + 4x_3 \geq 60$$
$$x_1, x_2, x_3 \geq 0$$

建立一個以 x_1, x_2, x_3 爲基變數之單純表。此基解是否爲最佳解?

3. 考慮以下線性程式:

$$\text{極大化} \quad Z = x_1 + 3x_2 - 5x_3$$
$$\text{受限於} \quad x_1 + x_2 \leq 15$$
$$2x_1 + 3x_2 - x_3 \geq 6$$
$$5x_1 - 2x_2 + 2x_3 \geq 10$$
$$x_1, x_2, x_3 \geq 0$$

建立一個以 x_1, x_2 及第一個限制式的寬鬆變數（稱之爲 x_4）爲基變數之單純表。若此基解不是最佳解，則以單純法繼續求得最佳解。

4. 以修正單純法求解以下問題：

$$極大化 \quad Z = 2x_1 - 3x_2 + 3x_3$$

$$受限於 \qquad 3x_1 + x_2 + 2x_3 \leq 6$$

$$x_1 - x_2 + x_3 \leq 2$$

$$2x_1 - x_2 + 4x_3 \leq 8$$

$$x_1, x_2, x_3 \geq 0$$

5. 以修正單純法求解以下問題：

$$極大化 \quad Z = 3x_1 - x_2$$

$$受限於 \qquad -x_1 + x_2 \leq 1$$

$$x_1 - x_2 \leq 2$$

$$4x_1 + 5x_2 \leq 20$$

$$x_1, x_2 \geq 0$$

6. 考慮以下線性程式：

$$極大化 \quad Z = x_1 + 3x_2 - 5x_3$$

$$受限於 \qquad x_1 + x_2 \qquad \leq 15$$

$$2x_1 + 3x_2 - x_3 \geq 6$$

$$5x_1 - 2x_2 + 2x_3 \geq 10$$

$$x_1, x_2, x_3 \geq 0$$

(a) 以修正單純法求解此問題，並以大 M 法處理人工變數。

(b) 以修正單純法求解此問題，並以雙階法處理人工變數。

7. 以修正單純法與雙階法求解以下線性程式：

$$\text{極小化} \quad Z = 3x_1 + 4x_2$$
$$\text{受限於} \quad 2x_1 + 7x_2 \le 15$$
$$2x_1 + 3x_2 \ge 8$$
$$x_1, x_2 \ge 0$$

8. 以修正單純法與大 M 法求解以下線性程式：

$$\text{極大化} \quad Z = 3x_1 + 5x_2 + x_3$$
$$\text{受限於} \quad x_1 - x_2 + 3x_3 \ge 6$$
$$2x_1 + 2x_2 + x_3 \le 6$$
$$x_1, x_2, x_3 \ge 0$$

9. 考慮以下線性程式：

$$\text{極大化} \quad Z = -2x_1 - x_2 + 4x_3$$
$$\text{受限於} \quad 3x_1 + 2x_2 + 2x_3 \le 25$$
$$-x_1 - x_2 + 2x_3 \le 20$$
$$-x_1 - x_2 + 2x_3 \le 5$$
$$x_1, x_2, x_3 \ge 0$$

以修正單純法解此線性程式，且在計算反矩陣時利用上一步驟之反矩陣。

10. 考慮第 1 題之線性程式，但額外再加上以下兩個上限限制式：

$$x_1 \le 3$$
$$x_2 \le 1$$

以上限技巧求解此具有上限限制式之線性程式。

11. 考慮第6題之線性程式，但額外再加上以下三個上限限制式：

$$x_1 \leq 4$$
$$x_2 \leq 6$$
$$x_3 \leq 2$$

以上限技巧求解此具有上限限制式之線性程式。

12. 考慮第8題之線性程式，但額外再加上以下兩個上限限制式：

$$x_2 \leq 1$$
$$x_3 \leq 2$$

以上限技巧求解此具有上限限制式之線性程式。

13. 考慮以下線性程式：

$$\text{極大化} \quad Z = 2x_1 + x_2$$
$$\text{受限於} \quad x_1 - x_2 \leq 3$$
$$x_1 \quad\quad \leq 8$$
$$x_2 \leq 10$$
$$x_1, x_2 \geq 0$$

以上限技巧求解此具有上限限制式之線性程式。

第五章
對偶理論

本章大綱

線性規畫有一個重要的特性，那就是每一個線性規畫問題都有另一個對應的線性規畫問題；我們稱此對應的問題爲對偶問題 (dual problem)，而稱原來的問題爲主要問題 (primal problem)。本章所要討論的對偶理論 (duality theory) 即是由此對應的關係所發展出來的。

本章的內容安排如下。5.1 節首先介紹線性規畫標準形式的對偶問題，然後據此推導出其他形式的對偶問題。5.2 節提出三個重要的對偶性質，並對其應用有簡單的說明。5.3 節討論如何由單純表中，直接讀出對偶問題的解。5.4 節說明陰影價格的意義及其與對偶變數的關係。5.5 節分別對一個極大化問題與一個極小化問題，解釋其對偶問題的經濟意義。最後，5.6 節介紹由對偶理論所引伸出來的另一種求解線性規畫問題的方法——對偶單純法；在某些情況下，此法較一般單純法更爲適用。

5.1 主要問題與對偶問題的關係

在本節中，我們先介紹線性規畫標準形式的對偶問題，然後據此推導出其他形式的對偶問題。

標準形式的對偶問題

我們考慮線性規畫模式之標準形式的矩陣形式如下：

$$極大化 \quad Z = \mathbf{cx}$$
$$受限於 \quad \mathbf{Ax} \leq \mathbf{b}$$
$$\mathbf{x} \geq \mathbf{0}$$

若我們稱此問題爲**主要問題** (primal problem)，其**對偶問題** (dual problem) 則爲

$$極小化 \quad y_0 = \mathbf{yb}$$

$$\text{受限於} \qquad \mathbf{yA} \geq \mathbf{c}$$

$$\mathbf{y} \geq \mathbf{0}$$

由以上的定義，我們可歸納出主要問題與對偶問題之對應關係如下：

1. 限制式與變數相對應
2. 目標函數係數與右手邊常數相對應

例5.1：讓以下典型例題為主要問題。

$$\text{極大化} \quad Z = 2x_1 + 5x_2$$

$$\text{受限於} \qquad 3x_1 \qquad\quad \leq 12 \ \longleftarrow \ y_1$$

$$2x_2 \leq 10 \ \longleftarrow \ y_2$$

$$x_1 + \ x_2 \leq 6 \ \longleftarrow \ y_3$$

$$x_1, x_2 \geq 0$$

欲求此問題的對偶問題，我們先將各限制式所對應對偶問題的變數（稱之為對偶變數 [dual variable]；相對地，我們稱主要問題的變數為主要變數 [primal variable]）列於該限制式之右側。因為對偶問題的目標函數對應主要問題的右手邊常數，所以目標函數為

$$\text{極小化} \quad y_0 = 12y_1 + 10y_2 + 6y_3$$

（我們以 y_0 代表對偶問題的目標函數值。）因為對偶問題的第一個限制式對應 x_1，第二個限制式對應 x_2，所以我們可分別按 x_1 行與 x_2 行的係數（包括其在目標函數的係數），寫出第一個與第二個限制式如下：

$$3y_1 \quad + y_3 \geq 2 \ \longleftarrow \ x_1$$

$$2y_2 + y_3 \geq 5 \ \longleftarrow \ x_2$$

表5.1　　　標準形式的對偶關係

	極大化問題	極小化問題	
限制式	$\leq$	≥ 0	變數
變數	≥ 0	$\geq$	限制式

加上非負限制式後，我們可得典型例題完整的對偶問題如下：

$$極小化 \quad y_0 = 12y_1 + 10y_2 + 6y_3$$

$$受限於 \qquad 3y_1 \qquad + \; y_3 \geq 2 \; \longleftarrow \; x_1$$

$$2y_2 + \; y_3 \geq 5 \; \longleftarrow \; x_2$$

$$y_1, y_2, y_3 \geq 0$$

$\square$

主要問題與對偶問題的關係

由標準形式的對偶問題，我們已知表5.1所示的對偶關係。由此基本關係，我們可推導出所有其他形式的對偶關係。例如：當限制式為等式時，其推導過程如下：

$$P: \; 極大化 \quad Z = \mathbf{c}\mathbf{x}$$

$$受限於 \qquad \mathbf{A}\mathbf{x} = \mathbf{b}$$

$$\mathbf{x} \geq 0$$

將＝改寫為$\geq$與$\leq$，可得

$$P: \; 極大化 \quad Z = \mathbf{c}\mathbf{x}$$

$$受限於 \qquad \mathbf{A}\mathbf{x} \geq \mathbf{b}$$

$$\mathbf{A}\mathbf{x} \leq \mathbf{b}$$

$$\mathbf{x} \geq 0$$

將 ≥ 限制式左右兩邊分別乘上負號，可得

$$P: \text{極大化} \quad Z = \quad \mathbf{cx}$$

$$\text{受限於} \quad -\mathbf{Ax} \leq -\mathbf{b} \quad \longleftarrow \mathbf{y}_1$$

$$\mathbf{Ax} \leq \mathbf{b} \quad \longleftarrow \mathbf{y}_2$$

$$\mathbf{x} \geq 0$$

根據標準形式，可得此問題的對偶問題為

$$D: \text{極小化} \quad y_0 = -\mathbf{y}_1\mathbf{b} + \mathbf{y}_2\mathbf{b}$$

$$\text{受限於} \quad -\mathbf{y}_1\mathbf{A} + \mathbf{y}_2\mathbf{A} \geq \mathbf{c}$$

$$\mathbf{y}_1, \mathbf{y}_2 \geq 0$$

簡化後可得

$$D: \text{極小化} \quad y_0 = (\mathbf{y}_2 - \mathbf{y}_1)\mathbf{b}$$

$$\text{受限於} \quad (\mathbf{y}_2 - \mathbf{y}_1)\mathbf{A} \geq \mathbf{c}$$

$$\mathbf{y}_1, \mathbf{y}_2 \geq 0$$

以 $\mathbf{y}$ 取代 $\mathbf{y}_2 - \mathbf{y}_1$，可得

$$D: \text{極小化} \quad y_0 = \mathbf{yb}$$

$$\text{受限於} \quad \mathbf{yA} \geq \mathbf{c}$$

$$\mathbf{y} \text{不受限}$$

表5.2   主要問題與對偶問題的對應關係

	極大化問題	極小化問題	
	$\leq$	≥ 0	
限制式	$\geq$	≤ 0	變數
	$=$	不受限	
	≥ 0	$\geq$	
變數	≤ 0	$\leq$	限制式
	不受限	$=$	

由以上的推導可知，等式限制式所對應的對偶變數為不受限。同理，我們可以推導出所有如表5.2所示的主要問題與對偶問題的對應關係。

例5.2：考慮以下線性程式：

$$極大化 \quad Z = 2x_1 + 5x_2$$
$$受限於 \qquad 3x_1 \qquad\quad \geq 12 \quad \longleftarrow y_1$$
$$2x_2 = 10 \quad \longleftarrow y_2$$
$$x_1 + \ x_2 \leq 6 \quad \longleftarrow y_3$$
$$x_1 \geq 0, x_2 \leq 0$$

根據主要問題與對偶問題的對應關係（見表5.2），我們可直接寫出其對偶問題如下：

$$極小化 \quad y_0 = 12y_1 + 10y_2 + 6y_3$$
$$受限於 \qquad 3y_1 \qquad + \ y_3 \geq 2 \qquad \longleftarrow x_1$$
$$2y_2 + \ y_3 \leq 5 \qquad \longleftarrow x_2$$
$$y_1 \leq 0, y_2 \ 不受限, y_3 \geq 0$$

　　當然，主要問題不一定必須是一個極大化問題，它亦可以是一個極小化問題，而此時其對偶問題則爲一個極大化問題，茲舉一例如下。

例5.3：考慮以下線性程式：

$$極小化 \quad Z = 6x_1 - 2x_2$$
$$受限於 \qquad x_1 + 3x_2 = 7 \quad \longleftarrow y_1$$
$$2x_1 - 5x_2 \leq 4 \quad \longleftarrow y_2$$
$$x_1 \leq 0, x_2 \geq 0$$

根據主要問題與對偶問題的對應關係（見表5.2），我們可直接寫出其對偶問題如下：

$$極大化 \quad y_0 = 7y_1 + 4y_2$$
$$受限於 \qquad y_1 + 2y_2 \geq 6 \qquad \longleftarrow x_1$$
$$3y_1 - 5y_2 \leq -2 \qquad \longleftarrow x_2$$
$$y_1 不受限, y_2 \leq 0$$

□

5.2　對偶性質

對偶理論有三個重要的性質：弱對偶性質、強對偶性質以及互補寬鬆性質，本節將陸續介紹這些對偶性質。

弱對偶性質 (weak duality property)

若 $\bar{\mathbf{x}}$ 爲一個極大化問題的可行解，$\bar{\mathbf{y}}$ 爲其對偶問題的可行解，則 $\mathbf{c}\bar{\mathbf{x}} \leq \bar{\mathbf{y}}\mathbf{b}$。

□

強對偶性質 (strong duality property)

若 $\mathbf{x}^*$ 爲一個極大化問題的最佳解，$\mathbf{y}^*$ 爲其對偶問題的最佳解，則 $\mathbf{c}\mathbf{x}^* = \mathbf{y}^*\mathbf{b}$。　　　　　　　　　　　　　　　　　　　　　　　　　　□

在介紹下一個對偶性質之前，我們先對標準形式（以 P 表示其爲主要問題）與其對偶問題（以 D 表示）分別加上寬鬆變數及減去剩餘變數，使其成爲擴充形式，亦即：

$$P: \quad 極大化 \quad Z = \mathbf{c}\mathbf{x}$$
$$受限於 \quad\quad \mathbf{A}\mathbf{x} + \mathbf{s} = \mathbf{b}$$
$$\mathbf{x}, \mathbf{s} \geq 0$$

$$D: \quad 極小化 \quad y_0 = \mathbf{y}\mathbf{b}$$
$$受限於 \quad\quad \mathbf{y}\mathbf{A} - \mathbf{v} = \mathbf{c}$$
$$\mathbf{y}, \mathbf{v} \geq 0$$

互補寬鬆性質 (complementary slackness property)

讓 $(\bar{\mathbf{x}}, \bar{\mathbf{s}})$ 爲一個極大化問題的可行解，$(\bar{\mathbf{y}}, \bar{\mathbf{v}})$ 爲其對偶問題的可行解，則 $(\bar{\mathbf{x}}, \bar{\mathbf{s}})$ 與 $(\bar{\mathbf{y}}, \bar{\mathbf{v}})$ 均爲最佳解，若且爲若

$$\bar{y}_i \bar{s}_i = 0 \quad \forall i$$
$$\bar{x}_j \bar{v}_j = 0 \quad \forall j$$
　　　　　　　　　　　　　　　　　　　　　　　　　　□

以上所介紹的三個對偶性質的主要應用如下：

1. 根據弱對偶性質，對極大化問題而言，對偶問題的目標函數值提供了主要問題目標函數值的一個上限 (upper bound)。相對地，對極小化問題而言，對偶問題目標函數值提供了主要問題目標函數值的一個下限 (lower bound)。

2. 根據強對偶性質，主要問題與對偶問題的目標函數值是相同的。因此，當功能限制式數目大於變數個數時，我們可選擇求解較容易的對偶問題（因爲功能限制式的數目對計算時間的影響較變數個數爲大），即可得到相同的目標函數值。（但若需要得到主要變數之值，則仍需直接求解主要問題。）

3. 互補寬鬆性質爲對偶單純法的基礎。在5.6節討論對偶單純法時，我們將對此有詳細的說明。

例5.4：利用對偶性質及圖解法，求解以下四個變數、兩個限制式的線性程式：

$$P:\ 極大化\quad Z = 35x_1 + 10x_2 + 48x_3 + 10x_4$$
$$受限於\qquad 5x_1 \qquad +\ 8x_3 - 5x_4 \leq 8$$
$$7x_1 + \quad x_2 + 6x_3 + 2x_4 \leq 3$$
$$x_1, x_3 \geq 0,\ x_2, x_4 \leq 0$$

解答：此問題的對偶問題爲

$$D:\ 極小化\quad y_0 = \quad 8y_1 + 3y_2$$
$$受限於\qquad 5y_1 + 7y_2 \geq 35$$
$$y_2 \leq 10$$
$$8y_1 + 6y_2 \geq 48$$
$$-5y_1 + 2y_2 \leq 10$$
$$y_1, y_2 \geq 0$$

因爲此對偶問題只有兩個變數，所以可用圖解法求解，其圖形如圖5.1所示。最佳解爲以下兩方程式所代表之線的交點。

$$8y_1 + 6y_2 = 48$$

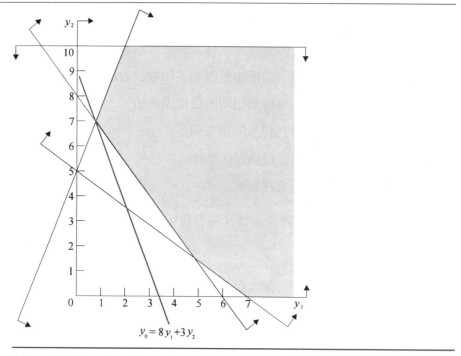

圖 5.1　　　　例 5.2 對偶問題之圖解法

$$-5y_1 + 2y_2 = 10$$

聯立解此兩方程式可得

$$y_1 = \frac{18}{23}, \ y_2 = 6\frac{22}{23}$$

代入目標函數可得 $y_0 = 27\frac{3}{23}$。根據互補寬鬆性質，因為 $y_1 > 0, y_2 > 0$，所以 $s_1 = 0, s_2 = 0$，亦即：主要問題的限制式均爲等式。將 y_1, y_2 代入各限制式，可知第一個與第二個限制式爲不等式（第三個與第四個限制式爲等式），所以 $v_1 > 0, v_2 > 0$，因此，根據互補寬鬆性質可得 $x_1 = 0, x_2 = 0$。將此結果代入主要問題的限制式可得

$$8x_3 - 5x_4 = 8$$

$$6x_3 + 2x_4 = 3$$

聯立解此兩方程式可得

$$x_3 = \frac{31}{46}, \; x_4 = -\frac{12}{23}$$

代入目標函數可得 $Z = 27\frac{3}{23}$。我們可以核對主要問題與對偶問題的最佳目標函數值是相同的$(Z = y_0)$，因此符合了強對偶性質。　□

5.3　由單純表讀出其對偶解

對偶變數 **y** 的矩陣形式為

$$\mathbf{c_B B}^{-1}$$

所以其元素 y_i 的矩陣形式為

$$\mathbf{c_B B}^{-1}\text{的第 } i \text{ 個元素}$$

或

$$\mathbf{c_B B}^{-1}\mathbf{e}_i \tag{5.1}$$

其中 $\mathbf{e}_i$ 為僅第 i 項為 1 其餘為零的行向量。而主要變數 x_i 在單純表之 Z 列係數的矩陣表達式為

$$\mathbf{c_B B}^{-1}\mathbf{a}_i - c_i$$

因為寬鬆變數 s_i 之 $\mathbf{a}_i$ 為僅第 i 項為 1 其餘為 0 的行向量，且其目標函數係數 c_i 為零，所以其 Z 列係數為

$$\mathbf{c_B B}^{-1}\mathbf{e}_i$$

同理，因剩餘變數 v_i 之 $\mathbf{a}_i$ 為僅第 i 項為 -1 其餘為 0 的行向量，且其目標函數係數 c_i 為零，所以其 Z 列係數為

$$-\mathbf{c_B}\mathbf{B}^{-1}\mathbf{e}_i$$

人工變數 $\overline{x}_i$ 之 $\mathbf{a}_i$ 爲僅第 i 項爲 1 其餘爲 0 的行向量，其目標函數係數 c_i 則視問題而定；若爲極大化問題，則其 c_i 爲 $-M$，因此，其 Z 列係數爲

$$\mathbf{c_B}\mathbf{B}^{-1}\mathbf{e}_i - (-M)$$

或

$$\mathbf{c_B}\mathbf{B}^{-1}\mathbf{e}_i + M$$

若爲極小化問題，則其 c_i 爲 M，因此，其 Z 列係數爲

$$\mathbf{c_B}\mathbf{B}^{-1}\mathbf{e}_i - M$$

比較以上所得各類主要變數之 Z 列係數與 (5.1) 的關係，我們可直接由單純表中，讀出其相對應的對偶解。

　　根據以上的討論，我們可得到以下的結論：

1. 當限制式 i 爲 $\leq$ 時，我們加上寬鬆變數 s_i，所以其對偶變數

$$y_i = s_i \text{ 的} Z \text{列係數}$$

2. 當限制式 i 爲 $\geq$ 時，我們減去剩餘變數 v_i，所以其對偶變數

$$y_i = -(v_i \text{ 的} Z \text{列係數})$$

3. 當限制式 i 爲 $=$ 時，我們加上人工變數 $\overline{x}_i$，所以，若主要問題爲極大化問題，則其對偶變數

$$y_i = (\overline{x}_i \text{ 的} Z \text{列係數}) - M$$

若主要問題爲極小化問題，則其對偶變數

$$y_i = (\overline{x}_i \text{的} Z \text{列係數}) + M$$

綜上所述，不論對偶變數所對應的是主要問題的何種限制式，我們都可以由主要問題的單純表中，直接讀出對偶變數之值。

5.4　陰影價格

在第二章我們提到，線性規畫的主要應用範圍之一為資源指派(resource allocation)方面的問題。在資源指派問題中，資源 i 的**陰影價格**(shadow price)可解釋為：增加該資源時（在某範圍內），目標函數值 Z 的增加率。簡單地說，陰影價格即為該資源的邊際價值(marginal value)。事實上，資源 i 的陰影價格即為其限制式所對應的對偶變數之值，因此，陰影價格亦可稱為**對偶價格**(dual price)。

例 5.5：考慮典型例題。由其最佳單純表（表 3.4）中得知，工作中心 W1、W2、W3 的陰影價格分別為 0、3/2、2，所以當工作中心 W3 的每日總生產時數由 6 增為 7 時，Z 值會由 27 增為 29，其幾何圖形如圖 5.2 所示。此外，由圖中可看出，若工作中心 W3 的每日總生產時數超過 9 時（即：第三個限制式往右上方移動超過點 $(4,5)$ 時），Z 值尚受到其他限制式的限制，因此 W3 的陰影價格將不再有效。另一方面，因為 W1 的陰影價格為零，所以即使我們增加其每日總生產時數，亦不能對總利潤有任何貢獻。　　　　　　　□

根據以上的討論，我們得知陰影價格有以下兩項明顯的用途：

1. 重新分配資源。例如：在例 5.5 中，W1 的陰影價格為零，由此顯示 W1 有可能有剩餘的產能，因此我們可將此剩餘的產能用於生產其他產品。

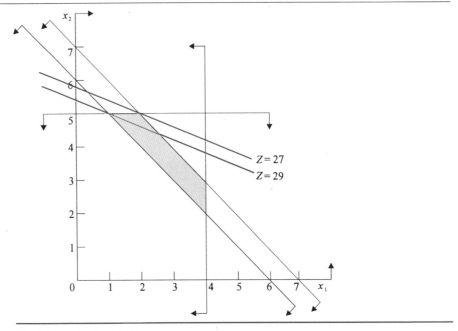

圖 5.2　　典型例題的陰影價格

2. 決定購買資源的價格。例如：在例5.5中，W3之陰影價格爲2，因
此若能以低於\$2的成本增加W3一小時的生產時間，將會獲得更多
的利潤。需要特別注意的是，此購買資源的價格只適用於在某範圍
之內（在此爲9單位）。

5.5　對偶問題的經濟解釋

極大化問題

茲舉一例說明極大化問題之對偶問題的經濟解釋。考慮典型例題（其爲
一個產品組合問題），其線性程式與對偶問題如下：

$$P: \text{極大化} \quad Z = 2x_1 + 5x_2$$

$$\text{受限於} \quad 3x_1 \quad \leq 12 \longleftarrow y_1$$

$$2x_2 \leq 10 \quad \longleftarrow y_2$$
$$x_1 + x_2 \leq 6 \quad \longleftarrow y_3$$
$$x_1, x_2 \geq 0$$

D: 極小化　$y_0 = 12y_1 + 10y_2 + 6y_3$

受限於　　　$3y_1 \qquad + y_3 \geq 2 \quad \longleftarrow x_1$

$$2y_2 + y_3 \geq 5 \quad \longleftarrow x_2$$

$$y_1, y_2, y_3 \geq 0$$

假設有人想買該公司三個工作中心所有用來生產 P1 與 P2 的資源，那麼雙方應如何決定合理的購買價格？

讓

y_1 = 在目前情況下，工作中心 W1 每日工作一小時之產能的售價

y_2 = 在目前情況下，工作中心 W2 每日工作一小時之產能的售價

y_3 = 在目前情況下，工作中心 W3 每日工作一小時之產能的售價

站在買方的立場，當然希望總售價越低越好，亦即：

極小化　$12y_1 + 10y_2 + 6y_3$

但是除非有其他原因，否則若售價低於賣方自己生產所能獲得的利潤，賣方不可能會接受。舉例而言，該公司以三小時 W1 的工作時間與一小時 W3 的工作時間，可自行生產一單位 P1 而獲得 \$2 的利潤，所以欲使賣方願意出售生產產品 P1 的產能，則必須滿足

$$3y_1 + y_3 \geq 2$$

同理，欲使賣方願意出售生產產品P2的產能，則必須滿足

$$2y_2 + y_3 \geq 5$$

當然，售價一定是非負值，所以需加上非負限制式

$$y_1, y_2, y_3 \geq 0$$

以上即為產品組合問題之對偶問題的經濟解釋。

極小化問題

茲舉一例說明極小化問題之對偶問題的經濟解釋。考慮2.6節的飲食問題，其主要問題之意義請參見2.6節之說明，其線性程式與對偶問題如下：

$$
\begin{aligned}
\text{P: 極小化}\quad Z = \quad & 7x_1 + 13x_2 + 10x_3 \\
\text{受限於}\quad & 1100x_1 + 850x_2 + 1000x_3 \geq 4200 \quad \longleftarrow y_1 \\
& 8x_1 + 9x_2 + 10x_3 \geq 40 \quad \longleftarrow y_2 \\
& 48x_1 + 52x_2 + 60x_3 \geq 110 \quad \longleftarrow y_3 \\
& 90x_1 + 35x_2 + 12x_3 \geq 50 \quad \longleftarrow y_4 \\
& x_1, x_2, x_3 \geq 0
\end{aligned}
$$

$$
\begin{aligned}
\text{D: 極大化}\quad y_0 = \; & 4200y_1 + 40y_2 + 110y_3 + 50y_4 \\
\text{受限於}\quad & 1100y_1 + 8y_2 + 48y_3 + 90y_4 \leq 7 \quad \longleftarrow x_1 \\
& 850y_1 + 9y_2 + 52y_3 + 35y_4 \leq 13 \quad \longleftarrow x_2 \\
& 1000y_1 + 10y_2 + 60y_3 + 12y_4 \leq 10 \quad \longleftarrow x_3 \\
& y_1, y_2, y_3, y_4 \geq 0
\end{aligned}
$$

假設某農業公司開發出專門提供給牲畜食用的卡路里、蛋白質、鈣、脂肪等營養素食品。這些食品均為單一營養素食品，例如：卡路里食品僅能提供卡路里養分，蛋白質食品僅能提供蛋白質養分。若該農業公司欲將營養素食品賣給該農場，那麼該公司應如何決定各營養素食品的最高可能售價？

讓

$y_1 = $　每單位卡路里的售價

$y_2 = $　每公克蛋白質的售價

$y_3 = $　每公克鈣的售價

$y_4 = $　每公克脂肪的售價

則該公司的目標為

$$極大化 \quad y_0 = 4200y_1 + 40y_2 + 110y_3 + 50y_4$$

但是，欲使農場願意購買該公司的營養素食品，則其價格必須低於農場目前飼養所需的成本。例如：每磅7元的大豆即可提供1100卡路里、8公克的蛋白質、48公克的鈣以及90公克的脂肪，所以欲使農場願意購買大豆所提供的營養成分，則必須滿足

$$1100y_1 + 8y_2 + 48y_3 + 90y_4 \leq 7$$

同理，我們可以得到欲使農場願意購買玉蜀黍及燕麥所提供的營養成分所需之限制式如下：

$$850y_1 + 9y_2 + 52y_3 + 35y_4 \leq 13$$

及

$$1000y_1 + 10y_2 + 60y_3 + 12y_4 \leq 10$$

當然，這些營養素食品的售價一定是非負值，所以需加上非負限制式

$$y_1, y_2, y_3, y_4 \geq 0$$

以上即為飲食問題之對偶問題的經濟解釋。

在本節中，我們對產品組合問題與飲食問題兩特定的問題提出了其對偶問題的經濟解釋。事實上，其他問題的對偶問題亦往往會有一個適當的經濟解釋。

5.6 對偶單純法

本節將介紹求解線性規畫問題的另一種方法——**對偶單純法**(dual simplex method)；此法在下一章所討論的敏感度分析中，將會被廣泛地使用。為與對偶單純法有所區分，單純法亦稱之為**主要單純法**(primal simplex method)或**一般單純法**(ordinary simplex method)。事實上，對偶單純法與主要單純法的差異，僅在於前者是在單純表中直接處理其對偶問題而已。

由於對偶單純法是在單純表中直接處理其對偶問題，而右手邊常數相當於對偶問題的目標函數係數，因此在對偶單純法中右手邊常數允許為負值。這使得我們可對限制式做以下的轉換。

限制式的轉換

若限制式為 $\leq$，則我們須加上寬鬆變數，以使得限制式成為等式。因為寬鬆變數的係數是 1，所以已符合作為基變數的條件。若限制式為 $\geq$，則我們將限制式左右兩邊分別乘上 -1，以使得限制式成為 $\leq$ 的形式。此時，我們即可加上寬鬆變數使得限制式成為等式，並讓所加入的寬鬆變數為基變數。雖然此時的RHS為負值，但不影響對偶可行性。

例 5.6：若限制式為

$$3y_1 + y_3 \geq 2$$

則我們將限制式左右兩邊分別乘上 -1，可得

$$-3y_1 - y_3 \leq -2$$

加上寬鬆變數 y_4 後可得

$$-3y_1 - y_3 + y_4 = -2$$

經過如此的轉換，寬鬆變數 y_4 即可作為基變數。　　　□

　　如前所述，對偶單純法是在單純表中直接處理其對偶問題，所以在使用對偶單純法時，我們首先必須得到起始對偶可行解 (initial dual feasible solution)。以下我們將探討是否可以很容易地得到一個起始對偶可行解。

　　經由限制式的轉換，我們可將任何極大化問題寫成以下的形式：

$$\text{P:}\quad \text{極大化}\quad Z = \mathbf{cx}$$
$$\text{受限於}\qquad \mathbf{Ax} + \mathbf{s} = \mathbf{b}$$
$$\mathbf{x}, \mathbf{s} \geq 0$$

其中 $\mathbf{b}$ 可以有負值存在。此線性程式的對偶問題為

$$\text{D:}\quad \text{極小化}\quad y_0 = \mathbf{yb}$$
$$\text{受限於}\qquad \mathbf{yA} - \mathbf{v} = \mathbf{c}$$
$$\mathbf{y}, \mathbf{v} \geq 0$$

由 5.3 節中我們得知，$\mathbf{y}$ 即為 $\mathbf{s}$ 的 Z 列係數。同時，因為

$$\mathbf{v} = \mathbf{yA} - \mathbf{c} = \mathbf{c_B B^{-1} A} - \mathbf{c}$$

所以 $\mathbf{v}$ 即為 $\mathbf{x}$ 的 Z 列係數（見表4.2）。因此，為得到對偶可行解，$\mathbf{x}$ 與 $\mathbf{s}$ 的 Z 列係數必須大於等於零。換句話說：若一個極大化問題的目標函數係數均為負值，則我們可以很容易地得到起始對偶可行解。（為何？）

同理，經由限制式的轉換，我們可將任何極小化問題寫成以下的形式：

> P: 極小化　$Z = \mathbf{cx}$
> 受限於　　$\mathbf{Ax} + \mathbf{s} = \mathbf{b}$
> 　　　　　$\mathbf{x}, \mathbf{s} \geq 0$

其中 $\mathbf{b}$ 可以有負值存在。此線性程式的對偶問題為

> D: 極大化　$y_0 = \mathbf{yb}$
> 受限於　　$\mathbf{yA} + \mathbf{v} = \mathbf{c}$
> 　　　　　$\mathbf{y} \leq 0, \mathbf{v} \geq 0$

由5.3節中我們得知，$\mathbf{y}$ 即為 $\mathbf{s}$ 的 Z 列係數。同時，因為

$$\mathbf{v} = -(\mathbf{yA} - \mathbf{c})$$

所以 $\mathbf{v}$ 即為 $\mathbf{x}$ 之 Z 列係數的負值。因此，為得到對偶可行解，$\mathbf{x}$ 與 $\mathbf{s}$ 的 Z 列係數必須小於等於零。換句話說：若一個極小化問題的目標函數係數均為正值，則我們可很容易地得到起始對偶可行解。

因為在極大化問題中，對偶變數之值即為 Z 列係數，但在極小化問題中，對偶變數之值為 Z 列係數之負值，所以為避免混淆起見，我們可以習慣性地將極小化問題轉換為極大化問題予以處理。

例5.7：假設目標函數為

$$極小化 \quad Z = 12y_1 + 10y_2 + 6y_3$$

因其係數均爲正值，所以我們可以很容易地得到起始對偶可行解。如前所述，爲避免混淆，我們可將其轉換爲極大化問題，即：

$$極大化 \quad -Z = -12y_1 - 10y_2 - 6y_3$$

或

$$極大化 \quad -Z + 12y_1 + 10y_2 + 6y_3 = 0$$

經過以上的轉換，在起始單純表中，Z列係數均爲非負值，因此可作爲起始對偶可行解。　　　　　　　　　　　　　　　　　　□

對偶單純法的步驟

在瞭解如何得到起始對偶可行解後，我們可將對偶單純法的步驟（對極大化問題而言）摘要如下：

1. 起始步驟：

    (a) 將所有限制式轉換爲 ≤ 的形式。

    (b) 加上寬鬆變數，並以所加入的寬鬆變數爲基變數。

    (c) 將問題轉換爲極大化問題的形式。

2. 最佳測試：若所有變數的 RHS 均爲非負值，則此解即爲最佳解，程序停止；否則繼續。

3. 反覆步驟：

    (a) 決定離開變數；選擇具最負 RHS 值的變數爲離開變數。

    (b) 決定進入變數；對所有在離開變數列中，係數爲負的變數，計算其比率如下：

    $$\frac{Z 列係數}{|離開變數列中之值|}$$

表5.3　　　對偶單純法與一般單純法在程序上的差異（對極大化問題而言）

單純法	對偶單純法
1. 選擇具最負Z值的變數為進入變數	1. 選擇具最負RHS值的變數為離開變數
2. 只考慮在進入變數欄中係數為正的變數為離開變數	2. 只考慮在離開變數列中係數為負的變數為進入變數
3. 最小比率為(RHS／進入變數欄中之正值)	3. 最小比率為(Z值／|離開變數列中之負值|)

選擇比率最小的變數為進入變數。

(c) 產生新的單純表；利用高式消去法產生。

回到步驟2的最佳測試。

茲將對偶單純法與一般單純法在程序上的差異（對極大化問題而言）摘要於表5.3。

例5.8：考慮典型例題之對偶問題如下：

$$極小化 \quad y_0 = 12y_1 + 10y_2 + 6y_3$$
$$受限於 \quad 3y_1 \qquad + \ y_3 \geq 2$$
$$2y_2 + \ y_3 \geq 5$$
$$y_1, y_2, y_3 \geq 0$$

欲以對偶單純法解此問題，我們先將目標函數轉換為

$$極大化 \quad -y_0 = -12y_1 - 10y_2 - 6y_3$$

或

表5.4　典型例題之對偶問題的完整單純表組

BV	y_0	y_1	y_2	y_3	y_4	y_5	RHS
y_0	-1	12	10	6	0	0	0
y_4	0	-3	0	-1	1	0	-2
y_5	0	0	-2	-1	0	1	-5 →

BV	y_0	y_1	y_2	y_3	y_4	y_5	RHS
y_0	-1	12	0	1	0	5	-25
y_4	0	-3	0	-1	1	0	-2 →
y_2	0	0	1	$\frac{1}{2}$	0	$-\frac{1}{2}$	$\frac{5}{2}$

BV	y_0	y_1	y_2	y_3	y_4	y_5	RHS
y_0	-1	9	0	0	1	5	-27
y_3	0	3	0	1	-1	0	2
y_2	0	$-\frac{3}{2}$	1	0	$\frac{1}{2}$	$-\frac{1}{2}$	$\frac{3}{2}$

$$\text{極大化} \quad -y_0 + 12y_1 + 10y_2 + 6y_3 = 0$$

將≥限制式左右兩邊分別乘上-1並加上寬鬆變數後，可得

$$-3y_1 \qquad -y_3 + y_4 \qquad = -2$$
$$-2y_2 - y_3 \qquad + y_5 = -5$$

將轉換後之目標函數與限制式的係數填入表中，即可得到如表5.4第一個表所示的起始單純表。因為此時RHS有負值存在，所以此表不是最佳單純表。我們選擇具最負RHS的y_5為離開變數。在此列中，僅y_2與y_3欄之值為負值，所以我們分別計算其比率如下：

$$\frac{10}{|-2|} = 5, \quad \frac{6}{|-1|} = 6$$

我們選擇比率較小的y_2為進入變數，並以高式消去法求得第二個單純表。以同樣的方式，我們可以得到第三個單純表。在此表中，因為所有變數的RHS均為正值，所以此表即為最佳單純表。

在5.3節中,我們曾說明如何由單純表直接讀出其對偶解,因此我們可由表5.4的各個單純表,直接讀出其對偶問題(即典型例題)之解。我們發覺此各單純表的對偶解與表3.4各單純表的解是完全相同的,這是因為表5.4與表3.4所處理的問題互為對偶問題。如前所述,對偶單純法只是以單純法在單純表中,處理其對偶問題,所以此兩表的步驟是完全相同的(雖然兩表的許多係數有正負符號的差異)。   □

尋找一個對偶可行解

如前所述,有時我們可以很容易地得到一個對偶可行解。當極大化問題的目標函數係數有正值存在時(或當極小化問題的目標函數係數有負值存在時),則我們可用**人工限制式**(artificial constraint)的方式尋找一個對偶可行解。假設 $x_1, x_2, ..., x_n$ 為原始變數,則我們加上以下人工限制式:

$$x_1 + x_2 + \cdots + x_n \leq M$$

加上寬鬆變數後可得

$$x_1 + x_2 + \cdots + x_n + x_{n+1} = M$$

將所有係數填入單純表後,我們選擇 Z 列係數最負的變數為進入變數,並強迫讓人工限制式的寬鬆變數為離開變數。利用高式消去法,我們可以得到下一個單純表。在此表中,Z 列的所有係數必為非負值,所以我們即得到了一個對偶可行解。

例5.9:考慮以下線性程式:

$$\begin{aligned}
極大化 \quad & Z = 5x_1 - 3x_2 + x_3 \\
受限於 \quad & x_1 + 3x_2 + x_3 \leq 6 \\
& 3x_1 + x_2 + 3x_3 \geq 2
\end{aligned}$$

$$x_1, x_2, x_3 \geq 0$$

由於此極大化問題的目標函數係數有正值存在，所以我們無法直接得到對偶可行解。將限制式經過適當的轉換，再加上人工限制式後，可得

$$
\begin{aligned}
\text{極大化}\quad Z =\ & 5x_1 - 3x_2 + x_3 \\
\text{受限於}\quad\ & x_1 + x_2 + x_3 \qquad\quad + x_6 = M \\
& x_1 + 3x_2 + x_3 + x_4 \qquad\quad = 6 \\
& -3x_1 - x_2 - 3x_3 \qquad + x_5 \quad\ = -2 \\
& x_i \geq 0, i = 1, 2, ..., 6
\end{aligned}
$$

將所有係數填入單純表中，我們可得如表5.5第一個表所示的單純表。我們選擇 Z 列係數最負的 x_1 為進入變數，並強迫讓 x_6 為離開變數。利用高式消去法，我們可以得到第二個單純表。在此表中，Z 列所有的係數均為非負值，已滿足對偶可行性，所以我們可以將此單純表作為起始單純表。我們以對偶單純法繼續求解，可以得到如表5.5第三個表所示的最佳單純表。

為進一步比較一般單純法與對偶單純法的差異性，我們考慮以下最佳解的三個條件：

(1) 主要可行性(primal feasibility)

(2) 對偶可行性(dual feasibility)

(3) 互補寬鬆性(complementary slackness)

一般單純法始終保持條件(1)與(3)，最後達成條件(2)；對偶單純法則始終保持條件(2)與(3)，最後達成條件(1)。此兩種方法均始終會保持條件(3)，是因為它們始終維持適當形式(proper form)的緣故。

對偶單純法的適用時機

表5.5   例5.9的完整單純表組

BV	Z	x_1	x_2	x_3	x_4	x_5	x_6	RHS	
Z	1	-5	3	-1	0	0	0	0	
x_6	0	1	1	1	0	0	1	M	$\rightarrow$
x_4	0	1	3	1	1	0	0	6	
x_5	0	-3	-1	-3	0	1	0	-2	

BV	Z	x_1	x_2	x_3	x_4	x_5	x_6	RHS	
Z	1	0	8	4	0	0	5	$5M$	
x_1	0	1	1	1	0	0	1	M	
x_4	0	0	2	0	1	0	-1	$-M+6$	$\rightarrow$
x_5	0	0	2	0	0	1	3	$3M-2$	

BV	Z	x_1	x_2	x_3	x_4	x_5	x_6	RHS
Z	1	0	18	4	5	0	0	30
x_1	0	1	3	1	1	0	0	6
x_6	0	0	-2	0	-1	0	1	$M-6$
x_5	0	0	8	0	3	1	0	16

對偶單純法在以下兩種情況下特別適用:

1. 得到對偶可行解比得到主要可行解容易時。

2. 在敏感度分析中,當主要可行性違反時。這是因為此時的單純表仍維持對偶可行性與互補寬鬆性,所以可用對偶單純法繼續做下去,而求得最佳解。

5.7 習題

1. 寫出以下線性程式的對偶問題:

$$極大化 \quad Z = -x_1 + 2x_2$$

$$受限於 \quad 4x_1 + 5x_2 \leq 12$$
$$2x_1 - x_2 \geq 2$$
$$x_1, x_2 \geq 0$$

2. 寫出以下線性程式的對偶問題：

$$極大化 \quad Z = 3x_1 + 4x_2 + x_3 + 6x_4$$
$$受限於 \quad x_1 - x_2 + 2x_3 - x_4 \geq 10$$
$$2x_1 + 3x_2 - x_3 + 4x_4 \geq 12$$
$$3x_1 + 2x_2 + x_4 = 6$$
$$2x_1 + x_2 + 3x_3 - 2x_4 \leq 18$$
$$x_1, x_3 \geq 0, x_2 \leq 0, x_4 不受限$$

3. 寫出以下線性程式的對偶問題：

$$極小化 \quad Z = 3x_1 + 2x_2 - 6x_3$$
$$受限於 \quad x_1 + 2x_2 - x_3 + x_4 \geq 5$$
$$2x_1 + x_3 \leq 4$$
$$x_2 + 2x_3 + x_4 = 6$$
$$x_1 \leq 0, x_2, x_3 \geq 0, x_4 不受限$$

4. 考慮以下線性程式：

$$極小化 \quad Z = 3x_1 + 2x_2 + x_3$$
$$受限於 \quad x_1 + 2x_2 + x_3 \geq 6$$
$$x_2 - 3x_3 \leq 3$$
$$x_1 + x_2 + 2x_3 = 8$$
$$x_1 \geq 0, x_2 \leq 0, x_3 不受限$$

(a) 寫出此問題的對偶問題。

(b) 利用弱對偶性質，分別對主要問題與對偶問題尋找一個最佳目標
函數值所在的範圍。（提示：分別以觀察法找出幾個可行解。）

5. 考慮以下線性程式：

$$\text{極小化} \quad Z = \quad 2x_1 + 4x_2 + 5x_3 + 7x_4$$
$$\text{受限於} \qquad 2x_1 + \ x_2 + 3x_3 + 2x_4 \geq 4$$
$$-2x_1 + \ x_2 - \ x_3 + 3x_4 \leq -3$$
$$x_1, x_2, x_3, x_4 \geq 0$$

(a) 寫出此問題的對偶問題。

(b) 以圖解法求解對偶問題。

(c) 利用對偶性質與對偶問題之解，求主要問題之解。

6. 考慮以下線性程式：

$$\text{極小化} \quad Z = 2x_1 + 3x_2 + 2x_3$$
$$\text{受限於} \qquad 2x_1 + 5x_2 + 3x_3 \geq 30$$
$$3x_1 + \ x_2 + \ x_3 \geq 15$$
$$x_1, x_2, x_3 \geq 0$$

(a) 寫出此問題的對偶問題。

(b) 以圖解法求解對偶問題。

(c) 假設對偶問題為資源分配問題。由圖解法求出各資源的陰影價
格，並解釋其意義。

(d) 利用對偶性質與對偶問題之解，求主要問題之解。

(e) 以單純法解此問題，並由表中直接讀出對偶解。將此對偶解與
(b)比較，以確認此兩個由不同方法所得到的解是相同的。

7. 考慮以下線性程式：

$$\text{極大化} \quad Z = 2x_1 + x_2 + 7x_3 + 3x_4$$
$$\text{受限於} \qquad x_1 + x_2 + x_3 + x_4 \leq 12$$
$$x_1, x_2, x_3, x_4 \geq 0$$

(a) 寫出此問題的對偶問題。

(b) 以觀察法求解對偶問題。

8. 考慮習題第6題。

(a) 以對偶單純法求其解。

(b) 由(a)之單純表讀出其最佳對偶解。將此單純表與第6題(e)之單純表相比較，以確認此兩表的步驟在實質上是相同的。

9. 考慮以下線性程式：

$$\text{極小化} \quad Z = 3x_1 + 6x_2$$
$$\text{受限於} \qquad x_1 - 2x_2 + x_3 \geq 6$$
$$2x_1 + x_2 - 2x_3 \geq 8$$
$$x_1, x_2, x_3 \geq 0$$

(a) 以對偶單純法求解此問題，並由表中直接讀出其對偶問題之解。

(b) 若此問題的對偶問題是一個資源指派問題，則對應第一、第二、第三個限制式之資源的的陰影價格分別是多少？

10. 以對偶單純法求解以下問題：

$$\text{極小化} \quad Z = 3x_1 + x_2 + 2x_3$$
$$\text{受限於} \qquad 2x_1 - x_2 - x_3 \leq -1$$
$$-x_1 - x_2 - x_3 \leq -6$$

$$x_1, x_2, x_3 \geq 0$$

11. 以對偶單純法求解以下問題：

$$\text{極小化} \quad Z = x_1 + 5x_2 - x_3$$

$$\text{受限於} \quad 2x_1 - x_2 + x_3 \leq 4$$

$$3x_1 + 6x_2 - x_3 \geq 3$$

$$x_1, x_2, x_3 \geq 0$$

12. 以對偶單純法求解習題第4題。

13. 考慮以下線性程式：

$$\text{極大化} \quad Z = 6x_1 + 4x_2$$

$$\text{受限於} \quad 3x_1 - 2x_2 \leq 4$$

$$-3x_1 + x_2 \leq -3$$

$$2x_1 + x_2 \leq 5$$

$$x_1, x_2 \geq 0$$

此線性程式之對偶問題為

$$\text{極小化} \quad y_0 = 4y_1 - 3y_2 + 5y_3$$

$$\text{受限於} \quad 3y_1 - 3y_2 + 2y_3 \geq 6$$

$$-2y_1 + y_2 + y_3 \geq 4$$

$$y_1, y_2, y_3 \geq 0$$

今分別得到主要問題與對偶問題的一個可行解如下：

$$x_1 = 1\frac{3}{5}, x_2 = 1\frac{4}{5}; \quad y_1 = 0, y_2 = \frac{2}{5}, y_3 = 3\frac{3}{5}$$

這兩個可行解是否為最佳解？

14. 寫出2.6節混合問題的對偶問題，並給予其適當的經濟解釋。

15. 根據標準形式與其對偶問題的關係，推導當極大化問題之限制式為 ≥時，其對偶變數 ≤ 0。

16. 證明在使用人工限制式時，以 Z 列係數最負的變數為進入變數，並以人工限制式的寬鬆變數為離開變數，可使得下一個單純表 Z 列的所有係數均為非負值。

第六章
敏感度與參數分析

本章大綱

許多線性規畫模式的係數經常變動，而且有些係數之值亦不十分確定。
例如：在典型例題中，產品售價經常隨著市場相關產品的波動而有所變
動；工作中心每日可利用的總時數亦經常僅知道在某範圍之內，而並不
十分確定其值。因此在線性規畫中，分析當模式係數改變時最佳解的變動
情形，是非常重要的。此種分析即為敏感度分析 (sensitivity analysis)。
此外，當系統的大環境改變時，線性規畫模式的係數（如：目標函數
係數與右手邊常數）經常會依一定的比例變動。參數分析 (parametric
analysis)即是用以分析此種係數變動時，最佳解變動的情形。在本章中
，我們將對此兩種得到最佳解後的分析予以詳細的說明。

6.1　敏感度分析

對於一個線性程式，當某些係數改變時，最佳解是否會改變？若會改
變，我們是否可以不必重新求解此線性程式？本節所介紹的**敏感度分析**
(sensitivity analysis)，即是用以探討以上兩個問題。具體而言，我們將
學習如何利用已得到的最佳解，求得當係數改變後的最佳解，而不必重
頭開始解此線性程式。

我們仍將利用典型例題說明各類型的敏感度分析。典型例題之線性
程式的擴充形式如下：

$$
\begin{aligned}
\text{極大化} \quad & Z = 2x_1 + 5x_2 \\
\text{受限於} \quad & 3x_1 \qquad\quad + x_3 \qquad\qquad = 12 \\
& \qquad 2x_2 \qquad\quad + x_4 \qquad = 10 \\
& x_1 + \ x_2 \qquad\qquad\quad + x_5 = 6 \\
& x_i \geq 0, i = 1, 2, ..., 5
\end{aligned}
$$

表 6.1　典型例題的最佳單純表

BV	Z	x_1	x_2	x_3	x_4	x_5	RHS
Z	1	0	0	0	$\frac{3}{2}$	2	27
x_3	0	0	0	1	$\frac{3}{2}$	-3	9
x_2	0	0	1	0	$\frac{1}{2}$	0	5
x_1	0	1	0	0	$-\frac{1}{2}$	1	1

此線性程式的最佳單純表如表 6.1 所示。因為此線性程式的 $\mathbf{A}$ 包含一個單位矩陣，所以我們可以直接由最佳單純表讀出 $\mathbf{B}^{-1}$ 如下：

$$\mathbf{B}^{-1} = \begin{pmatrix} 1 & \frac{3}{2} & -3 \\ 0 & \frac{1}{2} & 0 \\ 0 & -\frac{1}{2} & 1 \end{pmatrix}$$

我們將分以下八種狀況討論敏感度分析：

1. 目標函數係數的改變

2. 目標函數係數的允許變動範圍

3. 右手邊常數的改變

4. 右手邊常數的允許變動範圍

5. 新變數的加入

6. 非基變數係數的改變

7. 新限制式的加入

8. 基變數係數的改變

目標函數係數的改變

在典型例題中，如果 P1 與 P2 兩項新產品的成本或售價有所變動，則其線性程式之目標函數係數亦將隨之改變。

　　由單純表的矩陣形式得知，目標函數係數$(\mathbf{c})$的改變，會影響到$\mathbf{x_N}$與RHS的Z列係數，亦即：$\mathbf{c_B B^{-1} N} - \mathbf{c_N}$與$\mathbf{c_B B^{-1} b}$。因此，我們須重新計算$\mathbf{c_B B^{-1} N} - \mathbf{c_N}$。若其仍均為非負值，則最佳解維持不變，但$Z$值則有可能改變；這是當所改變的係數含有基變數時，$Z$值須重新依$\mathbf{c_B B^{-1} b}$公式計算。若$\mathbf{x_N}$的$Z$列係數有負值存在，則我們必須繼續以單純法求得改變目標函數係數後的最佳解。

例6.1：假設目標函數由$2x_1 + 5x_2$改為$3x_1 + 4x_2$，則

$$
\begin{aligned}
z_4 - c_4 &= \mathbf{c_B B^{-1} a_4} - c_4 \\
&= (0 \quad 4 \quad 3) \begin{pmatrix} \frac{3}{2} \\ \frac{1}{2} \\ -\frac{1}{2} \end{pmatrix} - 0 \\
&= \frac{1}{2}
\end{aligned}
$$

$$
\begin{aligned}
z_5 - c_5 &= \mathbf{c_B B^{-1} a_5} - c_5 \\
&= (0 \quad 4 \quad 3) \begin{pmatrix} -3 \\ 0 \\ 1 \end{pmatrix} - 0 \\
&= 3
\end{aligned}
$$

因為所有Z列係數仍均為非負值，所以最佳解維持不變，但Z值則改變為

$$
\begin{aligned}
Z &= \mathbf{c_B B^{-1} b} \\
&= (0 \quad 4 \quad 3) \begin{pmatrix} 9 \\ 5 \\ 1 \end{pmatrix} \\
&= 23
\end{aligned}
$$

$\square$

目標函數係數的允許變動範圍

接著，我們探討目標函數係數的變動在什麼範圍內，最佳解仍然維持不變？例如：在典型例題中，我們會想知道當成本與售價改變時，最佳解是否會改變？爲方便說明起見，我們將分別對非基變數與基變數予以討論。

非基變數

因爲當非基變數的目標函數係數改變時，僅其 Z 列係數會受影響，所以我們只需計算在滿足其 Z 列係數大於等於零的條件下，該非基變數目標函數係數的可行範圍。只要係數的變動在此範圍內，最佳解仍將維持不變；否則最佳解會有所改變，而需用前述的方法求出新的最佳解。

例 6.2：考慮 c_4 的允許變動範圍。（x_4 爲非基變數。）在最佳單純表中，x_4 的 Z 列係數爲

$$z_4 - c_4 = z_4 - 0 = \frac{3}{2}$$

所以 $z_4 = \frac{3}{2}$。因此可得

$$z_4 - c_4 \geq 0$$
$$\frac{3}{2} - c_4 \geq 0$$
$$c_4 \leq \frac{3}{2}$$

由此可知，如果 $c_4 \leq \frac{3}{2}$，且其他資料不變，則最佳解仍維持不變。　　□

基變數

當基變數的目標函數係數改變時，所有非基變數的 Z 列係數均會受到影響，所以我們需計算在滿足所有 Z 列係數均大於等於零的條件下，該基變數目標函數係數的可行範圍。只要係數的變動在此範圍內，最佳解仍

將維持不變；否則最佳解會有所改變，而需用前述的方法求出新的最佳解。

例6.3：考慮 c_1 的允許變動範圍。（x_1 為基變數。）由最佳單純表我們可得

$$z_4 - c_4 \geq 0$$

$$\mathbf{c_B B}^{-1}\mathbf{a}_4 - c_4 \geq 0$$

$$(0 \quad 5 \quad c_1) \begin{pmatrix} \frac{3}{2} \\ \frac{1}{2} \\ -\frac{1}{2} \end{pmatrix} - 0 \geq 0$$

$$\frac{5}{2} - \frac{1}{2}c_1 \geq 0$$

$$c_1 \leq 5 \tag{6.1}$$

同理，

$$z_5 - c_5 \geq 0$$

$$\mathbf{c_B B}^{-1}\mathbf{a}_5 - c_5 \geq 0$$

$$(0 \quad 5 \quad c_1) \begin{pmatrix} -3 \\ 0 \\ 1 \end{pmatrix} - 0 \geq 0$$

$$c_1 \geq 0 \tag{6.2}$$

由 (6.1) 與 (6.2) 可得 c_1 之範圍為 $0 \leq c_1 \leq 5$。因此，c_1 在此範圍之內，若其他資料不變，則最佳解仍不會改變。　　　　　　　　　□

右手邊常數的改變

在典型例題中，如果工作中心 W1、W2 及 W3 可用以生產 P1 與 P2 兩項新產品的每日生產時數有所變動，則其線性程式之右手邊常數亦將隨之變動。

　　由單純表的矩陣形式得知，右手邊常數(b)的改變，會影響到RHS欄之值，因此，我們須重新計算$\mathbf{B}^{-1}\mathbf{b}$。若其仍均為非負值，則基變數不變，但其值則改變為$\mathbf{B}^{-1}\mathbf{b}$，且$Z$值改變為$\mathbf{c_B}\mathbf{B}^{-1}\mathbf{b}$；若$\mathbf{B}^{-1}\mathbf{b}$中有負值存在，則主要可行性（見5.6節）被破壞，使得基變數有所改變。此時，因最佳解的另外兩個條件：對偶可行性及互補寬鬆性仍然存在，所以我們可用5.6節所介紹的對偶單純法，繼續求得最佳解。

例6.4：假設右手邊常數改變為

$$\begin{pmatrix} 9 \\ 8 \\ 8 \end{pmatrix}$$

此時，單純表中之RHS欄可計算如下：

$$\mathbf{B}^{-1}\mathbf{b} = \begin{pmatrix} 1 & \frac{3}{2} & -3 \\ 0 & \frac{1}{2} & 0 \\ 0 & -\frac{1}{2} & 1 \end{pmatrix} \begin{pmatrix} 9 \\ 8 \\ 8 \end{pmatrix} = \begin{pmatrix} -3 \\ 4 \\ 4 \end{pmatrix}$$

因為有負值存在，故應使用對偶單純法繼續求解。　　　　　　□

右手邊常數的允許變動範圍

接著，我們探討右手邊常數的變動在什麼範圍內，基變數維持不變（但基變數之值會有所改變）？例如：在典型例題中，我們會想知道當W1、W2及／或W3可供利用的生產時數有所增減時，最佳解是否會改變？

　　當右手邊常數改變時，單純表中基變數的RHS有可能有負值存在，而失去主要可行性。因此，欲決定某一右手邊常數的允許變動範圍，我們需計算在滿足所有基變數之RHS值均大於等於零的條件下，該右手邊常數的可行範圍。只要該右手邊常數的變動在此範圍內，基變數仍將維持不變（但基變數之值會有所改變）；否則基變數會有所改變，而需用前述的方法求出新的最佳解。

例6.5：考慮b_2的允許變動範圍。由最佳單純表我們可得

$$\mathbf{B}^{-1}\mathbf{b} \geq \mathbf{0}$$

$$\begin{pmatrix} 1 & \frac{3}{2} & -3 \\ 0 & \frac{1}{2} & 0 \\ 0 & -\frac{1}{2} & 1 \end{pmatrix} \begin{pmatrix} 12 \\ b_2 \\ 6 \end{pmatrix} \geq \begin{pmatrix} 0 \\ 0 \\ 0 \end{pmatrix}$$

$$\begin{pmatrix} \frac{3}{2}b_2 - 6 \\ \frac{1}{2}b_2 \\ 6 - \frac{1}{2}b_2 \end{pmatrix} \geq \begin{pmatrix} 0 \\ 0 \\ 0 \end{pmatrix}$$

亦即：

$$b_2 \geq 4, b_2 \geq 0, b_2 \leq 12$$

或

$$4 \leq b_2 \leq 12$$

因此，b_2的變動在此範圍內，若其他資料不變，則基變數仍爲x_3, x_2, x_1；否則需用前述的方法求出新的最佳解。　　　　　　　　　　　　□

新變數的加入

假設在典型例題中，除了P1與P2兩項新產品之外，尚可生產另一種新產品P3。此時，對其線性程式而言，即爲增加了一個用以代表P3生產量的新變數。

由單純表的矩陣形式得知，新變數的加入有可能改變最佳解的基變數。欲決定基變數是否會改變，我們須計算此新變數在表中的Z列係數。若其Z列係數爲非負值，則其加入將不會影響最佳解；若其Z列係數爲負值，則須以單純法繼續求解。

例6.6：假設新加入變數x_6在目標函數與限制式中的係數爲

$$\begin{array}{c} x_6 \\ \begin{pmatrix} 6 \\ - \\ 1 \\ 1 \\ 2 \end{pmatrix} \end{array}$$

其 Z 列係數可計算如下：

$$\begin{aligned} z_6 - c_6 &= \mathbf{c_B}\mathbf{B}^{-1}\mathbf{a}_6 - c_6 \\ &= (0 \quad \frac{3}{2} \quad 2)\begin{pmatrix} 1 \\ 1 \\ 2 \end{pmatrix} - 6 \\ &= -\frac{1}{2} \end{aligned}$$

因其 Z 列係數爲負值，最佳解已有所改變，所以我們應讓 x_6 爲進入變數，繼續以單純法求解。　　　　　　　　　　　　　　□

非基變數係數的改變

非基變數係數的改變可用與新變數加入同樣的方式處理。當非基變數 x_j 的係數（即：$\mathbf{a}_j$ 與 c_j）改變時，我們重新計算 $\mathbf{c_B}\mathbf{B}^{-1}\mathbf{a}_j - c_j$。若其爲非負值，則最佳解不受影響；若其爲負值，則對偶可行性被破壞，而應使用單純法繼續求解。

例 6.7：假設 $\mathbf{a}_4$ 變更爲

$$\begin{pmatrix} 0 \\ 2 \\ 1 \end{pmatrix}$$

我們重新計算 x_4 的 Z 列係數如下：

$$
\begin{aligned}
z_4 - c_4 &= \mathbf{c_B} \mathbf{B}^{-1} \mathbf{a}_4 - c_4 \\
&= (0 \quad \tfrac{3}{2} \quad 2) \begin{pmatrix} 0 \\ 2 \\ 1 \end{pmatrix} - 0 \\
&= 5
\end{aligned}
$$

因其為非負值，所以最佳解不變。 □

新限制式的加入

假設在典型例題中，生產 P1 與 P2 兩項新產品除了需使用 W1、W2 及 W3 的產能外，尚需經過工作中心 W4。此時，對其線性程式而言，即為增加了一個代表 W4 產能限制的新限制式。

　當一個新的限制式加入時，若目前的最佳解滿足此限制式，則最佳解不受影響；否則，原單純表須加上相對應的一新列。加上新的列時，須將其係數予以還原，以符合適當形式。還原後，其 RHS 必為負值（為何？），使得主要可行性被破壞，此時應使用對偶單純法繼續求解。（以典型例題為例，若 RHS 為負值，則表示目前的最佳生產方式──每日生產一個 P1、五個 P2──超過 W4 所能提供的產能。）

例 6.8：假設原問題加入一個新的限制式如下：

$$
2x_1 + 3x_2 \leq 18
$$

因為目前的最佳解 $(x_1 = 1, x_2 = 5)$ 滿足此新的限制式，所以最佳解不變。假設所加入的限制式為

$$
2x_1 + 3x_2 \leq 15
$$

則目前的最佳解違反此限制式。我們先將此式加上寬鬆變數 x_6，再經還原後，可得結果如下：

$$
\begin{array}{lccccccccc}
\text{還原前} & [& 0 & 2 & 3 & 0 & 0 & 0 & 1 & 15 &] \\
& -3[& 0 & 0 & 1 & 0 & \frac{1}{2} & 0 & 0 & 5 &] \\
& -2[& 0 & 1 & 0 & 0 & -\frac{1}{2} & 1 & 0 & 1 &] \\
\hline
\text{還原後} & [& 0 & 0 & 0 & 0 & -\frac{1}{2} & -2 & 1 & -2 &]
\end{array}
$$

將此列填入單純表中的第四列。因爲 x_6 的 RHS 爲負值（事實上，當我們測試最佳解是否滿足新加入的限制式時，已經知道 x_6 將爲負值），所以應使用對偶單純法繼續求解。　　　　　　　　　　　　　　　　　□

基變數係數的改變

當基變數 x_j 的係數（即：c_j 與 $\mathbf{a}_j$）改變時，我們可將其視爲一個新加入的變數 x'_j。將此新的變數還原後加入表中，並強迫 x'_j 與 x_j 分別爲進入變數與離開變數。得到新表後，我們即可將原有變數 x_j 刪除。若此時對偶可行性被破壞，則使用單純法繼續求解；若主要可行性被破壞，則使用對偶單純法繼續求解。

例 6.9：假設 x_1 變更爲

$$
\begin{array}{c}
x'_1 \\
\begin{pmatrix}
3 \\
- \\
2 \\
0 \\
1
\end{pmatrix}
\end{array}
$$

我們將 x'_1 還原如下

表6.2　例6.9之單純表

BV	Z	x_1	x_1'	x_2	x_3	x_4	x_5	RHS	
Z	1	0	-1	0	0	$\frac{3}{2}$	2	27	
x_3	0	0	-1	0	1	$\frac{3}{2}$	-3	9	
x_2	0	0	0	1	0	$\frac{1}{2}$	0	5	
x_1	0	1	1	0	0	$-\frac{1}{2}$	1	1	$\rightarrow$

BV	Z		x_1'	x_2	x_3	x_4	x_5	RHS
Z	1		0	0	0	1	3	28
x_3	0		0	0	1	1	-2	10
x_2	0		0	1	0	$\frac{1}{2}$	0	5
x_1'	0		1	0	0	$-\frac{1}{2}$	1	1

$$\mathbf{B}^{-1}\mathbf{a}_1' = \begin{pmatrix} 1 & \frac{3}{2} & -3 \\ 0 & \frac{1}{2} & 0 \\ 0 & -\frac{1}{2} & 1 \end{pmatrix} \begin{pmatrix} 2 \\ 0 \\ 1 \end{pmatrix} = \begin{pmatrix} -1 \\ 0 \\ 1 \end{pmatrix}$$

$$z_1' - c_1' = \mathbf{c_B}\mathbf{B}^{-1}\mathbf{a}_1' - c_1' = (0\ 5\ 2)\begin{pmatrix} -1 \\ 0 \\ 1 \end{pmatrix} - 3 = -1$$

（注意此時在 $\mathbf{c_B}$ 中，我們使用原係數 $c_1 = 2$，而非新係數 $c_1' = 3$。）將 x_1' 及其經過轉換後的係數加入表中，並分別讓 x_1' 與 x_1 為進入變數與離開變數（見表6.2），可得表6.2所示的第二個單純表。此時，因 x_1 已為 x_1' 所取代，所以可將 x_1 欄刪除。因為 Z 列係數均為非負值，所以此表即為最佳單純表。　□

6.2　參數分析

參數分析(parametric analysis)是研究當模式係數按一定的方向變化時，最佳解的變化情形。我們將分以下三種狀況討論參數分析：

1. 目標函數係數的改變
2. 右手邊常數的改變
3. 目標函數係數與右手邊常數同時改變

目標函數係數的改變

考慮以下線性程式：

$$極大化 \quad Z + Z' = (\mathbf{c} + \lambda\mathbf{c}')\mathbf{x}$$
$$受限於 \qquad \mathbf{A}\mathbf{x} \leq \mathbf{b}$$
$$\mathbf{x} \geq \mathbf{0}$$

其中 $\mathbf{c}'$ 為干擾向量(perturbation vector)，λ 為純量(scalar)，且

$$Z = \mathbf{c}\mathbf{x}$$
$$Z' = \lambda\mathbf{c}'\mathbf{x}$$

以類似4.1節的方式，我們可得此線性程式之解為

$$\mathbf{x_B} = \mathbf{B}^{-1}\mathbf{b}$$
$$Z + Z' = \mathbf{c_B}\mathbf{B}^{-1}\mathbf{b} + \lambda\mathbf{c_B'}\mathbf{B}^{-1}\mathbf{b}$$

由最佳性測試，即：

$$(z_j - c_j) + \lambda(z_j' - c_j') \geq 0 \quad \forall j$$

我們可以得到一個範圍，使得 λ 在此範圍內，最佳解不變。

根據以上的討論，我們可以得到當目標函數係數改變時的參數分析步驟如下：

1. 在不考慮 $\lambda \mathbf{c}'$ 的情況下，求得該線性程式的最佳解。此時，單純表僅有 Z 列。

2. 以 $\mathbf{c}'$ 求得 Z' 列，並將之加於最佳單純表 Z 列之上方。此表即為當 λ 滿足

$$(z_j - c_j) + \lambda(z'_j - c'_j) \geq 0 \quad \forall j$$

時的最佳單純表。

3. 以單純法陸續求得 λ 在所有可能範圍內的最佳解。

例 6.10：考慮典型例題，並假設

$$\mathbf{c}' = (-1 \quad 1)$$

得到最佳解後，以 $\mathbf{c}'$ 求出 Z' 列。我們可用以下的還原方式求得 Z' 列：

還原前	[	0	1	1	-1	0	0	0	0]
1[		0	0	0	1	0	$\frac{1}{2}$	0	5]
-1[		0	0	1	0	0	$-\frac{1}{2}$	1	1]
還原後	[	0	1	0	0	0	1	-1	4]

當然，我們亦可用矩陣方式求得 Z' 列。亦即：

$$z'_j - c'_j = \mathbf{c}'_\mathbf{B}\mathbf{B}^{-1}\mathbf{a}_j - c'_j$$

例如：

$$z'_4 - c'_4 = (0 \quad 1 \quad -1)\begin{pmatrix} \frac{3}{2} \\ \frac{1}{2} \\ -\frac{1}{2} \end{pmatrix} - 0 = 1$$

表6.3　例6.10當 $\lambda \geq 2$ 時之單純表

BV	Z	Z'	x_1	x_2	x_3	x_4	x_5	RHS	
Z'	0	1	0	0	0	1	-1	4	
Z	1	0	0	0	0	$\frac{3}{2}$	2	27	
x_3	0	0	0	0	1	$\frac{3}{2}$	-3	9	
x_2	0	0	0	1	0	$\frac{1}{2}$	0	5	
x_1	0	0	1	0	0	$-\frac{1}{2}$	1	1	$\rightarrow$
BV	Z	Z'	x_1	x_2	x_3	x_4	x_5	RHS	
Z'	0	1	1	0	0	$\frac{1}{2}$	0	5	
Z	1	0	-2	0	0	$\frac{5}{2}$	0	25	
x_3	0	0	3	0	1	0	0	12	
x_2	0	0	0	1	0	$\frac{1}{2}$	0	5	
x_5	0	0	1	0	0	$-\frac{1}{2}$	1	1	

很明顯地，在此情況下，還原方式較矩陣方式容易。得到 Z' 列後，將其加於最佳單純表 Z 列之上方（見表6.3的第一個單純表）。由 Z 列與 Z' 列係數，我們可計算 λ 的範圍如下：

$$\frac{3}{2} + \lambda \geq 0 \Longrightarrow \lambda \geq -\frac{3}{2}$$
$$2 - \lambda \geq 0 \Longrightarrow \lambda \leq 2$$

亦即：

$$-\frac{3}{2} \leq \lambda \leq 2$$

因此，λ 在此範圍內，其最佳解為 $Z + Z' = 27 + 4\lambda, x_1 = 1, x_2 = 5, x_3 = 9, x_4 = 0, x_5 = 0$。當 $\lambda = 2$ 時，此線性程式存在多組解，因為此時 x_5 的 Z 列與 Z' 列係數之和為0。當 $\lambda > 2$ 時，此解不再是最佳解，因為此時

x_5 的 Z 列與 Z' 列係數之和已為負值。我們讓 x_5 為進入變數，並讓 x_1 為離開變數，可得表6.3的第二個單純表。由此表我們可得

$$-2 + \lambda \geq 0 \Longrightarrow \lambda \geq 2$$
$$\frac{5}{2} + \frac{1}{2}\lambda \geq 0 \Longrightarrow \lambda \geq -5$$

亦即：

$$\lambda \geq 2$$

因此，λ 在此範圍內，其最佳解為 $Z + Z' = 25 + 5\lambda, x_1 = 0, x_2 = 5, x_3 = 12, x_4 = 0, x_5 = 1$。

　　同理，當 $\lambda = -\frac{3}{2}$ 時（見表6.3的第一個單純表），此線性程式存在多組解，因為此時 x_4 的 Z 列與 Z' 列係數之和為0。當 $\lambda < -\frac{3}{2}$ 時，此解不再是最佳解，因為此時 x_4 的 Z 列與 Z' 列係數之和已為負值。我們讓 x_4 為進入變數，並讓 x_3 為離開變數，可得表6.4的第二個單純表。由此表我們可得

$$-1 - \frac{2}{3}\lambda \geq 0 \Longrightarrow \lambda \leq -\frac{3}{2}$$
$$5 + \lambda \geq 0 \Longrightarrow \lambda \geq -5$$

亦即：

$$-5 \leq \lambda \leq -\frac{3}{2}$$

因此，λ 在此範圍內，其最佳解為 $Z + Z' = 18 - 2\lambda, x_1 = 4, x_2 = 2, x_3 = 0, x_4 = 6, x_5 = 0$。當 $\lambda < -5$ 時，此解不再是最佳解。我們讓 x_5 為進入

表6.4　例6.10當 $\lambda \leq -\frac{3}{2}$ 時之單純表

BV	Z	Z'	x_1	x_2	x_3	x_4	x_5	RHS	
Z'	0	1	0	0	0	1	-1	4	
Z	1	0	0	0	0	$\frac{3}{2}$	2	27	
x_3	0	0	0	0	1	$\frac{3}{2}$	-3	9	$\rightarrow$
x_2	0	0	0	1	0	$\frac{1}{2}$	0	5	
x_1	0	0	1	0	0	$-\frac{1}{2}$	1	1	

BV	Z	Z'	x_1	x_2	x_3	x_4	x_5	RHS	
Z'	0	1	0	0	$-\frac{2}{3}$	0	1	-2	
Z	1	0	0	0	-1	0	5	18	
x_4	0	0	0	0	$\frac{2}{3}$	1	-2	6	
x_2	0	0	0	1	$-\frac{1}{3}$	0	1	2	$\rightarrow$
x_1	0	0	1	0	$\frac{1}{3}$	0	0	4	

BV	Z	Z'	x_1	x_2	x_3	x_4	x_5	RHS
Z'	0	1	0	-1	$-\frac{1}{3}$	0	0	-4
Z	1	0	0	-5	$\frac{2}{3}$	0	0	8
x_4	0	0	0	2	0	1	0	10
x_5	0	0	0	0	$-\frac{1}{3}$	0	1	2
x_1	0	0	1	0	$\frac{1}{3}$	0	0	4

變數，並讓 x_2 為離開變數，可得表6.4的第三個單純表。由此表我們可得

$$-5 - \lambda \geq 0 \Longrightarrow \lambda \leq -5$$

$$\frac{2}{3} - \frac{1}{3}\lambda \geq 0 \Longrightarrow \lambda \leq 2$$

亦即：

$$\lambda \leq -5$$

表6.5　　　例6.10所有可能λ值的最佳解

λ	x_1	x_2	x_3	x_4	x_5	$Z + Z'$
$[-\frac{3}{2}, 2]$	1	5	9	0	0	$27 + 4\lambda$
$[2, \infty)$	0	5	12	0	1	$25 + 5\lambda$
$[-5, -\frac{3}{2}]$	4	2	0	6	0	$18 - 2\lambda$
$(-\infty, -5]$	4	0	0	10	2	$8 - 4\lambda$

因此，λ在此範圍內，其最佳解爲 $Z + Z' = 8 - 4\lambda, x_1 = 4, x_2 = 0, x_3 = 0, x_4 = 10, x_5 = 2$。

　　根據以上的計算，我們可將λ在所有可能範圍內的最佳解摘要於表6.5。有此表可看出，雖然λ在 $-\infty$ 與 ∞ 間變動，但最佳解僅有四組。

　　　　　　　　　　　　　　　　　　　　　　　　　　　　　　□

　　在以上的例題中，我們求出λ在所有範圍內（即：$(-\infty, \infty)$）的最佳解。事實上，根據在實際問題中λ的可能變動範圍，我們經常僅需求得λ在某一特定範圍內（如：$-3 \leq \lambda \leq 1$）的最佳值即可。

右手邊常數的改變

考慮以下線性程式：

$$\text{極大化} \quad Z = \mathbf{cx}$$
$$\text{受限於} \quad \mathbf{Ax} \leq \mathbf{b} + \lambda\mathbf{b}'$$
$$\mathbf{x} \geq \mathbf{0}$$

其中 $\mathbf{b}'$ 爲干擾向量，λ爲純量。以類似4.1節的方式，我們可得此線性程式之解爲

$$\mathbf{x_B} = \mathbf{B}^{-1}\mathbf{b} + \lambda\mathbf{B}^{-1}\mathbf{b}'$$
$$Z = \mathbf{c_B}\mathbf{B}^{-1}\mathbf{b} + \lambda\mathbf{c_B}\mathbf{B}^{-1}\mathbf{b}'$$

由主要可行性測試，即：

$$\mathbf{B^{-1}b} + \lambda \mathbf{B^{-1}b'} \geq \mathbf{0}$$

我們可以得到一個範圍，使得 λ 在此範圍內，最佳解之基變數不變（但其值會有所改變）。

　　根據以上的討論，我們可以得到當右手邊常數改變時的參數分析步驟如下：

1. 在不考慮 $\lambda \mathbf{b'}$ 的情況下，求得該線性程式的最佳解。
2. 以 $\mathbf{b'}$ 求得 RHS′ 欄，並將之加於最佳單純表 RHS 欄之右方。此表即為當 λ 滿足

$$\mathbf{B^{-1}b} + \lambda \mathbf{B^{-1}b'} \geq \mathbf{0}$$

時的最佳單純表。
3. 以對偶單純法陸續求得 λ 在所有可能範圍內的最佳解。

例 6.11：考慮典型例題，並假設

$$\mathbf{b'} = \begin{pmatrix} -1 \\ 2 \\ 1 \end{pmatrix}$$

得到最佳解後，我們以 $\mathbf{b'}$ 求得 RHS′ 欄如下：

$$\mathbf{B^{-1}b'} = \begin{pmatrix} 1 & \frac{3}{2} & -3 \\ 0 & \frac{1}{2} & 0 \\ 0 & -\frac{1}{2} & 1 \end{pmatrix} \begin{pmatrix} -1 \\ 2 \\ 1 \end{pmatrix} = \begin{pmatrix} -1 \\ 1 \\ 0 \end{pmatrix}$$

$$\mathbf{c_B B^{-1} b'} = (0 \ \ 5 \ \ 2) \begin{pmatrix} -1 \\ 1 \\ 0 \end{pmatrix} = 5$$

表6.6　例6.11之單純表

BV	Z	x_1	x_2	x_3	x_4	x_5	RHS	RHS$'$	
Z	1	0	0	0	$\frac{3}{2}$	2	27	5	
x_3	0	0	0	1	$\frac{3}{2}$	-3	9	-1	$\rightarrow$
x_2	0	0	1	0	$\frac{1}{2}$	0	5	1	
x_1	0	1	0	0	$-\frac{1}{2}$	1	1	0	

BV	Z	x_1	x_2	x_3	x_4	x_5	RHS	RHS$'$
Z	1	0	0	$\frac{2}{3}$	$\frac{5}{2}$	0	33	$\frac{13}{3}$
x_5	0	0	0	$-\frac{1}{3}$	$-\frac{1}{2}$	1	-3	$\frac{1}{3}$
x_2	0	0	1	0	$\frac{1}{2}$	0	5	1
x_1	0	1	0	$\frac{1}{3}$	0	0	4	$-\frac{1}{3}$

求得RHS$'$欄後,將之加於最佳單純表RHS欄之右方可得表6.5的第一個單純表。由RHS與RHS$'$欄,我們可計算λ的範圍如下:

$$9 - \lambda \geq 0 \Longrightarrow \lambda \leq 9$$

$$5 + \lambda \geq 0 \Longrightarrow \lambda \geq -5$$

亦即:

$$-5 \leq \lambda \leq 9$$

因此,λ在此範圍內,其最佳解為$Z = 27 + 5\lambda, x_1 = 1, x_2 = 5 + \lambda, x_3 = 9 - \lambda, x_4 = 0, x_5 = 0$。若$\lambda > 9$,則此解不再是最佳解,因為$x_3 < 0$,不符合主要可行性。此時,我們可使用對偶單純法,繼續求得表6.6的第二個單純表。由此表我們可得

$$-3 + \frac{1}{3}\lambda \geq 0 \Longrightarrow \lambda \geq 9$$

$$5 + \lambda \geq 0 \Longrightarrow \lambda \geq -5$$

$$4 - \frac{1}{3}\lambda \geq 0 \Longrightarrow \lambda \leq 12$$

表6.7　　例6.11之所有可能λ值的解

λ	x_1	x_2	x_3	x_4	x_5	Z
$[-5, 9]$	1	$5 + \lambda$	$9 - \lambda$	0	0	$27 + 5\lambda$
$[9, 12]$	$4 - \frac{1}{3}\lambda$	$5 + \lambda$	0	0	$-3 + \frac{1}{3}\lambda$	$33 + \frac{13}{3}\lambda$
$(12, \infty)$	（無可行解）					
$(-\infty, -5)$	（無可行解）					

亦即：

$$9 \leq \lambda \leq 12$$

因此，λ在此範圍內，其最佳解為 $Z = 33 + \frac{13}{3}\lambda, x_1 = 4 - \frac{1}{3}\lambda, x_2 = 5 + \lambda, x_3 = 0, x_4 = 0, x_5 = -3 + \frac{1}{3}\lambda$。當 $\lambda > 12$ 時，此解不再是最佳解，因為 $x_1 < 0$。因此，我們以對偶單純法繼續求解。然由表中顯示，此時為無解。

同理，當 $\lambda < -5$ 時，表6.6的第一個單純表之解亦不再是最佳解，因為 $x_2 < 0$。我們以對偶單純法繼續求解，亦發覺此時為無解的情況。

根據以上的計算，我們可將λ在所有可能範圍內的最佳解摘要於表6.7。　　　　　　　　　　　　　　　　　　　　　　　　　　　　　　□

在以上的例題中，我們求得λ在所有範圍內（即：$(-\infty, \infty)$）的最佳解。事實上，根據在實際問題中λ的可能變動範圍，往往我們僅需求得λ在某一特定範圍內的最佳值即可。

目標函數係數與右手邊常數同時改變

接著，我們考慮當目標函數係數與右手邊常數同時依其各自一定的方向改變時，最佳解變動的情形。需要特別注意的是，利用此兩係數各自的參數分析結果，並無法得到此兩係數同時改變時的參數分析結果。

考慮以下線性程式：

$$\text{極大化} \quad Z + Z' = (\mathbf{c} + \lambda \mathbf{c}')\mathbf{x}$$
$$\text{受限於} \qquad \mathbf{Ax} \leq \mathbf{b} + \lambda \mathbf{b}'$$
$$\mathbf{x} \geq \mathbf{0}$$

以類似 4.1 節的方式，我們可得此線性程式之解為

$$\mathbf{x_B} = \mathbf{B}^{-1}\mathbf{b} + \lambda \mathbf{B}^{-1}\mathbf{b}$$

$$Z + Z' = (\mathbf{c_B} + \lambda \mathbf{c_B'})\mathbf{B}^{-1}(\mathbf{b} + \lambda \mathbf{b}')$$

$$= \mathbf{c_B}\mathbf{B}^{-1}\mathbf{b} + \lambda \mathbf{c_B}\mathbf{B}^{-1}\mathbf{b}' + \lambda \mathbf{c_B'}\mathbf{B}^{-1}\mathbf{b} + \lambda^2 \mathbf{c_B'}\mathbf{B}^{-1}\mathbf{b}'$$

由對偶可行性測試以及主要可行性測試，即：

$$(z_j - c_j) + \lambda(z_j' - c_j') \geq 0 \quad \forall j$$

$$\mathbf{B}^{-1}\mathbf{b} + \lambda \mathbf{B}^{-1}\mathbf{b}' \geq 0$$

我們可以得到一個範圍，使得 λ 在此範圍內，最佳解不變。

根據以上的討論，我們可以得到當目標函數係數與右手邊常數同時改變時的參數分析步驟如下：

1. 在不考慮 $\lambda \mathbf{c}'$ 與 $\lambda \mathbf{b}'$ 的情況下，求得該線性程式的最佳解。

2. 以 $\mathbf{c}'$ 求得 Z' 列，並將之加於最佳單純表 Z 列之上方。以 $\mathbf{b}'$ 求得 RHS' 欄，並將之加於最佳單純表 RHS 欄之右方。此表即為當 λ 同時滿足

$$(z_j - c_j) + \lambda(z_j' - c_j') \geq 0 \quad \forall j$$

及

$$\mathbf{B}^{-1}\mathbf{b} + \lambda \mathbf{B}^{-1}\mathbf{b}' \geq 0$$

時的最佳單純表。

3. 以單純法與對偶單純法陸續求得 λ 在所有可能範圍內的最佳解。

例 6.12：考慮典型例題，並假設

$$\mathbf{c}' = (-1 \quad 1)$$

及

$$\mathbf{b}' = \begin{pmatrix} -1 \\ 2 \\ 1 \end{pmatrix}$$

亦即：所考慮的線性程式為

$$
\begin{aligned}
\text{極大化} \quad Z = {}& (2 - \lambda)x_1 + (5 + \lambda)x_2 \\
\text{受限於} \quad 3x_1 \qquad & \leq 12 - \lambda \\
2x_2 & \leq 10 + 2\lambda \\
x_1 + \ x_2 & \leq 6 + \lambda \\
x_1, x_2 & \geq 0
\end{aligned}
$$

在不考慮 $\lambda\mathbf{c}'$ 與 $\lambda\mathbf{b}'$ 的情況下，我們可以求得該線性程式的最佳解。以 $\mathbf{c}'$ 求得 Z' 列係數，並以 $\mathbf{b}'$ 求得 RHS$'$ 欄，可得表 6.8 的第一個單純表。由 Z 與 Z' 列以及 RHS 與 RHS$'$ 欄，我們可計算 λ 的範圍如下：

$$
\begin{aligned}
\frac{3}{2} + \lambda \geq 0 &\Longrightarrow \lambda \geq -\frac{3}{2} \\
2 - \lambda \geq 0 &\Longrightarrow \lambda \leq 2 \\
9 - \lambda \geq 0 &\Longrightarrow \lambda \leq 9 \\
5 + \lambda \geq 0 &\Longrightarrow \lambda \geq -5
\end{aligned}
$$

亦即：

表 6.8　　　例6.12當 $\lambda \geq 2$ 時之單純表

BV	Z	Z'	x_1	x_2	x_3	x_4	x_5	RHS	RHS$'$
Z'	0	1	0	0	0	1	-1	4	1
Z	1	0	0	0	0	$\frac{3}{2}$	2	27	5
x_3	0	0	0	0	1	$\frac{3}{2}$	-3	9	-1
x_2	0	0	0	1	0	$\frac{1}{2}$	0	5	1
x_1	0	0	1	0	0	$-\frac{1}{2}$	1	1	0 $\rightarrow$

BV	Z	Z'	x_1	x_2	x_3	x_4	x_5	RHS	RHS$'$
Z'	0	1	1	0	0	$\frac{1}{2}$	0	5	1
Z	1	0	-2	0	0	$\frac{5}{2}$	0	25	5
x_3	0	0	3	0	1	0	0	12	-1
x_2	0	0	0	1	0	$\frac{1}{2}$	0	5	1
x_5	0	0	1	0	0	$-\frac{1}{2}$	1	1	0

$$-\frac{3}{2} \leq \lambda \leq 2$$

因此，λ 在此範圍內，其最佳解為 $Z + Z' = 27 + 9\lambda + \lambda^2, x_1 = 1, x_2 = 5 + \lambda, x_3 = 9 - \lambda, x_4 = 0, x_5 = 0$。當 $\lambda > 2$ 時，對偶可行性被破壞，此解不再是最佳解。此時，我們可以使用單純法，讓 x_5 與 x_1 分別為進入變數與離開變數，而得到表6.8的第二個單純表。由表中我們可得

$$-2 + \lambda \geq 0 \implies \lambda \geq 2$$

$$\frac{5}{2} + \frac{1}{2}\lambda \geq 0 \implies \lambda \geq -5$$

$$12 - \lambda \geq 0 \implies \lambda \leq 12$$

$$5 + \lambda \geq 0 \implies \lambda \geq -5$$

亦即：

$$2 \leq \lambda \leq 12$$

表6.9　　　　例6.12當 $\lambda \leq -\frac{3}{2}$ 時之單純表

BV	Z	Z'	x_1	x_2	x_3	x_4	x_5	RHS	RHS'
Z'	0	1	0	0	0	1	-1	4	1
Z	1	0	0	0	0	$\frac{3}{2}$	2	27	5
x_3	0	0	0	0	1	$\frac{3}{2}$	-3	9	-1 $\rightarrow$
x_2	0	0	0	1	0	$\frac{1}{2}$	0	5	1
x_1	0	0	1	0	0	$-\frac{1}{2}$	1	1	0

BV	Z	Z'	x_1	x_2	x_3	x_4	x_5	RHS	RHS'
Z'	0	1	0	0	$-\frac{2}{3}$	0	1	-2	$-\frac{5}{3}$
Z	1	0	0	0	-1	0	5	18	6
x_4	0	0	0	0	$\frac{2}{3}$	1	-2	6	$-\frac{2}{3}$
x_2	0	0	0	1	$-\frac{1}{3}$	0	1	2	$\frac{4}{3}$
x_1	0	0	1	0	$\frac{1}{3}$	0	0	4	$-\frac{1}{3}$ $\rightarrow$

BV	Z	Z'	x_1	x_2	x_3	x_4	x_5	RHS	RHS'
Z'	0	1	0	-2	0	0	-1	-6	-1
Z	1	0	0	-3	0	0	2	12	2
x_4	0	0	0	2	0	1	0	10	2
x_3	0	0	0	-3	1	0	-3	-6	-4
x_1	0	0	1	1	0	0	1	6	1

因此，λ 在此範圍內，其最佳解為 $Z + Z' = 25 + 10\lambda + \lambda^2, x_1 = 0, x_2 = 5 + \lambda, x_3 = 12 - \lambda, x_4 = 0, x_5 = 1$。當 $\lambda > 12$ 時，主要可行性被破壞，此解不再是最佳解。此時我們以對偶單純法繼續求解。然由表中顯示，此時為無解。

接著，我們考慮當 $\lambda \leq -\frac{3}{2}$ 時的情形。當 $\lambda \leq -\frac{3}{2}$ 時，表6.8的第一個單純表之解亦不再是最佳解，此時我們可使用單純法，讓 x_4 與 x_3 分別為進入變數與離開變數，而得到表6.9的第二個單純表。由此表我們可得

$$-1 - \frac{2}{3}\lambda \geq 0 \Longrightarrow \lambda \leq -\frac{3}{2}$$

$$5 + \lambda \geq 0 \Longrightarrow \lambda \geq -5$$

$$6 - \frac{2}{3}\lambda \geq 0 \Longrightarrow \lambda \leq 9$$

$$2 + \frac{4}{3}\lambda \geq 0 \Longrightarrow \lambda \geq -\frac{3}{2}$$

$$4 - \frac{1}{3}\lambda \geq 0 \Longrightarrow \lambda \leq 12$$

亦即：

$$\lambda = -\frac{3}{2}$$

因此，λ 在此範圍內，其最佳解為 $Z + Z' = 18 + 4\lambda + \frac{5}{3}\lambda^2$, $x_1 = 4 - \frac{1}{3}\lambda$, $x_2 = 2 + \frac{4}{3}\lambda$, $x_3 = 0$, $x_4 = 6 - \frac{2}{3}\lambda$, $x_5 = 0$。當 $\lambda < -\frac{3}{2}$ 時，主要可行性被破壞，因此我們使用對偶單純法，讓 x_2 與 x_3 分別為離開變數與進入變數，而得到表6.9的第三個單純表。由此表我們可得

$$-3 - 2\lambda \geq 0 \Longrightarrow \lambda \leq -\frac{3}{2}$$

$$2 - \lambda \geq 0 \Longrightarrow \lambda \leq 2$$

$$10 + 2\lambda \geq 0 \Longrightarrow \lambda \geq -5$$

$$-6 - 4\lambda \geq 0 \Longrightarrow \lambda \leq -\frac{3}{2}$$

$$6 + \lambda \geq 0 \Longrightarrow \lambda \geq -6$$

亦即：

$$-5 \leq \lambda \leq -\frac{3}{2}$$

因此，λ 在此範圍內，其最佳解為 $Z + Z' = 12 - 4\lambda - \lambda^2$, $x_1 = 6 + \lambda$, $x_2 = 0$, $x_3 = -6 - 4\lambda$, $x_4 = 10 + 2\lambda$, $x_5 = 0$。當 $\lambda < -5$ 時，此解不再是最佳解。我們以對偶單純法繼續求解，並發覺此時為無解的情況。

表6.10　例6.12所有可能 λ 值的最佳解

λ	x_1	x_2	x_3	x_4	x_5	Z
$[-\frac{3}{2}, 2]$	1	$5 + \lambda$	$9 - \lambda$	0	0	$27 + 9\lambda + \lambda^2$
$[2, 12]$	0	$5 + \lambda$	$12 - \lambda$	0	1	$25 + 10\lambda + \lambda^2$
$(12, \infty)$	（無可行解）					
$-\frac{3}{2}$	$4 - \frac{1}{3}\lambda$	$2 + \frac{4}{3}\lambda$	0	$6 - \frac{2}{3}\lambda$	0	$18 + 4\lambda + \frac{5}{3}\lambda^2$
$[-5, -\frac{3}{2}]$	$6 + \lambda$	0	$-6 - 4\lambda$	$10 + 2\lambda$	0	$12 - 4\lambda - \lambda^2$
$(-\infty, -5)$	（無可行解）					

　　根據以上的計算，我們可將 λ 在所有範圍內的最佳解摘要於表6.10。將此表與表6.5及表6.7相比較，我們可很明顯地看出，其 λ 的範圍並不完全相同。例如：在表6.7中，$\lambda = 9$ 是一個臨界值，但在表6.10中卻不是。因此，我們無法利用此兩係數各自的參數分析結果，直接求得當此兩係數同時改變時的參數分析結果。　　　　　　　　　□

　　同樣地，在以上的例題中，我們求得 λ 在所有範圍內（即：$(-\infty, \infty)$）的最佳解。事實上，根據在實際問題中 λ 的可能變動範圍，我們經常僅需求得 λ 在某一特定範圍內的最佳值即可。

6.3　習題

1. 考慮以下線性程式：

$$\text{極大化} \quad Z = 3x_1 + x_2 + 5x_3$$
$$\text{受限於} \quad 6x_1 + 2x_2 + 4x_3 \leq 24$$
$$x_1 + 3x_2 + 2x_3 \leq 18$$
$$x_1 + x_2 + 2x_3 \leq 6$$

表6.11　習題1之表

BV	Z	x_1	x_2	x_3	x_4	x_5	x_6	RHS
Z	1	0	$\frac{3}{2}$	0	$\frac{1}{8}$	0	$\frac{9}{4}$	$\frac{33}{2}$
x_1	0	1	0	0	$\frac{1}{4}$	0	$-\frac{1}{2}$	3
x_5	0	0	2	0	0	1	-1	12
x_3	0	0	$\frac{1}{2}$	1	$-\frac{1}{8}$	0	$\frac{3}{4}$	$\frac{3}{2}$

$$x_1, x_2, x_3 \geq 0$$

此問題的最佳單純表如表6.11所示。

　　針對以下各項改變，分別用敏感度分析的程序修正最佳單純表，並將其轉換為適當形式。此外，說明改變後對最佳解的影響，以及如何繼續求得最佳解。（不必實際求出最佳解。）

(a) c_1改為2。

(b) 加入新變數x_4，其係數為：$c_4 = 4, a_{14} = 3, a_{24} = 2, a_{34} = 1$。

(c) b_1改為18。

(d) 改變x_2在第一個與第二個限制式的係數為$a_{12} = 1, a_{22} = 2$。

(e) 加入新限制式$3x_1 + 2x_2 + 2x_3 \leq 10$。

(f) 改變x_1在第一個限制式的係數為$a_{11} = 5$。

2. 考慮習題1之線性程式。以適當的方法求出當x_1在第一個與第二個限制式的係數改變為$a_{11} = 5, a_{21} = 2$後的最佳解。

3. 考慮習題1之線性程式。

(a) 求在最佳解不變的情況下，c_2的允許變動範圍。

(b) 求在最佳解不變的情況下，c_1的允許變動範圍。

(c) 分別求在最佳解不變的情況下，b_1, b_2, b_3的允許變動範圍。

4. 考慮習題1之線性程式。以參數分析找出當 $\mathbf{c}' = (1, -1, -1)$ 時，λ 在 $0 \le \lambda \le 15$ 範圍內的所有最佳解。

5. 考慮習題1之線性程式。以參數分析求出當 $\mathbf{b}' = (2, -1, 1)$ 時，λ 在 $0 \le \lambda \le 15$ 範圍內的所有最佳解。

6. 考慮習題1之線性程式。以參數分析求得當 $\mathbf{c}' = (1, -1, -1)$ 且 $\mathbf{b}' = (2, -1, 1)$ 時，λ 在 $0 \le \lambda \le 15$ 範圍內的所有最佳解。

7. 考慮典型例題，其最佳單純表如表6.1所示。

   (a) 加入新限制式 $x_1 + 2x_2 \le 8$ 後，最佳解是否會改變？若會改變，則以適當的方法繼續求出加入新限制式後的最佳解。

   (b) 求在最佳解不變的情況下，c_2 的允許變動範圍。

   (c) 分別求在最佳解不變的情況下，b_1 及 b_3 的允許變動範圍。

8. 考慮典型例題。假設目標函數係數以 $\mathbf{c}' = (2, 1)$ 的方向變動，亦即：

$$極大化 \quad Z = (2 + 2\lambda)x_1 + (5 + \lambda)x_2$$
$$受限於 \quad 3x_1 \qquad \le 12$$
$$2x_2 \le 10$$
$$x_1 + \quad x_2 \le 6$$
$$x_1, x_2 \ge 0$$

以參數分析求出 λ 在所有可能範圍內的最佳解。

9. 考慮典型例題。假設右手邊常數以 $\mathbf{b}' = (2, -1, 1)$ 的方向變動，亦即：

$$極大化 \quad Z = 2x_1 + 5x_2$$
$$受限於 \quad 3x_1 \qquad \le 12 + 2\lambda$$
$$2x_2 \le 10 - \lambda$$

$$x_1 + x_2 \leq 6 + \lambda$$
$$x_1, x_2 \geq 0$$

以參數分析求出 λ 在 $0 \leq \lambda < \infty$ 範圍內的所有最佳解。

10. 考慮典型例題。以參數分析求出當 $\mathbf{c}' = (2, 1)$ 且 $\mathbf{b}' = (2, -1, 1)$ 時，λ 在 $0 \leq \lambda < \infty$ 範圍內的所有最佳解。

11. 考慮以下線性程式：

$$\text{極大化} \quad Z = 2x_1 - x_2 + x_3$$

受限於
$$3x_1 + x_2 + x_3 + x_4 \qquad\qquad = 60$$
$$x_1 - x_2 + 2x_3 \qquad + x_5 \qquad = 10$$
$$x_1 + x_2 - x_3 \qquad\qquad + x_6 = 20$$
$$x_i \geq 0, i = 1, 2, ..., 6$$

此問題的最佳單純表如表6.12所示。

表6.12　習題11之表

BV	Z	x_1	x_2	x_3	x_4	x_5	x_6	RHS
Z	1	0	0	$\frac{3}{2}$	0	$\frac{3}{2}$	$\frac{1}{2}$	25
x_4	0	0	0	1	1	-1	-2	10
x_1	0	1	0	$\frac{1}{2}$	0	$\frac{1}{2}$	$\frac{1}{2}$	15
x_2	0	0	1	$-\frac{3}{2}$	0	$-\frac{1}{2}$	$\frac{1}{2}$	5

　　針對以下各項改變，分別用敏感度分析的程序修正最佳單純表，並將其轉換為適當形式。此外，說明改變後對最佳解的影響，以及如何繼續求出最佳解。（不必實際求出最佳解。）

(a) 目標函數由 $2x_1 - x_2 + x_3$ 改為 $3x_1 + 2x_2 + x_3$。

(b) 加入新變數 x_7，其係數為：$c_7 = 3, a_{17} = 2, a_{27} = -1, a_{37} = 4$。

(c) 右手邊常數 $\mathbf{b}'$ 由 $(60, 10, 20)$ 改爲 $(10, 10, 10)$。

(d) 改變 x_3 的限制式係數爲 $a_{13} = 2, a_{23} = 3, a_{33} = -1$。

(e) 加入新限制式 $2x_1 + x_2 \le 25$。

(f) 改變 x_1 在第一個限制式的係數爲 $a_{11} = 5$。

(g) 改變 x_2 的係數爲：$c_2 = -1, a_{12} = 2, a_{22} = -3, a_{32} = 1$。

12. 考慮習題11之線性程式。

(a) 求在最佳解不變的情況下，c_3 的允許變動範圍。

(b) 求在最佳解不變的情況下，c_1 的允許變動範圍。

(c) 分別求在最佳解不變的情況下，b_2 的允許變動範圍。

13. 考慮習題11之線性程式。試以參數分析求出當 $\mathbf{c}' = (1, -1, 1)$ 時，λ 在 $-\infty < \lambda < \infty$ 範圍內的所有最佳解。

14. 考慮習題11之線性程式。試以參數分析求出當 $\mathbf{b}' = (2, 1, -1)$ 時，λ 在 $0 \le \lambda \le \infty$ 範圍內的所有最佳解。

第七章
運輸與指派問題

本章大綱

在本章中，我們將介紹線性規畫兩個特殊形態的問題：運輸問題 (trans-portation problem) 與指派問題 (assignment problem) 。雖然我們可用線性規畫的單純法予以求解，但是由於此兩問題的特殊結構，所以分別存在用以求解此兩問題的有效方法。求解運輸問題的特定方法為運輸單純法 (transportation simplex method) ，求解指派問題的特定方法則為匈牙利法 (Hungarian method) 。本章將對此兩方法有詳細的介紹。

7.1　運輸問題

運輸問題 (transportation problem) 是考慮如何以最低的運輸成本，將貨物由來源地 (source) 運送至目的地 (destination) 。

典型例題

某公司有四個工廠，分別位於新竹、南投、台南、台東。這些工廠生產出來的產品須經由卡車運送至台北、台中、嘉義、高雄四個配銷中心，以便配銷至附近的各個零售點。四個工廠每週的產能分別為 300 、 150 、 420 、 240 單位。四個配銷中心每週的需求則分別為 400 、 320 、 180 、 210 單位。各工廠與各配銷中心間每單位的運輸成本如表 7.1 所示。例如：由新竹至台北的單位運輸成本為 \$60 ；台東至高雄則不適合運送。該公司應如何運送，才能使得總運輸成本最低？

線性規畫模式

因為運輸問題是線性規畫的特例，所以我們可以將運輸問題以線性規畫模式表示出來。茲定義決策變數 x_{ij} 如下：

$x_{ij} =$ 由來源 i $(i = 1, 2, ..., m)$ 運送至目的地 j $(j = 1, 2, ..., n)$ 的數量

表7.1　　　典型例題之資料

		配銷中心				
		台北	台中	嘉義	高雄	供給
	新竹	60	80	160	240	300
工廠	南投	170	30	80	180	150
	台南	230	170	90	30	420
	台東	270	200	180	–	240
需求		400	320	180	210	

則運輸問題可用以下的線性規畫模式表示：

$$\text{極小化}\quad Z = \sum_{i=1}^{m}\sum_{j=1}^{n} c_{ij}x_{ij}$$

$$\text{受限於}\quad \sum_{j=1}^{n} x_{ij} = s_i \qquad i = 1, 2, ..., m$$

$$\sum_{i=1}^{m} x_{ij} = d_j \qquad j = 1, 2, ..., n$$

$$x_{ij} \geq 0 \qquad \forall i, j$$

其中 s_i 代表來源 i 之供應量，d_j 代表目的地 j 之需求量。任何符合以上型式的的線性規劃問題，不論其實際意義是否與運輸有關，我們均可稱之為運輸問題。

在以上的線性規畫模式中，我們是假設需求等於供給，亦即：$\sum_{j=1}^{n} d_j = \sum_{i=1}^{m} s_i$。若需求小於供給，則我們可建立一個虛行 (dummy column)，讓其需求為該差額，並讓該行所有的成本為零；反之，若供給小於需求，則我們可建立一個虛列 (dummy row)，讓其供給為該差額，並讓該列所有的成本為零。這些特殊狀況將於 7.2 節中有更進一步的說明。

表 7.2　　　　例 7.1 線性程式之限制式係數

$$\mathbf{A} = \begin{pmatrix} 1 & 1 & 1 & 1 & & & & & & & & & & & & \\ & & & & 1 & 1 & 1 & 1 & & & & & & & & \\ & & & & & & & & 1 & 1 & 1 & 1 & & & & \\ & & & & & & & & & & & & 1 & 1 & 1 & 1 \\ 1 & & & & 1 & & & & 1 & & & & 1 & & & \\ & 1 & & & & 1 & & & & 1 & & & & 1 & & \\ & & 1 & & & & 1 & & & & 1 & & & & 1 & \\ & & & 1 & & & & 1 & & & & 1 & & & & 1 \end{pmatrix}$$

例 7.1：考慮典型例題。讓 x_{ij} 為由工廠 i $(i = 1, 2, ..., 4)$ 運送至配銷中心 j $(j = 1, 2, ..., 4)$ 的數量，則其線性程式為

$$
\begin{aligned}
\text{極小化} \quad Z = \ & 60x_{11} + 80x_{12} + 160x_{13} + 240x_{14} \\
& + 170x_{21} + 30x_{22} + 80x_{23} + 180x_{24} \\
& + 230x_{31} + 170x_{32} + 90x_{33} + 30x_{34} \\
& + 270x_{41} + 200x_{42} + 180x_{43} + Mx_{44}
\end{aligned}
$$

$$
\begin{aligned}
\text{受限於} \quad & x_{11} + x_{12} + x_{13} + x_{14} = 300 \\
& x_{21} + x_{22} + x_{23} + x_{24} = 150 \\
& x_{31} + x_{32} + x_{33} + x_{34} = 420 \\
& x_{41} + x_{42} + x_{43} + x_{44} = 240 \\
& x_{11} + x_{21} + x_{31} + x_{41} = 400 \\
& x_{12} + x_{22} + x_{32} + x_{42} = 320 \\
& x_{13} + x_{23} + x_{33} + x_{43} = 180 \\
& x_{14} + x_{24} + x_{34} + x_{44} = 210 \\
& x_{ij} \geq 0 \qquad i, j = 1, 2, 3, 4
\end{aligned}
$$

此線性程式的限制式係數如表 7.2 所示，其中變數係按 $x_{11}, x_{12}, ..., x_{44}$ 的順序排列。由此表可明顯看出運輸問題限制式的特殊結構。　　　　□

例 7.2：某工廠欲決定未來三個月某產品的生產排程。該產品的預期需求分別爲七月的 20 個、八月的 28 個、與九月的 26 個。該工廠若以正常時間生產，每月可生產 23 個，每個生產成本爲 $10,000 元。若利用加班時間，每月可多生產 4 個，但每個生產成本則提高爲 $14,000。很明顯地，當某月需求超過該月正常與加班時間產能之總和時，工廠必須於一或數個月前事先生產。事先生產產品的儲存成本爲每月每單位 $1,200。該工廠於未來三個月，每月應分別使用多少正常與加班時間，才能在不延遲交貨的情況下，以最低的成本滿足預期需求？

解答：雖然此問題的實際意義不是運輸問題，但卻可以用運輸問題的方式求解。讓正常與加班時間之生產分別代表不同之供給，則此問題有六個供給的來源，分別代表七、八、九月的正常與加班時間生產。因此，總供給爲 $(23 + 4) \times 3 = 81$ 個；總需求則爲 $20 + 28 + 26 = 74$。因爲總供給大於總需求，所以我們加上一虛行，其需求爲 $81 - 74 = 7$，該行之單位成本則均爲零。接下來我們需決定單位成本。若產品爲當月生產，則單位生產成本即爲單位成本；若產品爲事先生產，則單位成本爲

$$單位生產成本 + （儲存月數 \times 每月儲存成本）$$

例如：若九月之需求於七月加班生產，則每單位成本爲

$$\$14,000 + (2 \times \$1,200) = \$16,400$$

此外，因爲不允許延遲交貨，所以無法事後生產，亦即：無法用需求月份之後的產能供應該月份之需求。例如：八、九月的產能無法供應七月之需求。因此，我們可得表 7.3 所示之此問題的資料表。

表7.3　　例7.2之資料

	七月	八月	九月	虛行	供給
七月正常時間	10,000	11,200	12,400	0	23
七月加班時間	14,000	15,200	16,400	0	4
八月正常時間	−	10,000	11,200	0	23
八月加班時間	−	14,000	15,200	0	4
九月正常時間	−	−	10,000	0	23
九月加班時間	−	−	14,000	0	4
需求	20	28	26	7	

□

7.2　運輸單純法

由於運輸問題是線性規畫的特例，因此我們可以用單純法求解。但是因為運輸問題的特殊結構，所以存在專門用以求其解的特殊演算法。此演算法係由線性規畫的單純法衍生而來，因此我們稱之為**運輸單純法** (transportation simplex method)。以下我們將討論由線性規畫單純法推導而來的過程。

我們考慮用單純法求解運輸問題。因為所有的限制式均為等式，所以我們對每一個限制式加上一個人工變數，並採用大 M 法，讓人工變數在目標函數的係數為 M。所得之線性程式如下：

$$極小化 \quad Z = \sum_{i=1}^{m} \sum_{j=1}^{n} c_{ij}x_{ij} + M \sum_{k=1}^{m+n} x_{a_k}$$

表7.4　運輸問題尚未轉換爲適當形式前的單純表

BV	Z	$\cdots$	x_{ij}	$\cdots$	x_{a_i}	$\cdots$	$x_{a_{m+j}}$	RHS	r
Z	1		$-c_{ij}$		$-M$		$-M$	0	
$\vdots$									
x_{a_i}	0		1		1			s_i	
$\vdots$									
$x_{a_{m+j}}$	0		1				1	d_j	
$\vdots$									

$$受限於 \quad \sum_{j=1}^{n} x_{ij} + \quad x_{a_i} = s_i \quad i = 1, 2, ..., m \longleftarrow u_i$$

$$\sum_{i=1}^{m} x_{ij} + x_{a_{m+j}} = d_j \quad j = 1, 2, ..., n \longleftarrow v_j$$

$$x_{ij} \geq 0 \quad \forall i, j$$

爲方便說明起見，我們在以上線性程式限制式的右方註明其所對應的對偶變數 u_i 與 v_j。此線性程式在尚未轉換爲適當形式前的單純表如表7.4所示(可參見表7.2)。由此表可看出，原始變數 x_{ij} 之 $\mathbf{a}_{ij}$ 爲

$$\begin{pmatrix} \vdots \\ 1 \\ \vdots \\ 1 \\ \vdots \end{pmatrix}$$

其中兩個1分別出現在第 i 項與第 $m+j$ 項，其餘則均爲零。人工變數 x_{a_i} 及 $x_{a_{m+j}}$ 之 $\mathbf{a}_{ij}$ 則爲

$$\begin{pmatrix} \vdots \\ 1 \\ \vdots \end{pmatrix}$$

其中 1 出現在第 i 項（若爲供給限制式之人工變數 x_{a_i}）或第 $m+j$ 項（若爲需求限制式之人工變數 $x_{a_{m+j}}$），其餘則均爲零。將此線性程式之對偶變數分爲 u_i 與 v_j 兩類，其中 u_i 對應供給限制式，v_j 對應需求限制式，亦即：

$$\mathbf{y} = \mathbf{c_B}\mathbf{B}^{-1} = \begin{pmatrix} \mathbf{u} \\ \mathbf{v} \end{pmatrix}$$

則原始變數 Z 列係數之負値可表示爲

$$c_{ij} - \mathbf{c_B}\mathbf{B}^{-1}\mathbf{a}_{ij} = c_{ij} - \mathbf{c_B}\mathbf{B}^{-1} \begin{pmatrix} \vdots \\ 1 \\ \vdots \\ 1 \\ \vdots \end{pmatrix}$$

$$= c_{ij} - u_i - v_j \tag{7.1}$$

人工變數 Z 列係數之負値則可表示爲

$$c_{ij} - \mathbf{c_B}\mathbf{B}^{-1}\mathbf{a}_{ij} = M - \mathbf{c_B}\mathbf{B}^{-1} \begin{pmatrix} \vdots \\ 1 \\ \vdots \end{pmatrix}$$

$$= M - u_i \text{ 或 } M - v_j \tag{7.2}$$

在運輸單純法中，我們即是以 (7.1) 與 (7.2) 的簡單公式，很快速地計算各 Z 列係數之負値。

　　當使用運輸單純法求解問題時，我們不是使用單純表，而是使用所謂的運輸單純表，以下將有詳細的說明。

運輸單純表

我們稱表 7.5 的形式爲**運輸單純表**(transportation simplex tableau)。在此表中，列代表供給來源，行代表需求目的地，最後一行代表各來源的供給數量，最後一列代表各目的地之需求數量，位於第 i 列第 j 行的小格代

表7.5　　運輸單純表

表由來源 i 至目的地 j 的運送，小格左上角的數字代表此運送的單位成本 c_{ij}。

　　運輸單純法分爲兩個階段：第一階段是求起始解；第二階段是由起始解求最佳解。

求起始解

一般而言，求運輸問題的起始解有以下三種常用的方法：

1. 西北角法
2. Vogel 近似法
3. Russell 近似法

西北角法(northwest corner method)

顧名思義，此法是由西北角開始做起。我們先選擇位於西北角的 x_{11}，並讓 $x_{11} = \min\{s_1, d_1\}$。若 s_1 減去 x_{11} 後還有剩餘，則繼續選 x_{12}；若 d_1 減去 x_{11} 後還有剩餘，則選 x_{21}。以此程序繼續做下去，直到 x_{mn} 被選到了爲止。

表7.6　　　以西北角法求解典型例題

	1	2	3	4	s_i
1	60 (300)	80	160	240	300
2	170 (100)	30 (50)	80	180	150
3	230	170 (270)	90 (150)	30	420
4	270	200	180 (30)	M (210)	240
d_j	400	320	180	210	$Z = 210M + 101300$

例 7.3：考慮以西北法求典型例題的起始解。讓 $x_{11} = \min\{s_1, d_1\} = \min\{300, 400\} = 300$。因 d_1 有剩餘，所以選擇 x_{21}，並讓 $x_{21} = \min\{150, 400 - 300\} = 100$。因 s_2 有剩餘，所以選擇 x_{22}，並讓 $x_{22} = \min\{150 - 100, 320\} = 50$。以此程序繼續做下去，可得如表7.6所示之結果，其目標函數值 $Z = 210M + 101,300$。　　　　　　□

Vogel 近似法 (Vogel's approximation method)

此法簡稱VAM，其基本想法是避免昂貴的指派。Vogel 近似法的作法如下：

　1. 對每一列與每一行，計算剩餘的最小兩個 c_{ij} 值的差額。

　2. 在最大差額的列或行中，選擇具最小 c_{ij} 值的 x_{ij}。

　重複以上兩步驟，直到需求或供給僅剩一列或一行為止。此時，即可選擇所有仍在表中之 x_{ij}。

例 7.4：考慮以Vogel近似法求典型例題的起始解。我們先對每一列與每一行，計算最小兩個 c_{ij} 值的差額。因為第四行的差額最大，所以我們在此行中選擇單位成本最低（即：c_{34}）的 x_{34}，並讓 $x_{34} = \min\{210, 420\} =$

210。將第四行刪除（因其已無剩餘），並更新 $s_3 = 420 - 210 = 210$。以此程序繼續做下去，可得如表7.7所示之結果，其目標函數值 $Z = 104,800$。很明顯地，此結果遠較西北角法爲佳。　　　　　　　　　　　　□

Russell 近似法(Russell approximation method)

Russell 近似法的步驟如下：

1. 對每一列與每一行，決定最大剩餘的 c_{ij}，並分別以 $\overline{u}_i$ 與 $\overline{v}_j$ 表示。

2. 對每一變數，計算其 Δ 值如下：

$$\Delta_{ij} = c_{ij} - \overline{u}_i - \overline{v}_j$$

選擇具最負 Δ_{ij} 的 x_{ij}。

重複以上兩步驟，直到需求與供給均無剩餘爲止。

例7.5：考慮以Russell近似法求典型例題的起始解。首先，我們對每一列與每一行，決定其最大之成本 $\overline{u}_i$ 與 $\overline{v}_j$。然後計算每個變數的 Δ 值。我們選擇 x_{33}（因其具最負之 Δ_{ij} 值），並讓 $x_{33} = \min\{420, 210\} = 210$。將第四行刪除（因其已無剩餘），並更新 $s_3 = 420 - 210 = 210'$。以此程序繼續做下去，可得如表7.8所示之結果，其目標函數值 $Z = 104,800$。此結果與VAM所得到的結果完全相同。　　　　　　　　　　　□

　　根據研究報告的實驗結果顯示，以上三種方法中，以Vogel近似法的效果最佳，Russell近似法次之，西北角法的效果最差。然而，西北角法有其簡單易懂的優點，所以亦經常被使用於小問題。

　　最後，值得注意的是，不論用以上那一種方法，所得到的起始解（若無退化解時）均包含 $m + n - 1$ 個基變數。（在本節的特殊狀況小節中，我們將會討論退化解的情形。）

表7.7　　以 VAM 求解典型例题

	1	2	3	4	s_i	
1	60	80	160	240	300	20
2	170	30	80	180	150	50
3	230	170	90	[30]	420	60
4	270	200	180	M	240	20
d_j	400	320	180	210	$x_{34}=210$	
	110	50	10	[150]		

→

	1	2	3	4	s_i	
1	[60]	80	160		300	20
2	170	30	80		150	50
3	230	170	90		210	80
4	270	200	180		240	20
d_j	400	320	180		$x_{11}=300$	
	[110]	50	10			

→

	1	2	3	4	s_i	
1						
2	170	[30]	80		150	50
3	230	170	90		210	80
4	270	200	180		240	20
d_j	100	320	180		$x_{22}=150$	
	60	[140]	10			

→

	1	2	3	4	s_i	
1						
2						
3	230	170	[90]		210	80
4	270	200	180		240	20
d_j	100	170	180		$x_{33}=180$	
	40	30	[90]			

→

	1	2	3	4	s_i	
1						
2						
3	230	170			30	60
4	270	[200]			240	[70]
d_j	100	170			$x_{42}=170$	
	40	30				

→

	1	2	3	4	s_i	
1						
2						
3	[230]				30	
4	[270]				70	
d_j	100				$x_{31}=30$	
	[40]				$x_{41}=70$	
					$Z=104800$	

表7.8　以 Russell 近似法求解典型例題

Table 1

	1	2	3	4	s_i	$\overline{u}_i$
1	60 / -450	80 / -360	160 / -260	240 / -M	300	240
2	170 / -280	30 / -350	80 / -280	180 / -M	150	180
3	230 / -270	170 / -260	90 / -320	30 / [-M-200]	420	230
4	270 / -M	200 / -M	180 / -M	M / -M	240	M
d_j	400	320	180	210	$x_{34}=210$	
$\overline{v}_j$	270	200	180	M		

→

Table 2

	1	2	3	4	s_i	$\overline{u}_i$
1	60 / [-370]	80 / -280	160 / -180		300	160
2	170 / -270	30 / -340	80 / -270		150	170
3	230 / -270	170 / -260	90 / -320		210	230
4	270 / -270	200 / -270	180 / -270		240	270
d_j	400	320	180		$x_{11}=300$	
$\overline{v}_j$	270	200	180			

Table 3

	1	2	3	4	s_i	$\overline{u}_i$
1						
2	170 / -270	30 / [-340]	80 / -270		150	170
3	230 / -270	170 / -260	90 / -320		210	230
4	270 / -270	200 / -270	180 / -270		240	270
d_j	100	320	180		$x_{22}=150$	
$\overline{v}_j$	270	200	180			

→

Table 4

	1	2	3	4	s_i	$\overline{u}_i$
1						
2						
3	230 / -270	170 / -260	90 / [-320]		210	230
4	270 / -270	200 / -270	180 / -270		240	270
d_j	100	170	180		$x_{33}=180$	
$\overline{v}_j$	270	200	180			

Table 5

	1	2	3	4	s_i	$\overline{u}_i$
1						
2						
3	230 / -270	170 / -260			30	230
4	270 / -270	200 / [-270]			240	270
d_j	100	170			$x_{42}=170$	
$\overline{v}_j$	270	200				

→

Table 6

	1	2	3	4	s_i	$\overline{u}_i$
1						
2						
3	230 / [-270]				30	230
4	270 / [-270]				70	270
d_j	100				$x_{31}=30$	
$\overline{v}_j$	270				$x_{41}=70$	
					$Z=104800$	

表7.9　　以階石角法求解典型例題

	1	2	3	4	s_i
1	60　－ ⟨300⟩	80　　160	160　＋ 320	240　－M+580	300
2	170　＋ ⟨100⟩	30　－ ⟨50⟩	80　　130	180　－M+410	150
3	230　　－80	170　＋ ⟨270⟩	90　－ ⟨150⟩	30　－M+120	420
4	270　　－130	200　　－60	180　⟨30⟩	M　⟨210⟩	240
d_j	400	320	180	210	

求最佳解

得到起始解後，有兩個方法可用以求得最佳解：(1)階石角法(stepping stone method)及(2)修正分配法（modified distribution method；簡稱為 MODI法）。事實上，此兩方法的差異，僅在於計算非基變數之邊際成本 $c_{ij} - u_i - v_j$（即：單純法的 Z 列係數之負值；見公式(7.1)與(7.2)）的方式不同而已。以下我們將先說明此兩方法計算非基變數之邊際成本的方式。

階石角法

階石角法(stepping stone method)是利用目前的基變數，對每一非基變數建立一條唯一的階石路徑，然後利用此路徑計算非基變數的邊際成本 $c_{ij} - u_i - v_j$。我們用以下的例題說明階石角法的作法。

例7.6：考慮典型例題，並以西北角法所得之解為起始解（見表7.9）。我們考慮如何以階石角法計算非基變數 x_{13} 的邊際成本，亦即：使用 x_{13} 之途徑每單位所增加的成本。其計算方式如下：

　　(a) 在小格(1,3)內標記「＋」符號，代表增加其運送量。

(b) 增加小格 $(1,3)$ 運送量必須減少小格 $(3,3)$ 的運送量，否則目的
地 3 所收到的數量將超過其所需。因此，在小格 $(3,3)$ 內標記「
－」符號，代表減少其運送量。

(c) 減少小格 $(3,3)$ 之運送量必須增加小格 $(3,2)$ 的運送量，否則來
源 3 將無法運送出其所有的供給數量。因此，在小格 $(3,2)$ 內標
記「＋」符號，代表增加其運送量。

重複以上的步驟，可以得到如表7.9所示之階石路徑。值得注意的是，
任何一個非基變數小格只有唯一的一條階石路徑。例如：在以上步驟(b)
中，雖然我們亦可減少小格 $(4,3)$ 的運送量，而不減少小格 $(3,3)$ 的運送
量，但之後我們必須增加小格 $(4,4)$ 的運送量。此時目的地 4 收到超過其
所需的數量，卻無法再找到其他路徑予以調整。

我們若依所找到的階石路徑運送一單位，則其邊際成本可計算如
下：

$$160 - 90 + 170 - 30 + 170 - 60 = 320$$

亦即：若使用此途徑運送一單位，則會使得運輸成本增加\$320。因此，
目前我們不會使用此途徑。同理，我們可得其它非基變數小格之邊際成
本（見表7.9）。　　　　　　　　　　　　　　　　　　　　　□

修正分配法

如前所述，**修正分配法**（modified distribution method；簡稱MODI法）
與階石角法的差異，僅在於計算非基變數之邊際成本的方式不同而已。

我們知道

$$c_{ij} - u_i - v_j = 0 \qquad 若 \ x_{ij} \ 為基變數$$

因為每一個基變數都有一個如上的對應方程式，所以共有 $(m+n-1)$ 個
方程式；而 u_i 與 v_j 的總數為 $m+n$，因此我們可以設定任何一個 u_i 或 v_j

表7.10　以修正分配法求解典型例題

	1	2	3	4	s_i	u_i
1	60　(300)	80　160	160　320	240　-M+580	300	-110
2	170　(100)	30　(50)	80　130	180　-M+410	150	0
3	230　-80	170　(270)	90　(150)	30　-M+120	420	140
4	270　-130	200　-60	180　(30)	M　(210)	240	230
d_j	400	320	180	210	$Z=210M+101300$	
v_j	170	30	-50	$M-230$		

爲任意值，而由 $(m+n-1)$ 個方程式與 $(m+n-1)$ 個 u_i 與 v_j（未知數），求得唯一解。爲使計算方便起見，我們可將含有最多基變數之列或行的 u_i 或 v_j 設定爲零。在實際運算上，我們不必以聯立方程式求解 u_i 與 v_j，而可很容易地利用運輸單純表求解。當 u_i（或 v_j）已知時，我們僅需對應表中基變數之 c_{ij}，即可求得所對應的 v_j（或 u_i）。以此方式求得所有的 u_i 與 v_j 後，我們即可求出所有非基變數之邊際成本 $c_{ij}-u_i-v_j$，並將之記錄於小格內。

例7.7：考慮典型例題，並以西北角法所得之解爲起始解（見表7.10）。此時，數個列與行均有兩個基變數，我們選擇其中之一的第二列，並讓 $u_2=0$。因 x_{21} 是基變數，所以 $c_{21}-u_2-v_1=170-0-v_1=0$，故 $v_1=170$。以此方式可以得到所有的 u_i 與 v_j。接下來，我們即可求出所有非基變數之 $c_{ij}-u_i-v_j$。例如：對於非基變數 x_{14}，$c_{14}-u_1-v_4=240-(-110)-(M-230)=580-M$。所得之結果如表7.10所示。　□

當得到所有 $c_{ij}-u_i-v_j$ 後，若 $c_{ij}-u_i-v_j \geq 0, \forall i,j$，則此可行解即爲最佳解；否則，此解不是最佳解，而可繼續改進。如同單純法，我

們選擇具最負 $c_{ij} - u_i - v_j$ 值的非基變數為進入變數，因其邊際成本降低率最大。決定進入變數後，找出其階石路徑，並在相關小格內分別標註「＋」或「－」符號。我們選擇在標註「－」符號中，具最小值的基變數為離開變數。這是因為若選擇值較大的基變數，會使得此最小值的基變數經過階石路徑的轉換後成為負值。決定離開變數後，我們對標註「＋」的基變數，加上離開變數之值；對標註「－」的基變數，減去離開變數之值。如此即得到新的運輸單純表。以此方法反覆做下去，直到所有非基變數之 $c_{ij} - u_i - v_j$ 均為非負值為止。此時的解即為最佳解。

　　茲將運輸單純法的完整步驟摘要如下：

1. 起始步驟：求得起始解（以西北解法、Vogel 近似法、或 Russell 近似法求之）。

2. 最佳性測試：計算所有非基變數之 $c_{ij} - u_i - v_j$（以階石角法或修正分配法計算）。若 $c_{ij} - u_i - v_j \geq 0, \forall\, i, j$，則此解即為最佳解，程序停止；否則繼續。

3. 反覆步驟：
   (a) 決定進入變數。選擇具最負 $c_{ij} - u_i - v_j$ 值的非基變數為進入變數。
   (b) 決定離開變數。找出進入變數之階石路徑，並在相關小格內分別標註「＋」或「－」符號。在標註「－」符號的小格中，選擇具最小值的基變數為離開變數。
   (c) 產生新的運輸單純表。對標註「＋」的基變數，加上離開變數之值；對標註「－」的基變數，減去離開變數之值。
   回到步驟 2。

例 7.8：繼續例 7.7。以修正分配法求最佳解可得如表 7.11 所示的完整過程。

特殊狀況

在運輸單純法的求解過程中，有時會發生以下的特殊狀況：

    1. 需求小於供給

    2. 供給小於需求

    3. 退化解

    4. 多重最佳解

    5. 限制運送

    6. 極大化問題

需求小於供給

當需求小於供給時，亦即：

$$\sum_{i=1}^{m} s_i > \sum_{j=1}^{n} d_j$$

我們可建立一個虛目的地（或虛行）$n+1$，並讓

$$d_{n+1} = \sum_{i=1}^{m} s_i - \sum_{j=1}^{n} d_j$$

及

$$c_{i,n+1} = 0, \forall i$$

接著，即可按一般的程序求解。

供給小於需求

當供給小於需求時，亦即：

$$\sum_{i=1}^{m} s_i < \sum_{j=1}^{n} d_j$$

表 7.11　以修正分配法求解典型例題之完整過程

	1	2	3	4	s_i	u_i
1	60 (300)	80　160	160　320	240　$-M+580$	300	-110
2	170 (100)	30 (50)	80　130	180　$-M+410$	150	0
3	230　-80	170 (270)	90 (150)	30　$-M+120$	420	140
4	270　-130	200　-60	180 (30)	M (210)	240	230
d_j	400	320	180	210	$Z=210M+101300$	
v_j	170	30	-50	$M-230$		

	1	2	3	4	s_i	u_i
1	60 (300)	80　160	160　$M+200$	240　460	300	-110
2	170 (100)	30 (50)	80　$M+10$	180　290	150	0
3	230　-80	170 (270)	90　$M-120$	30 (150)	420	140
4	270　$-M-10$	200　$-M+60$	180 (180)	M (60)	240	$M+110$
d_j	400	320	180	210	$Z=60M+119300$	
v_j	170	30	$-M+70$	-110		

表 7.11　　（繼續）

	1	2	3	4	s_i	u_i
1	60 ⓐ300	80　160	160　190	240　460	300	60
2	170 − 40	30 + ⓐ110	80　0	180　290	150	170
3	230 −80	170 − ⓐ210	90 + −130	30 ⓐ210	420	310
4	270 + ⓐ60	200　70	180 − ⓐ180	M $M+10$	240	270
d_j	400	320	180	210	$Z=118700$	
v_j	0	-140	-90	-280		

	1	2	3	4	s_i	u_i
1	60 ⓐ300	80　30	160　190	240　330	300	-120
2	170　130	30 ⓐ150	80　130	180　290	150	-140
3	230　50	170 − ⓐ170	90 ⓐ40	30 + ⓐ210	420	0
4	270 ⓐ100	200 + −60	180 − ⓐ140	M $M-120$	240	90
d_j	400	320	180	210	$Z=113500$	
v_j	180	170	90	30		

表 7.11　（繼續）

	1	2	3	4	s_i	u_i
1	60　(300)	80　90	160　250	240　390	300	-180
2	170　70	30　(150)	80　130	180　290	150	-140
3	230 +　-10	170 -　(30)	90　(180)	30　(210)	420	0
4	270 -　(100)	200 +　(140)	180　60	M　M-60	240	30
d_j	400	320	180	210	$Z=105100$	
v_j	240	170	90	30		

	1	2	3	4	s_i	u_i
1	60　(300)	80　90	160　240	240　380	300	-170
2	170　70	30　(150)	80　120	180　280	150	-130
3	230　(30)	170　10	90　(180)	30　(210)	420	0
4	270　(70)	200　(170)	180　50	M　M-70	240	40
d_j	400	320	180	210	$Z=104800$	
v_j	230	160	90	30		

我們可建立一個虛來源（或虛列）$m+1$，並讓

$$s_{m+1} = \sum_{j=1}^{n} d_j - \sum_{i=1}^{m} s_i$$

及

$$c_{m+1,j} = 0, \forall j$$

接著，即可按一般的程序求解。

退化解

在以運輸單純法求解時，退化解會發生在求起始解時，亦會發生在求最佳解時，茲分述如下：

(a) 當以西北角法求起始解時，若有基變數必須爲零，則發生退化解的情形。此時，我們可任意讓右邊或下面的基變數爲零，以維持 $m+n-1$ 個基變數。當以 Vogel 近似法或 Russell 近似法求解時，若被選擇的 x_{ij} 之剩餘供給與剩餘需求相同，則發生退化解的情形。此時，我們只可將列或行其中之一刪除（不可同時刪除），以維持 $m+n-1$ 個基變數。

(b) 當決定離開變數時，若有數個基變數同時減爲零，則發生退化解的情形。此時，我們只能選擇一個基變數離開基底，而保留其餘的基變數，以維持 $m+n-1$ 個基變數。

多重最佳解

在最佳解中，若某一非基變數的 $c_{ij} - u_i - v_j$ 值爲零，則存在多重最佳解。此時，若我們選擇此非基變數爲進入變數，即可得到另一組最佳解。（此兩組解的任何凸性組合是否爲最佳解？答：凸性組合中之整數解均爲最佳解。）

限制運送

若根據題目的意義要求某些變數之值爲零時，我們可設定其相對應的運輸成本 c_{ij} 爲 M。如此，在運算的過程中，將會盡可能地（除非無法做到）讓此變數之值爲零，以免遭致極爲昂貴的運輸成本。

極大化問題

如前所述，運輸問題的實際意義可以不是運輸方面的問題，因此有可能會有極大化問題的產生。如同在單純法中，運輸單純法亦有兩種處理極大化問題的方式。第一種方式是讓 $c'_{ij} = -c_{ij}$ 即可。第二種方式則是修改演算法的以下兩個步驟：

2. 最佳性測試：計算所有非基變數之 $c_{ij} - u_i - v_j$。若 $c_{ij} - u_i - v_j \leq 0, \forall i, j$，則此解即爲最佳解，程序停止；否則繼續。

3. 反覆步驟：

   (a) 決定進入變數。選擇具最大 $c_{ij} - u_i - v_j$ 值的非基變數爲進入變數。

7.3 轉運問題

在某些情況下，來源地或目的地可作爲**轉運點**(transshipment point)。此外，亦可能存在其他僅供轉運之用而本身沒有供給也沒有需求的純轉運點(pure transshipment point)。我們稱此類運輸問題爲**轉運問題**(transshipment problem)。轉運問題亦可用運輸問題的求解方式求解。假設每一轉運點的轉運量沒有受到限制，則在求解過程中所需修改的部分如下：

1. 轉運點 i 之 $c_{ii} = 0$。

2. 將總供給量加至純轉運點以及可作爲轉運點的各來源與目的地。

3. 轉運點 i 的轉運量＝總供給量 $-x_{ii}$。

表 7.12　　轉運問題之資料

		工廠		轉運點		配銷中心				供給
		新竹	台南	桃園	雲林	台北	台中	嘉義	高雄	
工廠	新竹		200	30	170	60	80	160	240	300
	南投	110	140	150	30	170	30	80	180	150
	台南	200		230	100	230	170	90	30	420
	台東	–	150	250	180	270	200	180	–	240
轉運點	桃園	30	230		200	20	100	190	300	
	雲林	170	100	200		220	90	20	100	
配銷中心	台北	60	230	20	220		140	190	320	
	高雄	240	30	300	100	320	200	70		
需求						400	320	180	210	

　　茲說明以上原因。首先考慮第一點。因為實際上運輸作業並未發生，所以 $c_{ii} = 0$。其次考慮第二點，即如何調整供給與需求，使得轉運量亦包括在內。對純轉運點與可轉運的目的地而言，最大轉運量為總供給量，而可轉運的來源地之最大轉運量則為總供給量減去該來源之供給量。為簡化起見，我們可將總供給量加到各純轉運點以及可轉運的來源與目的地上。對純轉運點 i 與可轉運的目的地而言，總供給量中未經轉運的部份則為 x_{ii}。然而對可轉運的來源 i 而言，因其最大轉運量為（總供給量 $-s_i$），而非總供給量，所以在表中其未轉運的部份 x_{ii} 至少為 s_i。

例 7.9：考慮典型例題，並假設該公司有兩個純轉運點，分別位於桃園及雲林。此外，位於新竹與台南的兩個工廠，以及位於台北與高雄的兩個配銷中心亦可當作轉運點。各地間的單位運輸成本如表 7.12 所示。

表7.13　轉運問題轉換為運輸問題之資料表

		工廠		轉運點		配銷中心				
		新竹	台南	桃園	雲林	台北	台中	嘉義	高雄	供給
工廠	新竹	0	200	30	170	60	80	160	240	1410
	南投	110	140	150	30	170	30	80	180	150
	台南	200	0	230	100	230	170	90	30	1530
	台東	M	150	250	180	270	200	180	M	240
轉運點	桃園	30	230	0	200	20	100	190	300	1110
	雲林	170	100	200	0	220	90	20	100	1110
配銷中心	台北	60	230	20	220	0	140	190	320	1110
	高雄	240	30	300	100	320	200	70	0	1110
需求		1110	1110	1110	1110	1510	320	180	1320	

欲將此轉運問題以運輸問題的方式處理，我們需將總供給量1,110加到各個純轉運點以及可轉運的工廠與配銷中心，並讓轉運點i之$c_{ii}=0$，而得如表7.13所示之運輸問題所需的資料表。如此，我們即可按一般運輸問題的求解方式處理此轉運問題。

7.4　指派問題

指派問題(assignment problem)是運輸問題的特例，它是當各來源的供給量與各目的地的需求量均為1的時候。

典型例題

表7.14　　　　典型例題之資料

		\multicolumn{4}{c	}{位置}
		L1	L2	L3	L4
	M1	10	17	14	18
機器	M2	9	26	–	11
	M3	20	15	13	21

某工廠日前買了三台新機器，並將於下週送達工廠。目前工廠內有四個地點適合放置這些機器。工廠分別對三台機器放置在各個位置的適用性予以評分（見表7.14），分數越高代表物料搬運與流動的頻率越高，因此也越不合適。其中機器M2因體積較大，所以無法放置於空間較小的位置L3。該工廠應如何決定三台機器的放置地點？

　　在下節中，我們將探討求解此指派問題的方法。

7.5　匈牙利法

如前所述，指派問題是運輸問題的特例，所以至少有以下三種方式可用以求解：

1. 將其視為線性規畫問題而以單純法求解。
2. 將其視為運輸問題而以運輸單純法求解。
3. 以專門依其特殊結構所發展出來的**匈牙利法**(Hungarian method)求解。

此外，因其為確定性模式(deterministic model)，所以亦可用確定性模式的一般性解法（如：動態規畫及分枝界限法；此兩方法將分別於第11章及第12章中介紹）求解。

茲將以上各方法中，最有效率的匈牙利法之步驟摘要如下：

1. 建立起始成本表：起始成本表必須是一個方陣(square array)。

2. 簡化行：決定每一行中之最小值，並將每一行之值減去該行之最小值。

3. 簡化列：決定每一列中之最小值，並將每一列之值減去該列之最小值。

4. 最佳性測試：以最少之水平或垂直線，將所有零刪除。若線的總數等於列數，則程序停止，並到步驟6；否則繼續。

5. 進一步簡化成本表：
   (a) 決定未被線蓋到之數的最小值。
   (b) 所有未被線蓋到之數皆減去此最小值。
   (c) 同時被水平線與垂直線蓋到之數則加上此最小值。
   (d) 其餘數之值不變。
   回到步驟4。

6. 決定指派方式：以方框（□）表示指派，指派原則如下：
   (a) 僅值為零之數可加□。
   (b) 每一行與每一列不得超過一個□。

特殊狀況

在運輸單純法的求解過程中，有時會發生以下的特殊狀況：

1. 列數不等於行數
2. 限制指派
3. 極大化問題

列數不等於行數

表 7.15　　以匈牙利法求解典型例題之過程

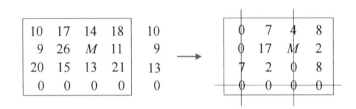

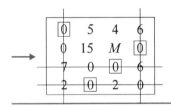

當列數 m 小於行數 n 時，我們可建立 $n-m$ 個虛列，並讓虛列之所有成本爲零；當行數 n 小於列數 m 時，我們則建立 $m-n$ 個虛行，並讓虛行之所有成本爲零。接著即可按一般的程序求解。

限制指派

若第 i 列不得指派至第 j 行，則讓 $c_{ij}=M$，如此即可避免（除非無法做到）此項指派。

極大化問題

當目標爲極大化時，只需將表中所有數值乘上負號，即可用極小化的方式處理。

例 7.10：考慮典型例題。茲以匈牙利法求解如下（求解過程見表 7.15）：

1. 建立起始成本表：讓列表示機器，行表示位置。因位置數大於機器數，所以我們加上一部虛機器（虛列）。其相對位置之成本均爲零。因機器 2 不能放置在位置 3，所以用大 M 代表其成本（即：讓 $c_{23}=M$），使得此指派不會發生。

2. 簡化行：因各行之最小值皆爲零，所以該表不變。

3. 簡化列：決定各列中之最小值，並將各列之值減去該列之最小值，可得第二個表。

4. 最佳性測試：以最少水平與垂直線將所有零刪除。因線數3小於列數4，所以到步驟5。

5. 進一步簡化成本表：未被線蓋到之數的最小值爲2。將所有未被線蓋到之數皆減去2，並將所有同時被水平線與垂直線蓋到之數加上2，其餘數不變，可得第三個表。回到步驟4。

4. 最佳性測試：因線數4等於列數4，程序停止；到步驟6。

6. 決定指派方式：因第一列與第三行分別僅有一個零，所以將位於$(1,1)$與$(3,3)$之零加□。第二行雖有兩個零（分別位於$(3,2)$與$(4,2)$），但第三列已有□，所以將位於$(4,2)$之零加□。同理，第四行雖有兩個零（分別位於$(2,4)$與$(4,4)$），但第四列已有□，所以將位於$(2,4)$之零加□。最後可得如第三個表所示的最佳指派方式，即：M1–L1, M2–L4, M3–L3, M4–L2，其中位置L2被指派到虛機器M4，所以實際上該位置不放置任何新機器。對照原表可得此最佳解的總成本爲$10 + 11 + 13 + 0 = 34$。　　　　□

7.6　習題

1. 某食品公司於兩個工廠（P1與P2）製造食品罐頭，以供應三個主要市場（M1、M2、M3）之所需。各工廠的每年產能、各市場的預期年需求以及由各工廠運送至各市場的單位運輸成本如表7.16所示。該公司欲決定最適當的運送方式，以使得總運輸成本最低。

表7.16　習題1之表

		市場			
		M1	M2	M3	產能
工廠	1	75	50	40	120
	2	85	60	65	150
需求		60	120	90	

(a) 以西北角法求得起始解。

(b) 用(a)之起始解,以修正分配法求得最佳解。

2. 考慮習題1。因明年市場需求激增,M1、M2、M3之需求預期分別會增加40、70、65,因此該公司計畫興建一座新的工廠(P3)以供給所增加之需求。P3每年的產能為200,其運送至M1與M2之單位成本分別為90與65。因為P3在設備上的限制,所以無法供給M3所需之特殊產品。該公司欲決定最適當的運送方式,以使得總運輸成本最低。

(a) 以Vogel近似法求得起始解。

(b) 用(a)之起始解,以階石角法求得最佳解。

3. 某新醫院所在之大廈目前正規畫其能源系統,其能源需求為:一般電力——每日需40單位、空調系統——每日30單位、熱水——每日20單位。該大廈的能源供給來自三方面:太陽能、電力、及天然氣。太陽能因受到天氣與設備的限制,每日僅能提供35單位;電力與天然氣的供給量則沒有限制。各能源來源供給各能源需求之單位成本如表7.17所示,其中一般電力之需求僅能由電力提供。該醫院欲決定最適當的能源供給方式,以使得總能源成本最低。

表7.17　習題3之表

	一般電力	空調系統	熱水
太陽能	-	800	750
電力	1050	1050	1050
天然氣	-	900	950

(a) 將此問題化爲運輸問題，並建立起始運輸單純表。

(b) 以Vogel近似法求得起始解。

(c) 用(b)之起始解，以修正分配法求得最佳解。

4. 某傢俱公司目前正規畫其牛皮沙發工廠未來四個月（五月、六月、七月、八月）的生產與存貨計畫。五月、六月、七月、八月的預期需求分別爲25, 20, 30, 30組。生產每組牛皮沙發的正常人工成本爲$15,000。若利用加班時間生產，則人工成本提高爲每組$19,000。五、六、七月可利用之正常時間產能爲25組沙發，加班時間產能爲10組。八月間因工廠內部需部份整修，所以正常時間產能僅爲15組。當某月需求超過該月正常與加班時間產能之總和時，可於一或數個月前事先生產。事先生產產品之儲存成本爲每單位$4,200。該公司於未來四個月，每月應分別使用多少正常與加班時間，才能在不延遲交貨的情況下，以最低之成本滿足預期需求量？

5. 某電視台目前擬規畫週一至週六晚間9:30至10:30的電視節目。目前有八個節目列入考慮。根據電話調查，各節目在週一至週六播出的預期收視率如表7.18所示。該電視台應如何安排週一至週六的節目，才能使得總收視率最高？

表7.18　習題5之表

		M	T	W	R	F	S
				星期			
	1	0.20	0.35	0.17	0.32	0.27	0.19
	2	0.38	0.33	0.31	0.31	0.29	0.34
	3	0.18	0.20	0.16	0.18	0.21	0.20
節目	4	0.35	0.36	0.32	0.31	0.29	0.36
	5	0.40	0.41	0.38	0.36	0.37	0.39
	6	0.17	0.18	0.18	0.19	0.17	0.18
	7	0.30	0.31	0.27	0.31	0.29	0.25
	8	0.35	0.36	0.37	0.31	0.37	0.39

6. 某公司行銷部副總經理正根據五位分區行銷經理過去一年的表現，安排各行銷經理未來三年應負責的五個地區。A、B、C、D、E各地區預期潛在銷售額分別為$3千萬、$4.5千萬、$4.4千萬、$2.8千萬、$6千萬。各行銷經理被指派到各地區所預期達成潛在銷售額的百分比如表7.19所示。例如：若行銷經理1被安排至A區，則預期銷售額為$3千萬×0.60 = $1.8千萬。該公司之行銷部副總經理應如何做最適當的指派，才能使得總預期銷售額最高？

表7.19　習題6之表

行銷經理	A區	B區	C區	D區	E區
1	0.60	0.35	0.20	0.35	0.50
2	0.30	0.30	0.70	0.45	0.45
3	0.40	0.55	0.40	0.65	0.15
4	0.65	0.30	0.55	0.45	0.45
5	0.30	0.25	0.25	0.65	0.70

第八章
網路分析

本章大綱

本章將討論網路問題的三個主要主題：最短路徑問題(shortest path problem)、最小跨越樹問題(minimal spanning tree problem)、以及最大流量問題(maximal flow problem)。在詳細討論這三個問題前，以下我們先對網路分析的一些專有名詞做一簡單的介紹。

圖(graph)係指一些**結點**(node)與一些連接結點的**弧**(arc)（又稱**分枝**[branch]或**連接物**[link]）所成的集合。**網路**(network)係指弧上有**流量**(flow)的圖。**鏈**(chain)係指將兩結點相連之一連串的弧。**路徑**(path)係指將兩結點相連之一連串相同方向的弧。**循環**(cycle)係指封閉的鏈。**迴路**(circuit)係指封閉的路徑。**連接圖**(connected graph)係指任意兩結點間均存在一個可將其相連之鏈的圖。**樹**(tree)係指無循環的連接圖。**跨越樹**(spanning tree)係指包含圖中每個結點的樹，或是具 $n-1$ 個弧且無循環的圖（ n 為結點的總數）。樹與跨越樹的差異是前者不必包含圖中的每個結點。以上各專有名詞可參見圖8.1之圖示。

8.1　最短路徑問題

最短路徑問題(shortest path problem)是尋找由原點(origin)至目的地(destination)的最短路徑。在實際應用上，路徑的長度除了可表示距離外，亦可用以表示時間與成本。

典型例題

某消防大隊所負責之區域如圖8.2所示，其中該消防大隊位於結點1之處。圖中之距離是以公里來衡量。該消防大隊剛接到一通火警通報，火災發生地點位於結點6之處。假設消防車的開車時間與距離成正比，則該消防大隊應如何決定消防車之途經路線，才能在最短的時間內抵達火災現場？

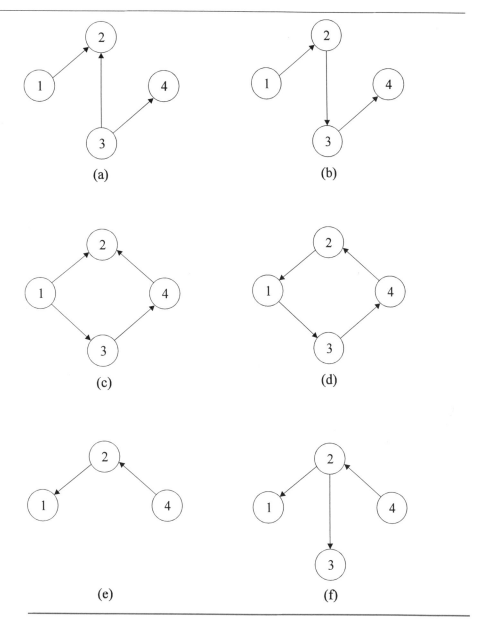

圖 8.1　網路專有名詞之圖示　(a)鏈；(b)路徑；(c)循環；(d)迴路；(e)包含兩個弧的樹；(f)跨越樹。

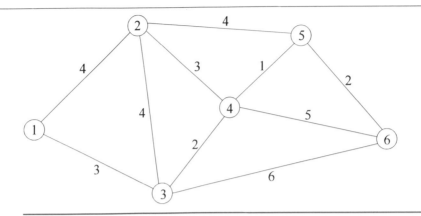

圖 8.2　　　　最短路徑典型例題之網路

最短路徑之求法

讓 d_{ij} 代表由結點 i 至結點 j 的直接距離，則尋找最短路徑的步驟如下：

1. 考慮所有與原點（結點1）直接相連的結點 i，並在其旁暫時標記 $(d_{1i},1)$，其中第一個數字（即：d_{1i}）代表目前由結點1至結點 i 的最短距離（以 t_i 表示）。第二個數字（即：1）代表其前置結點 (predecessor) 為結點1。

2. 在所有具暫時標記的結點中，選擇一個具最短 t_i 值的結點，並在其標記上加上一個框，以表示其已被永久標記。若所有結點都已被永久標記，則到步驟4；否則繼續。

3. 讓結點 l 代表最後被永久標記的結點。考慮所有與結點 l 直接相連且尚未被永久標記的結點 i。若其尚未被暫時標記，則在其旁暫時標記 (t_l+d_{li},l)；若其已被暫時標記，則檢視其是否會因經過 l 而得到與結點1更近的距離。（亦即：比較 t_i 與 t_l+d_{li}，若後者較小，則更新暫時標記為 (t_l+d_{li},l)；否則暫時標記不變。）回到步驟2。

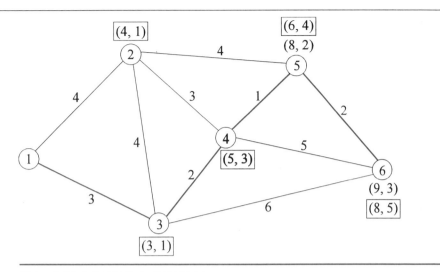

圖8.3 最短路徑典型例題之求解過程

4. 由各結點之永久標記即可得知由結點1至該結點的最短距離，並可由其前置結點找出最短路徑。

例8.1：考慮典型問題。應用以上方法可得如圖8.3所示之結果。茲將執行步驟敘述如下：

第一個循環：

1. 僅結點2及3與結點1直接相連，所以在其旁分別暫時標記$(4,1)$與$(3,1)$。

2. 選擇一個具最短t_i值的結點——結點3，並在其標記上加上一個框，以表示其已被永久標記。

3. 結點3為最後被永久標記的結點，而與其直接相連且尚未被永久標記的結點有三：結點2、結點4及結點6。因結點4與結點6尚未被暫時標記，故分別在其旁暫時標記$(5,3)$與$(9,3)$；結點2已被暫時標記，但其不會因為經過結點3而得到與結點1更近的距離，故其標記不變。

第二個循環：

2. 在暫時標記的結點中，選擇具最小t_i值的結點——結點2，並在其標記上加上一個框，以表示其已被永久標記。

3. 結點2為最後被永久標記的結點，而與其直接相連且尚未被永久標記的結點有二：結點4及結點5。因結點5尚未被暫時標記，故在其旁暫時標記$(8,2)$。結點4已被暫時標記，但其不會因為經過結點2而得到與結點1更近的距離，故其標記不變。

重複以上步驟，我們可在第三個循環永久標記結點4，並暫時標記結點5為$(6,4)$；在第四個循環永久標記結點5，並暫時標記結點6為$(8,5)$；在第五個循環永久標記結點6，並結束求解步驟。因結點6之標記為$(8,5)$，故火災發生地點與消防大隊所在地的最短距離為8公里。因結點6（火災發生地點）之前置結點為結點5，結點5之前置結點為結點4，結點4之前置結點為結點3，結點3之前置結點為結點1（消防大隊所在地），所以最短路徑為1-3-4-5-6。 □

8.2 最小跨越樹問題

跨越樹(spanning tree)係指能將所有結點連結起來且無循環的圖。**最小跨越樹問題**(minimal spanning tree problem)則是尋找一個弧長度總和最短的跨越樹。在實際應用上，弧的長度除了可代表距離外，亦可用以代表時間與成本。最小跨越樹問題的應用範圍包括：電話線的裝設、電腦網路的建立以及高速公路、航線、鐵路等交通系統的設計等。

典型例題

某農場最近新建的一些設施即將完工，並正欲裝設電線。圖8.4顯示各設施間裝設電線所需的長度，其中結點1代表電力來源，其他結點則代

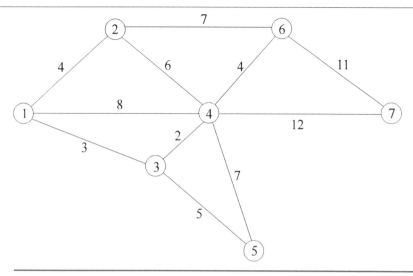

圖8.4　最小跨越樹典型例題之網路

表各項設備。（因為地形與環境的考慮，所以連接兩設施所需的電線長度不一定與兩設施的直接距離成正比。）假設裝設電線的成本（包括電線的材料成本及人工成本）與電線所需的長度成正比，那麼該農場應如何裝設電線，才能以最低的成本使各設施均有電力可使用？

最小跨越樹之求法

尋找最小跨越樹的步驟如下：

1. 找出長度最短的弧，並以粗線表示此弧的兩結點已被連接。
2. 由尚未被連接的結點中，找出離連接圖 (connected graph) 最近的結點，並將其與連接圖相連之弧劃上粗線以表示該結點已被連接。

重複步驟2，直到所有結點都被連接起來為止。

例8.2：考慮典型問題。應用以上方法可得如圖8.5所示之結果。茲說明步驟如下。在所有的弧中，長度最短的弧為$(3,4)$，其長度為2，將此弧

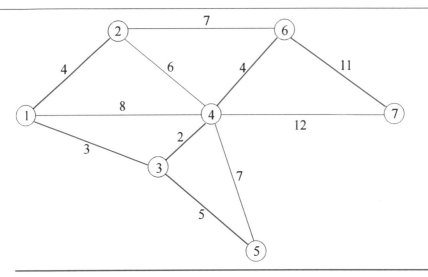

圖 8.5　　最小跨越樹典型例題之解答

以粗線表示。尚未被連接的結點中，離連接圖最近的結點爲結點1（其與結點3的長度爲3），將弧$(1,3)$劃上粗線表示其已被連接。接下來依序被連接的弧爲$(1,2),(4,6),(3,5),(6,7)$。至此，所有結點都已被連接起來，故程序停止。最小跨越樹即爲被劃上粗線之弧及其相連之結點所成的集合，其總長度爲29 $(2+3+4+4+5+11)$。　　　　□

8.3　最大流量問題

最大流量問題(maximal flow problem)所考慮的是，在一個網路中每個弧上單位時間流量受到該弧流量限制的情況下，如何決定各個弧單位時間的流量，以使得由起點流至終點之單位時間的總流量最大？流動的物體可以是液體（如：水、汽油）、氣體（如：瓦斯）、電、汽車、行人等。

典型例題

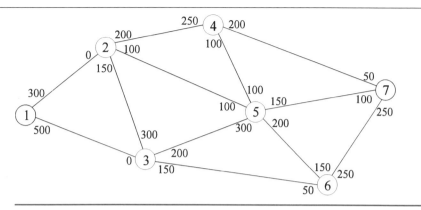

圖 8.6　最大流量典型例題之網路

某市將舉行全國性的運動會，圖 8.6 為該市運動場附近的地圖與各道路每小時的最大車流量，其中結點 7 代表運動場，結點 1 為開車至運動場必經之管制站。例如：由結點 1 至結點 2 之車流量為每小時 300 部車，由結點 2 至結點 1 之車流量為 0（因此段道路為單行道）。預期大批的人潮將會自全國各地湧入，所以該市必須做事前的規畫。該市於運動會當天應如何管制車之流動，才能使得每小時到達運動場的車數最多？

線性規畫模式

最大流量問題可以用線性規畫模式予以陳述。定義

$$x_{ij} = 每單位時間自結點 i 至結點 j 的流量$$

則

$$\sum_j x_{ij} \ 與 \ \sum_j x_{ji}$$

分別代表自結點 i 之流出量與至結點 i 之流入量。讓 F 代表最大流量，結點 1 代表起始結點，結點 n 代表終止結點，u_{ij} 代表自結點 i 至結點 j 的流量限制，則其線性程式如下：

$$極大化 \quad Z = F$$

$$\text{受限於}\quad \sum_j x_{ij} - \sum_j x_{ji} = F \qquad \text{若 } i = 1 \tag{8.1}$$

$$\sum_j x_{ij} - \sum_j x_{ji} = -F \qquad \text{若 } i = n \tag{8.2}$$

$$\sum_j x_{ij} - \sum_j x_{ji} = 0 \qquad \text{若 } i = 2, 3, ..., n-1 \tag{8.3}$$

$$0 \le x_{ij} \le u_{ij}$$

因爲除了起始結點及最終結點外,其它結點之流入量必定等於流出量,所以這些結點均存在(8.3)的平衡關係。因結點1之淨流出量與結點n之淨流入量即爲最大流量F,所以(8.1)與(8.2)成立。

雖然最大流量問題可以用線性規畫求解,但因其特殊的結構,所以存在以下更有效率的解法。

最大流量之求法

決定最大流量的步驟如下:

1. 尋找一條由起始結點至終止結點仍具有剩餘流量的路徑。若無法找到,則程序停止。

2. 在此路徑上,找出具最小剩餘流量的弧,並以f表示此最小剩餘流量。

3. 對於在此路徑上,與此路徑相同方向的弧,將其剩餘流量減去f;對於在此路徑上,與此路徑相反方向的弧,將其剩餘流量加上f。

重複以上三步驟。

以上各步驟的原因顯而易見,惟爲何在步驟3中,我們將與所選路徑相反方向之弧的剩餘流量加上f呢?爲說明起見,我們考慮圖8.7(a)所示之例題。

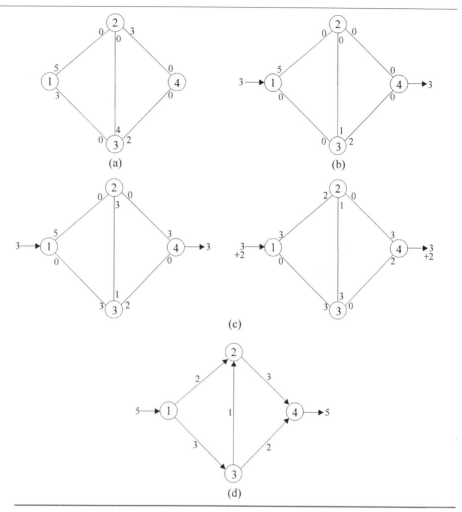

圖 8.7　步驟 3 之解釋

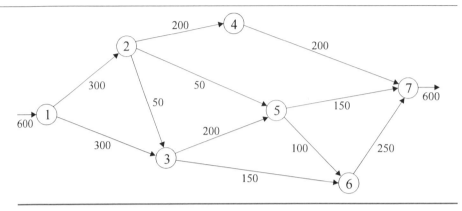

圖 8.8   最大流量典型例題之解答

在圖 8.7(b) 中,我們對於在所選路徑 (1-3-2-4) 上,與所選路徑相反方向的弧,不將其剩餘流量加上 f。在圖 8.7(c) 的左圖中,我們選擇與圖 8.7(b) 相同的路徑。但對於在所選路徑上,與所選路徑相反方向的弧,我們將其剩餘流量加上 f。如此,我們可以繼續找到具有剩餘流量的路徑 (1-2-3-4)。由圖 8.7(d) 所示之最大流量的流動方式顯示,最初所選的路徑 (圖 8.7(b) 或圖 8.7(c) 之左圖) 並不正確。由此我們可知,對於在所選路徑上,與所選路徑相反方向的弧,將其剩餘流量加上 f,可修正先前所選路徑的錯誤。

由於步驟 3 可修正先前所選路徑的錯誤,所以即使最後的流動方式完全相同,但在求解的過程中亦可以有不同的路徑選擇。當然,當有多重最佳解存在時,最後會有數種不同的流動方式。

例 8.3:考慮典型例題。應用以上方法可得如圖 8.8 所示之最大流量的流動方式,其最大流量為 600。詳細循環步驟彙整於表 8.1。   □

最大流量最小分割理論

分割 (cut) 是由包含每一條由起始結點至終止結點的路徑上,至少一個弧所成的集合。分割值 (value of the cut) 則為此分割所包含所有弧之長度

表8.1　　求解最大流量典型例題之步驟

循環	所選路徑	最小剩餘流量 f	f 之弧
1	(1-2-3-5-6-7)	150	(2-3)
2	(1-2-4-5-6-7)	50	(5-6)
3	(1-2-4-5-7)	50	(4-5)
4	(1-2-4-7)	50	(1-2)
5	(1-3-5-7)	50	(3-5)
6	(1-3-6-7)	50	(6-7)
7	(1-3-6-5-7)	50	(5-7)
8	(1-3-6-5-2-4-7)	50	(3-6)
9	(1-3-2-5-4-7)	100	(4-7)

的總合。例如：在典型例題中，集合 $\{(1-2),(1-3)\}$ 即為一個分割，集合 $\{(2-4),(2-5),(3-5),(3-6)\}$ 為另一個分割。

　　最大流量最小分割理論 (maximal flow-minimum cut theorem) 可敘述如下：由起始結點至終止結點的最大流量等於此網路之最小分割值。因此，任何一個分割值都是最大流量的一個上限。例如：在典型例題中，最小分割為 $\{(4-7),(5-7),(6-7)\}$（見圖8.9），而任何一個分割值（如：$\{(2-4),(2-5),(3-5),(3-6)\}$ 之值為650），均為最大流量600的上限。

8.4　習題

1. 某人每天早上由家裡（結點1）開車到公司（結點8）上班，其可經過的路線如圖8.10所示。圖中之數字為其在早上上班時段開車所需

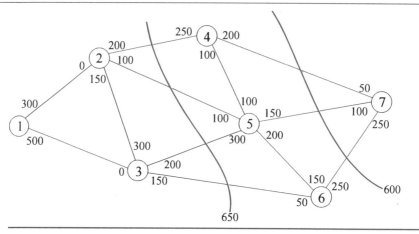

的時間（以分鐘表示）。由於各道路之交通狀況不同，所以距離與
開車所需的時間不是完全成比例。若此人每天早上9:00前必須到公
司打卡上班，則最晚他（或她）應於何時出發？

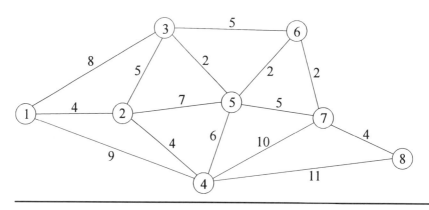

圖8.10　習題1之圖

2. 某公司雇有工讀生一名。每天早上這名工讀生必須走路到郵局寄信
，下午則必須走路到銀行處理與銀行往來之事物。該公司位於市區

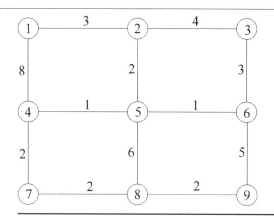

圖8.11　習題2之圖

，其附近道路如圖8.11所示，其中結點1表示公司所在位置，數字為各結點間之距離。若走路速度固定，則

(a) 該名工讀生早上往返郵局（結點9）應走那條路線，才能盡量節省走路所花的時間？

(b) 該名工讀生下午往返銀行（結點8）應走那條路線，才能盡量節省走路所花的時間？

3. 美國某大學每年雪季四個月，該校地圖如圖8.12所示：其中結點表示各建築物，弧上之數字則為各建築物間的距離。當有積雪時，校工必須從清晨開始，開著剷雪車將各道路之積雪剷除，但往往需花費整個上午的時間。該名校工應如何決定優先剷雪的道路，才能在最短的時間內使各建築物間可相通（至少有一條道路可走）？

4. 某大學正欲規畫校園電腦網路系統。該大學之校園地圖如圖8.13所示，其中結點表示各個需要裝設電腦網路的建築物，弧上之數字為各建築物間鋪設電纜所需之成本（單位萬元）。（因地形的限制，鋪設電纜所需之成本與直線距離不一定成比例。）該校應如何鋪設電纜，才能使得總鋪設成本最低？

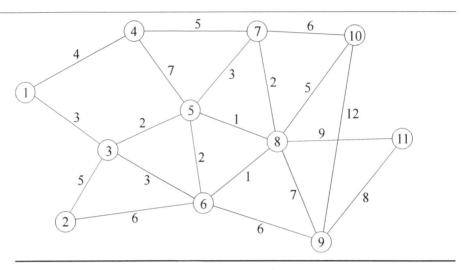

圖8.12 習題3之圖

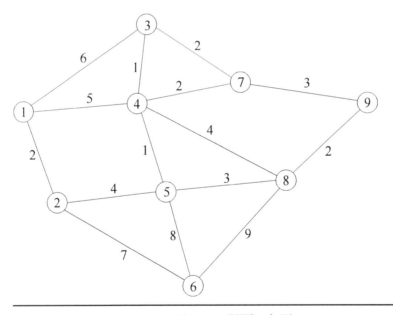

圖8.13 習題4之圖

5. 某石油公司有八個石油儲存槽，各儲存槽之間以油管互相運輸。表
8.2顯示各油管在單位時間內的最大流量。今結點8之儲存槽存量已

低於最低存量之要求，因此需盡快補足所需之石油。該公司應如何
決定各油管之流量，才能在最短的時間內補充所需之石油？

表8.2　習題5之表

開始結點	結束結點	流量限制	
		自始結點起	自終結點起
1	2	12	0
1	3	10	0
2	4	6	6
2	5	8	9
3	4	2	2
3	6	5	2
4	5	2	4
4	6	4	5
4	7	5	2
5	7	2	3
5	8	6	0
6	7	6	4
6	8	9	0

6. 高速公路各路段之車流量限制如圖8.14所示。

   (a) 各路段之車流量應如何控制，才能使得在單位時間內由結點1
   至結點12的總流量最大？

   (b) 試以觀察法找出此網路的最小分割。

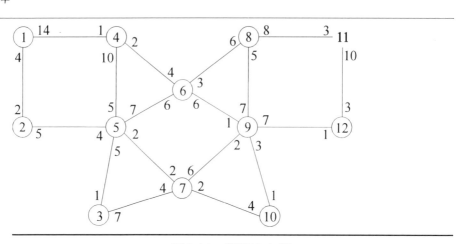

圖 8.14　習題 6 之圖

第九章
專案管理

本章大綱

專案管理(project management)一般是指計畫評核術(program evaluation and review technique)及要徑法(critical path method)。前者簡稱為PERT，後者簡稱為CPM，兩者經常以簡稱稱之。

　　PERT是於1958年由美國海軍北極星飛彈計畫的研究小組所發展出的技術。PERT是針對那些較沒經驗或是較無法控制的專案所設計，因此它對作業時間的估計是採用樂觀、最可能及悲觀三個時間的估計法。CPM則是於1957年由美國杜邦(du Pont)公司針對營建管理專案所發展出來的技術。CPM較適用於由經常執行作業所構成的專案。在CPM中，時間不是固定值，而是成本的函數，亦即：時間可因成本的增加而縮短。

　　雖然PERT與CPM在發展之初有很大的差異，但是隨著不斷的應用、修正及整合，這些差異已漸漸不存在了，所以現在再特地去區分這兩種專案管理技術已沒有什麼意義了。

9.1　典型例題

某人欲在一個新市鎮設立一家餐廳。設立餐廳所需執行的作業、執行這些作業所需的時間、以及各項作業的前置作業彙整於表9.1。例如：「申請營業執照」（作業D）這項作業需要5天的時間，且必須在「取名字」（作業A）、「請會計師」（作業B）、及「租房子」（作業C）三項作業之後。

　　由表中之資料，我們可將此專案以網路的方式表達出來。若採AOA (Activity-On-Arc)的表達方式，則可得如圖9.1所示之網路。（AOA的網路表示法是以弧表示作業及前置關係，以結點表示作業的結束及開始。）在此網路中，為表示作業間的前置關係，我們使用了數條虛弧 (dummy arc)。例如：作業E的前置作業為作業A及C，所以我們用了一

表9.1　　　典型例題之資料

作業符號	作業	所需時間（天）	前置作業
A	取名字	4	–
B	請會計師	3	–
C	租房子	5	–
D	申請營業執照	5	A, B, C
E	申請電話	6	A, C
F	購買餐具	1	C
G	改裝電錶	1	C
H	購買與測試電器與瓦斯	2	G
I	裝潢餐廳	5	F, H
J	申請統一發票	2	D
K	向衛生局登記	1	D, H

條由結點2至結點3的虛弧，以表示作業E必須在作業C完成之後才能開始。

9.2　找尋要徑

如前所述，在AOA的網路中，我們以弧表示作業及前置關係，以結點表示作業的開始及完成。此外，我們對每一個結點標示以下的符號：

$$（在前結點，E_j）$$

$$[在後結點，L_i]$$

其中 E_j 表示**最早開始時間**(earliest starting time)，亦即：相對作業最早可開始的時間。L_i 表示**最遲完成時間**(latest finish time)，亦即：相對作

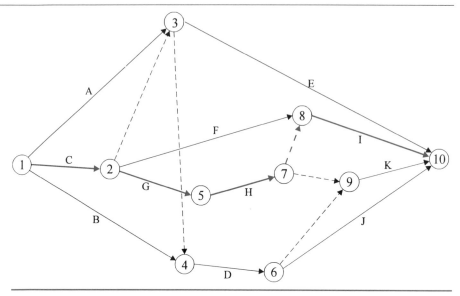

圖 9.1　典型例題之網路（採 AOA 表示法）

業在不延誤整個專案的情況下，最遲應完成的時間。讓 t_{ij} 代表作業 (i,j) 所需的時間，則 E_j 可用以下的公式由前往後計算：

$$E_j = \max_i \{E_i + t_{ij}\}$$

L_i 則可用以下的公式由後往前計算：

$$L_i = \min_j \{L_j - t_{ij}\}$$

　　此外，對每一項作業 (i,j)，我們可計算其 SL_{ij}（寬鬆時間；slack time）如下：

$$SL_{ij} = L_j - E_i - t_{ij}$$

要徑(critical path)即為由寬鬆時間為零的作業所構成的路徑。要徑的功能是用以確認那些最重要的作業，因為在要徑上作業的時間若增長，將會使得整個專案的完成時間增加。然而，在作業的寬鬆時間範圍內，增長非要徑作業（不在要徑上之作業）的時間，卻不會影響到整個專案的

表9.2　　例9.1的寬鬆時間

作業符號	(i, j)	寬鬆時間 SL_{ij}
A	(1, 3)	2
B	(1, 4)	3
C	(1, 2)	0
D	(4, 6)	1
E	(3, 10)	2
F	(2, 8)	2
G	(2, 5)	0
H	(5, 7)	0
I	(8, 10)	0
J	(6, 10)	1
K	(9, 10)	2

完成時間。（若所增長之非要徑作業時間超過該作業的寬鬆時間，則整個專案的完成時間亦會增加。）

例9.1：考慮典型例題。讓 $E_1 = 0$，並由前往後（由左往右）計算，可在每個結點旁標記（在前結點，E_j）（見圖9.2）。當得到 E_{10} 時，我們得知完成此專案需要13天的時間。接者讓 $L_{10} = 13$，並由後往前（由右往左）計算，可在每個結點旁標記[在後結點，L_i]。得到所有的 E_j 與 L_i 後，即可計算每項作業的寬鬆時間（見表9.2）。例如：作業D (4,6)的寬鬆時間可計算如下：

$$SL_{46} = L_6 - E_4 - t_{46} = 11 - 5 - 5 = 1$$

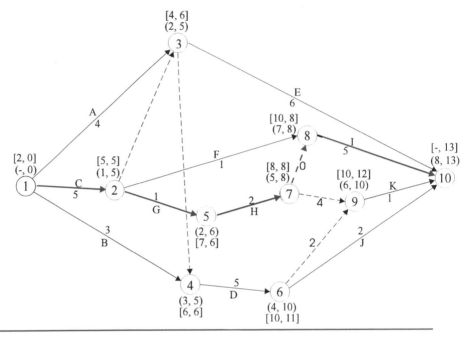

圖9.2　　找尋典型例題之要徑

由表中可知C、G、H、I四項作業的寬鬆時間爲0，故此專案的要徑爲
(C-G-H-I)。　　　　　　　　　　　　　　　　　　　　　　　　　□

9.3　網路表達方式

除了一般較常用的AOA網路表達法之外，尚有另一種稱之爲AON (Ac-
tivity -On-Node)的網路表達方式；它是以結點表示作業，以弧表示作業
間的前置關係。 AON的表達方式不需使用虛弧，但需額外加上分別代
表開始與完成的兩個結點。不論以何種方式表達，一個清楚、明確的網
路應符合下列三個條件：(1)從左至右、(2)各弧的長度相近似、(3)兩弧
之間沒有不必要的相交。由於AOA有時需使用虛弧，所以AOA網路的
另一個條件爲：(4)沒有不必要的虛弧。

　　在 AON 的表達方式中，我們對每一個結點 i 標示以下的符號：

$$(EST_i, EFT_i)$$

$$[LST_i, LFT_i]$$

其中 EST_i（earliest starting time；最早開始時間）為作業最早可開始的時間，EFT_i（earliest finish time；最早完成時間）為作業最早可完成的時間，LST_i（latest starting time；最遲開始時間）為在不延誤整個專案的情況下，作業可最遲開始的時間，LFT_i（latest finish time；最晚完成時間）為在不延誤整個專案的情況下，作業可最遲完成的時間。讓 t_i 代表作業 i 所需的時間，且作業 i 為作業 j 的前置作業，則 EFT_i 與 EST_j 可用以下的公式由前往後計算：

$$EFT_i = EST_i + t_i$$

$$EST_j = \max_i \{EFT_i\}$$

LST_j 與 LFT_i 則可用以下的公式由後往前計算：

$$LST_j = LFT_j - t_j$$

$$LFT_i = \min_j \{LST_j\}$$

很明顯地，在此的 EST_i 與 LFT_i 分別為 AOA 的 E_i 與 L_i。作業 i 的寬鬆時間則為

$$SL_i = LST_i - EST_i$$

或為

$$SL_i = LFT_i - EFT_i$$

例 9.2：考慮典型例題。若採 AON 的方式，則可得如圖 9.3 所示之網路。由前往後計算可得 EFT_i 與 EST_i。由後往前計算可得 LST_i 與 LFT_i。由

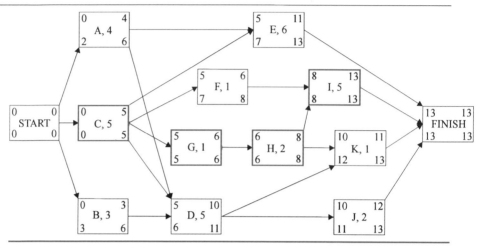

圖 9.3　　典型例題之 AON 網路

圖中可知，C、G、H、I四項作業的寬鬆時間為0，故此專案的要徑為
(C-G-H-I)；此結果當然與AOA所得到的結果完全相同。如前所述，此
AON網路不需使用虛弧。　　　　　　　　　　　　　　　　　　　□

9.4　PERT 的三數估計法

在PERT中，每一項作業的時間是假設為具貝式分配(beta distribution)
的隨機變數(random variable)，因此我們可用所謂的三數估計法估計各
項作業所需時間的平均數及標準差。三數估計法是對每一項作業估計**樂
觀**（optimistic；以 a 表示）、**悲觀**(pessimistic；以 b 表示)以及**最可能**
(most likely；以 m 表示)三個時間。讓 t 與 σ 分別表示作業時間的平均值
及標準差，則根據貝式隨機變數的性質可得

$$t = \frac{a + 4m + b}{6}$$

$$\sigma = \frac{b - a}{6}$$

　　有時，我們會想知道整個專案在時間 T 內完成的機率。欲求此機率，我們可利用標準常態分配 (standard normal distribution)，亦即：

$$Z = \frac{T - \sum_{(i,j) \in A} t_{ij}}{\sqrt{\sum_{(i,j) \in A} \sigma_{ij}^2}}$$

其中 A 為在要徑上所有作業所成的集合。然而，此機率計算的方式是在以下的三點假設下方可成立：

1. 各作業時間之間相互獨立。讓 X 與 Y 分別代表兩項作業所需的時間，若 X 與 Y 不相互獨立，則其總和之變異數 (variance) 為

$$\text{Var}(X + Y) = \text{Var}(X) + \text{Var}(Y) + 2\text{Cov}(X, Y)$$

   亦即：當作業時間之間不相互獨立時，我們尚需考慮餘變數 (covariance)，而無法直接將作業時間的變異數相加而得要徑時間的變異數。

2. 要徑始終較任何一條路徑為長。若非如此，整個專案的完成時間將不完全是由要徑決定。

3. 要徑時間為常態分配。中央極限定理 (central limit theorem) 告訴我們，當隨機變數的個數夠多時（如：30個），其總和趨近於常態分配。因此，若要徑上的作業足夠多的話，則此假設是合理的。

例 9.3：某專案各項作業之前置作業、樂觀、最可能、及悲觀時間如表 9.3 之 1 至 5 欄所示。由此三個時間，我們可求得各項作業所需時間的平均值及標準差（見表之第 6 欄與第 7 欄）。採 AOA 方式，可得圖 9.4 之網

表9.3　　例9.3之資料

					$(a+4m+b)/6$	$(b-a)/6$
作業符號	前置作業	a	m	b	平均值	標準差
A	–	2	4	6	4.0	0.67
B	–	2	3	7	3.5	0.83
C	A	2	2	4	2.3	0.33
D	A	2	3	5	3.2	0.50
E	A	6	7	9	7.2	0.50
F	C	1	1	1	1.0	0.00
G	D, F	2	4	5	3.8	0.50
H	B, E	5	6	10	6.5	0.83

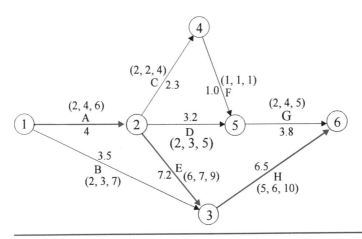

圖9.4　　例9.3之網路

路，其中要徑爲A-E-H，所以專案的期望完成時間爲17.7 (4 + 7.2 + 6.5)

天，專案完成時間的變異數則爲

$$(0.67)^2 + (0.50)^2 + (0.83)^2 = 1.39$$

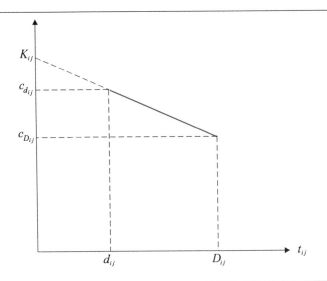

圖 9.5　　CPM 時間與成本之關係

專案在時間 T 內完成的機率，即可用前述公式求得。例如：若 $T = 19$，
則

$$Z = \frac{19 - 17.7}{\sqrt{1.39}} = 1.10$$

由常態機率表可得機率為 0.86，亦即：有 86% 的可能性此專案可在 19 天
之內完成。　　　　　　　　　　　　　　　　　　　　　　　　　　　□

9.5　CPM 時間／成本的權衡

在 CPM 時間／成本的權衡下，作業 (i, j) 的成本是假設為時間 t_{ij} 的線性
函數。越快完成一項作業，則其所需的成本越高。在此情況下，我們需
要決定如何以最低的成本，於指定的時間內完成整個專案。換句話說：
我們需要決定各項作業最適當的時間長度。

　　讓 D_{ij} 與 d_{ij} 分別表示作業 (i, j) 的正常與最短可能時間（見圖 9.5）
，讓 $c_{D_{ij}}$ 與 $c_{d_{ij}}$ 分別表示其相對的成本，則對每一項作業我們可計算其
比率如下：

$$c_{ij} = \frac{c_{d_{ij}} - c_{D_{ij}}}{D_{ij} - d_{ij}}$$

欲決定各項作業最適當的時間長度，我們可先以正常時間決定要徑，然後在要徑上縮短比率最小的作業時間。需要注意的是，當有一條以上要徑時，我們必須同時縮短各要徑上的一項作業。我們稱以上的方法爲**單位時間縮減法**。

以上的方法僅適用於簡單的網路，當網路較爲複雜時，我們可用線性規畫予以求解。由圖 9.5 中我們可明顯地看出，當作業時間長度爲 t_{ij} 時，其成本爲

$$作業\ (i,j)\ 的成本 = K_{ij} - c_{ij}t_{ij}$$

其中 K_{ij} 代表截距 (intercept)。此問題的線性規畫模式如下：

$$極大化 \quad Z = \sum_{(i,j)} c_{ij}t_{ij}$$

$$受限於 \quad E_i - E_j + t_{ij} \leq 0 \qquad \forall\ (i,j) \qquad (9.1)$$

$$t_{ij} \geq d_{ij} \qquad \forall\ (i,j) \qquad (9.2)$$

$$t_{ij} \leq D_{ij} \qquad \forall\ (i,j) \qquad (9.3)$$

$$E_n \qquad \leq T \qquad \forall\ (i,j) \qquad (9.4)$$

$$E_i \geq 0,\ \forall\ i;\ t_{ij} \geq 0,\ \forall\ (i,j)$$

其中目標方程式是將下式中之常數提出後化簡而得：

$$極小化\ Z = \sum_{(i,j)} (K_{ij} - c_{ij}t_{ij})$$

表9.4　例9.4之資料

作業符號	前置作業	D_{ij}	$c_{D_{ij}}$	d_{ij}	$c_{d_{ij}}$	c_{ij}
A	–	3	$2.0	2	$3.0	$1.0
B	A	8	$13.2	6	$18.2	$2.5
C	A	7	$12.0	3	$19.2	$1.8
D	B	6	$8.5	4	$10.9	$1.2
E	C	6	$20.0	5	$23.4	$3.4
F	D, E	8	$18.4	6	$24.8	$3.2
合計			$74.1			

例9.4：某專案各項作業之前置作業、正常時間(D_{ij})、最短可能時間(d_{ij})、正常時間成本$(c_{D_{ij}})$、最短可能時間成本$(c_{d_{ij}})$如表9.4之1至6欄所示。

　　根據公式，我們可得各項作業之單位時間縮短比率（見表之第7欄）。採AOA方式，可得圖9.6之網路。圖中作業旁的數字分別代表正常時間、最短可能時間、與單位時間縮短比率。因此用正常時間可於25天（要徑為A-B-D-F）完成，總成本為$74.1。

　　茲以單位時間縮減法決定各種可能完成時間的最低成本。若欲縮短一天，則須縮短要徑上其中一項作業一天。因為在要徑上單位時間縮短比率最小者為作業A，所以我們縮短作業A一天。縮短後之要徑仍為A-B-D-F。此時因作業A已達其最短可能時間，故應縮短除A以外比率最小之作業——作業D。縮短作業D一天後之要徑有兩條：一為A-B-D-F，另一為A-C-E-F。此時我們可縮短F一天或是同時縮短C與D各一天。因後者之成本($1.8+$1.2=$3.0)較前者($3.2)為低，故應同時縮短C與D各一天。以此方法繼續做下去，可得表9.5之結果。

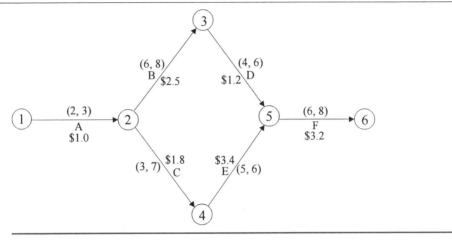

圖 9.6   例 9.4 之網路

　　若採線性規畫法，則此例題之線性程式如圖 9.7 所示（假設 $T =$ 20）。　　　　　　　　　　　　　　　　　　　　　　　　　　　□

9.6　習題

1. 某人負責籌畫一個學術研討會。舉辦研討會所需執行的作業、執行這些作業所需的時間以及各項作業的前置作業彙整於表 9.6。

   (a) 以 AOA 表示法，畫出此專案之網路。

   (b) 在各結點上標記(在前結點，E_j)與[在後結點，L_i]。

   (c) 計算各作業之寬鬆時間並決定此專案之要徑。

   (d) 以 AON 表示法，畫出此專案之網路。

2. 某專案各項作業之前置作業以及樂觀、悲觀及最可能時間如表 9.7 所示。

   (a) 畫出此專案之網路，並決定其要徑。

   (b) 此專案在 25 天內完成的機率爲何？

表9.5　　以單位時間縮減法所得例9.4之結果

縮短作業	增加成本	總成本	縮短後要徑	完成天數
		74.1	A-B-D-F	25
A	1.0	75.1	A-B-D-F	24
D	1.2	76.3	A-B-D-F	23
			A-C-E-F	23
C, D	3.0	79.3	A-B-D-F	22
			A-C-E-F	22
F	3.2	82.5	A-B-D-F	21
			A-C-E-F	21
F	3.2	85.7	A-B-D-F	20
			A-C-E-F	20
B, C	4.3	90.0	A-B-D-F	19
			A-C-E-F	19
B, C	4.3	94.3	A-B-D-F	18
			A-C-E-F	18

3. 某專案各項作業之前置作業、正常時間、最短可能時間、正常時間成本、最短可能時間成本如表9.8所示。

　(a) 以單位時間縮減法決定各種可能完成時間之最低成本及在此成本下的各項作業時間長度。

　(b) 以線性規畫模式決定此專案在19天內完成的最低成本及在此成本下的各項作業時間長度。（寫出線性程式即可）。

$$極大化 \quad Z = t_{12} + 2.5t_{23} + 1.8t_{24}$$

$$+ 1.2t_{35} + 3.4t_{45} + 3.2t_{56}$$

受限於 $\quad E_1 - E_2 + t_{12} \leq 0$

$$E_2 - E_3 + t_{23} \leq 0$$

$$E_2 - E_4 + t_{24} \leq 0$$

$$E_3 - E_5 + t_{35} \leq 0$$

$$E_4 - E_5 + t_{45} \leq 0$$

$$E_5 - E_6 + t_{56} \leq 0$$

$$t_{12} \geq 2$$

$$t_{23} \geq 6$$

$$t_{24} \geq 3$$

$$t_{35} \geq 4$$

$$t_{45} \geq 5$$

$$t_{56} \geq 6$$

$$t_{12} \leq 3$$

$$t_{23} \leq 8$$

$$t_{24} \leq 7$$

$$t_{35} \leq 6$$

$$t_{45} \leq 6$$

$$t_{56} \leq 8$$

$$E_6 \quad \leq 20$$

$$E_i \geq 0, \ \forall i; \ t_{ij} \geq 0, \ \forall (i, j)$$

圖 9.7 　　　例 9.4 之線性程式

表9.6 習題1之表

作業符號	作業	所需時間（天）	前置作業
A	召集籌備會議	1	-
B	印製海報	7	A
C	邀請演講人	6	A
D	雇用工讀生	3	A
E	寄發通知給會員	2	C, D
F	確定參加人員人數與名單	10	B, E
G	印製會議議程	6	F
H	印製講義	8	F
I	製作贈品	11	F
J	租借桌椅、設備	2	F
K	佈置場地	2	J

表9.7 習題2之表

作業符號	前置作業	a	m	b
A	–	4	5	7
B	–	1	2	4
C	A	3	6	7
D	A	6	7	10
E	B	5	5	6
F	B	3	3	6
G	C	2	3	3
H	D, E	3	5	7
I	E, F	5	6	10
J	G, H, I	2	2	2
K	I	4	7	8

表9.8　習題3之表

作業符號	前置作業	D_{ij}	$c_{D_{ij}}$	d_{ij}	$c_{d_{ij}}$	c_{ij}
A	–	5	\$6	3	\$8	\$1
B	–	9	\$20	6	\$26	\$2
C	A	3	\$3	2	\$4	\$1
D	A	5	\$6	2	\$9	\$1
E	B	7	\$18	5	\$24	\$3
F	B	2	\$6	1	\$10	\$4
G	C	8	\$30	6	\$36	\$3
H	C, D, E	1	\$4	1	\$4	–
I	F	9	\$7	6	\$10	\$1
J	G	5	\$8	5	\$8	–
K	H, I	5	\$8	5	\$8	–

第十章
非線性規畫

本章大綱

　　線性規畫的主要假設是目標函數與限制式均爲線性。雖然在許多實際的問題（尤其在管理決策方面）中，此線性的假設可成立，但同時也在許多其他的問題（尤其在工程與科學應用方面）中，線性的假設並不成立。事實上，幾乎在所有的問題中，或多或少都存在非線性的現象，因此我們經常必須處理**非線性規畫**(nonlinear programming)的問題，此即爲本章所欲討論的問題。

　　本章的內容安排如下。10.1節首先介紹一些在實際狀況下的非線性現象。10.2節討論在非線性規畫中扮演相當重要角色的凸性。10.3節簡單介紹非線性規畫的各種類別。10.4節討論極小值與極大值。10.5節介紹當目標函數僅有一個變數且無限制式情況下的求解法。10.6節則擴充到目標函數允許有一個以上的變數，但仍無限制式的考慮。最後，10.7節討論含限制式時最佳解的必要條件，即：所謂的 KKT 條件。在一些特殊的情況下，根據此條件即可求出問題的最佳解。

　　在詳細討論主題之前，我們先將非線性規畫模式用以下的形式表達出來：

$$極大化 \quad f(\mathbf{x})$$
$$受限於 \quad g_i(\mathbf{x}) \leq 0 \qquad i = 1, 2, ..., m$$

其中 $\mathbf{x} = (x_1, x_2, ..., x_n)$，且 $f(\mathbf{x})$ 與 $g(\mathbf{x})$ 爲 $\mathbf{x}$ 的函數。

10.1　非線性的例子

　　在實際應用上，非線性現象的例子非常多，本節將介紹一些經常遭遇的典型問題。

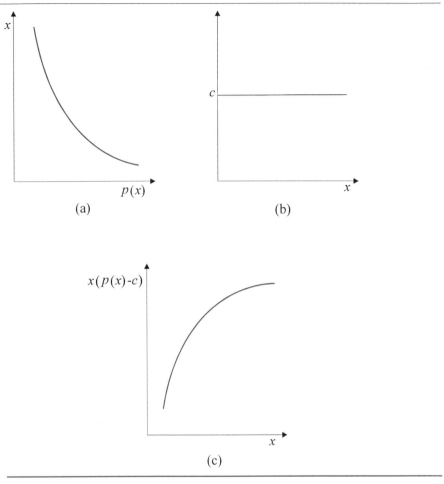

圖 10.1　　　銷售量與價格、成本、及利潤之關係

　　在實際生活中，幾乎所有產品的銷售數量 x 均會隨著單位價格 $p(x)$ 的降低而增加（但不一定會成比例增加；見圖10.1(a)）。假設產品的單位成本 c 不受數量影響（見圖10.1(b)），則其利潤為

$$x(p(x) - c)$$

其圖形如圖10.1(c)所示。若欲使 n 項產品的總利潤最大，則目標函數為以下非線性的形式：

$$極大化 \quad f(\mathbf{x}) = \sum_{i=1}^{n} x_i(p_i(x_i) - c_i)$$

在上例中，我們假設單位生產成本 c 不會受到數量 x 的影響，但實際上卻經常不是如此。有時會因為學習曲線效果的影響，使得單位生產成本隨著生產數量的增加而降低，亦即：$c(x)$ 為遞減函數。相反地，有時會因為必須加班或外包才能供應所需之數量，而使得單位生產成本隨著生產數量的增加而增加，亦即：$c(x)$ 為遞增函數。雖然單位生產成本或多或少會有以上非線性的現象，但當其曲線趨近線性時，我們可以假設其為線性。然而，若曲線已遠離線性的關係時，我們必須將其以非線性表達，而以非線性規畫的方式處理。

此外，在第七章的運輸問題中，我們假設單位運輸成本是固定的，亦即：單位運輸成本不會受到運送數量的影響。但實際上，若數量不是相當大時，此假設不一定是一項非常合理的假設。舉個明顯的例子，如果你請貨運公司將半卡車的貨由台北運送至高雄，其費用絕對不是運送一整卡車貨的二分之一，而是遠高於二分之一。這是因為在大部分的實際問題中，總成本經常包含兩部份：固定成本及變動成本；前者不受數量的影響，後者則會受到影響。以貨運公司本身的運輸成本為例（僅考慮一輛卡車之貨的運送），其固定成本為司機薪資、汽油費、卡車折舊費用、高速公路過路費等，而變動成本僅為工人的搬運費。除非人工搬運費遠高於固定成本，否則運送半卡車的費用與運送一整卡車的費用幾乎相等。

以上僅簡單說明了成本及利潤的非線性關係，在許多其他工程及科學應用方面，非線性的現象更是不勝枚舉，且其非線性函數亦遠較以上的例子複雜（例如：具對數(log)、指數等關係）。因此，非線性規畫是相當重要，且應用範圍相當廣的課題。

10.2　凸函數

本節將介紹在非線性規畫中扮演相當重要角色的**凸性**(convexity)，其定義如下：

定義：函數 $f(\mathbf{x})$ 為**凸的**(convex)，如果對任意兩點 $\mathbf{x}_1$ 與 $\mathbf{x}_2$ 滿足

$$f(\lambda \mathbf{x}_1 + (1-\lambda)\mathbf{x}_2) \leq \lambda f(\mathbf{x}_1) + (1-\lambda)f(\mathbf{x}_2)$$

其中 λ 滿足 $0 < \lambda < 1$。　　　　　　　　　　　　□

若在以上定義中 $\leq$ 改為 $<$，則函數 $f(\mathbf{x})$ 為**嚴格凸的**(strictly convex)。若 $-f(\mathbf{x})$ 為凸的，則函數 $f(\mathbf{x})$ 為**凹的**(concave)。相對地，若 $-f(\mathbf{x})$ 為嚴格凸的，則函數 $f(\mathbf{x})$ 為**嚴格凹的**(strictly concave)。

如果 $\mathbf{x}$ 僅有一個變數 x，則我們可繪製圖10.2的圖形，其中(a)為凸函數，(b)為凹函數，(c)既是凸函數亦是凹函數，(d)既非凸函數亦非凹函數。由這些圖形我們可以瞭解凸函數與凹函數的幾何意義如下：對一個凸函數 $f(x)$ 而言，其在 $\lambda x_1 + (1-\lambda)x_2$ 之值位於 $(x_1, f(x_1))$ 與 $(x_2, f(x_2))$ 兩點相連線段 (line segment) 之下；對一個凹函數 $f(x)$ 而言，其在 $\lambda x_1 + (1-\lambda)x_2$ 之值則在 $(x_1, f(x_1))$ 與 $(x_2, f(x_2))$ 兩點相連線段之上。圖10.3顯示凸函數與凹函數的關係。

10.3　非線性規畫問題的類別

在討論非線性規畫的解法之前，我們先對其類別做一個簡單的介紹。非線性規畫問題依其形式與求解方法的不同可分為以下幾類：

1. 無限制式非線性規畫
2. 線性限制式非線性規畫

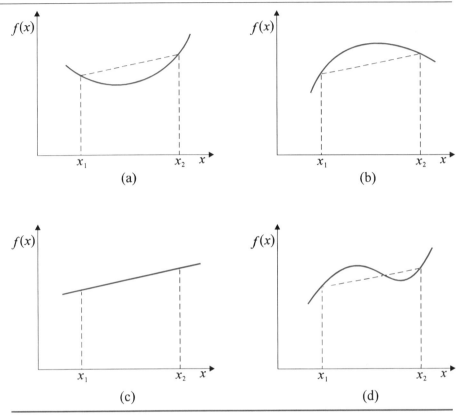

圖 10.2   凸函數與凹函數

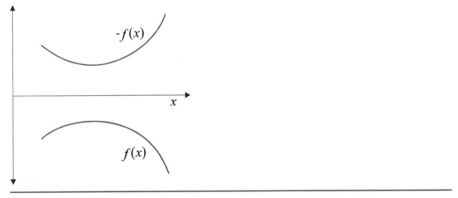

圖 10.3   凸函數與凹函數之關係

3. 二次規畫

4. 凸規畫

5. 非凸規畫

6. 可分離規畫

7. 幾何規畫

8. 隨機規畫

無限制式非線性規畫 (unconstrained nonlinear programming)

無限制式非線性規畫是指只有目標函數而沒有限制式的非線性規畫。

線性限制式非線性規畫 (linearly constrained nonlinear programming)

在線性限制式非線性規畫中，$f(\mathbf{x})$ 可為非線性，但所有 $g_i(\mathbf{x})$ 均必須為線性。

二次規畫 (quadratic programming)

二次規畫是線性限制式非線性規畫的特殊情況，它是當 $f(\mathbf{x})$ 為二次時。其形式如下：

$$
\begin{aligned}
\text{極大化} \quad & f(\mathbf{x}) = \mathbf{c}\mathbf{x} - \tfrac{1}{2}\mathbf{x}^{\mathrm{T}}\mathbf{Q}\mathbf{x} \\
\text{受限於} \quad & \mathbf{A}\mathbf{x} \leq \mathbf{b} \\
& \mathbf{x} \geq \mathbf{0}
\end{aligned}
$$

其中 $\mathbf{Q}$ 為 $n \times n$ 的對稱矩陣 (symmetric matrix)。

凸規畫 (convex programming)

在凸規畫中，$f(\mathbf{x})$ 為凹函數，且所有 $g_i(\mathbf{x})$ 均為凸函數。在此情況下，局部極大值即為整體極大值。

非凸規畫 (nonconvex programming)

不是凸規畫的非線性規畫即爲非凸規畫。在非凸規畫中，局部極大值不一定是整體極大值，因此一般而言，沒有任何演算法可以保證得到最佳解。

可分離規畫 (separable programming)

我們稱函數 $h(\mathbf{x})$ 爲**可分離函數** (separable function)，如果它可表示爲 n 個單變數函數之和，亦即：

$$h(\mathbf{x}) = h(x_1) + h(x_2) + \cdots + h(x_n)$$

可分離規畫爲凸規畫的特殊情況，它是當 $f(\mathbf{x})$ 與所有 $g_i(\mathbf{x})$ 均爲可分離函數時。可分離規畫可用線性近似與線性規畫的單純法求得近似解。

幾何規畫 (geometric programming)

在幾何規畫中，目標函數與限制式爲以下的形式：

$$h(\mathbf{x}) = \sum_{i=1}^{n} c_i U_i(\mathbf{x})$$

其中

$$U_i(\mathbf{x}) = x_1^{a_{i1}} x_2^{a_{i2}} \cdots x_n^{a_{in}}$$

隨機規畫 (stochastic programming)

在隨機規畫中，係數不一定必須爲確定值，而允許爲隨機變數 (random variable)。

10.4 極小值與極大值

　　本節將討論**極小值**(minimum)與**極大值**(maximum)。首先,我們需要以下兩個定義:

定義:讓 $\mathbf{x} = (x_1, x_2, ..., x_n)$,則函數 $f(\mathbf{x})$ 的**斜率向量**(gradient vector;以 $\nabla f(\mathbf{x})$ 表示)為

$$\nabla f(\mathbf{x}) = \begin{pmatrix} \frac{\partial f(\mathbf{x})}{\partial x_1} \\ \frac{\partial f(\mathbf{x})}{\partial x_2} \\ \vdots \\ \frac{\partial f(\mathbf{x})}{\partial x_n} \end{pmatrix}$$

□

定義:$\overline{\mathbf{x}}$ 為**關鍵點**(critical point;或**靜止點**[stationary point]) ,若其斜率向量 $\nabla f(\overline{\mathbf{x}}) = \mathbf{0}$ 。　　　　　　　　　　　　　　□

　　關鍵點有可能是極小值、極大值、或**鞍點**(saddle point)。以下我們分兩種情況討論:(1) $\mathbf{x}$ 僅有一個變數;(2) $\mathbf{x}$ 有一個以上變數。

$\mathbf{x}$ 僅有一個變數

假設 $f(x)$ 二次可微(twice-differentiable) ,則我們有以下的定理。

定理:假設 $\overline{x}$ 為關鍵點,若

$$\frac{d^2 f(\overline{x})}{dx^2} > 0$$

則 $\overline{x}$ 為極小值;若

$$\frac{d^2 f(\overline{x})}{dx^2} < 0$$

則 $\overline{x}$ 為極大值。　　　　　　　　　　　　　　　　　　　□

　　須注意的是,若關鍵點之二次導數為零,則其有可能是反曲點、極小值或極大值。

　　當僅有一個變數時,關鍵點之圖形如圖10.4所示。在此圖中,x_5 為**局部極小值**(local minimum) ,因其附近點之 f 值均較其大;x_1 為**局部極**

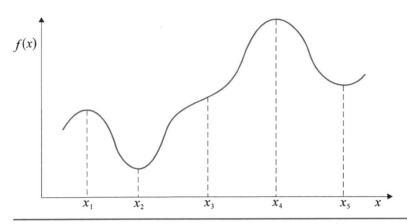

圖 10.4   極小值與極大值

大值 (local maximum)，因其附近點之 f 值均較其小；x_2 為 **整體極小值** (global minimum)，因其為所有局部極小值中 f 值最小者；x_4 為 **整體極大值** (global maximum)，因其為所有局部極大值中 f 值最大者；x_3 為 **反曲點** (inflection point)（若 **x** 僅有一個變數，則鞍點亦稱為反曲點），因其既非極小值亦非極大值但其 $\nabla f(\overline{x}_5) = 0$。

例 10.1：考慮 $f(x) = x^2$。

$$\frac{df(x)}{dx} = 2x = 0 \Longrightarrow \overline{x} = 0 為關鍵點$$

$$\frac{d^2 f(x)}{dx^2} = 2 > 0$$

因此 $\overline{x} = 0$ 為極小值。   □

x 有一個以上變數

此時，我們必須利用 **赫斯矩陣** (Hessian matrix) 來判斷關鍵點為極小值、極大值或鞍點。赫斯矩陣 $\mathbf{H}(\mathbf{x})$ 之定義如下：

$$\mathbf{H}(\mathbf{x}) = \begin{pmatrix} \frac{\partial^2 f(\mathbf{x})}{\partial x_1^2} & \frac{\partial^2 f(\mathbf{x})}{\partial x_1 \partial x_2} & \cdots & \frac{\partial^2 f(\mathbf{x})}{\partial x_1 \partial x_n} \\ \frac{\partial^2 f(\mathbf{x})}{\partial x_2 \partial x_1} & \frac{\partial^2 f(\mathbf{x})}{\partial x_2^2} & \cdots & \frac{\partial^2 f(\mathbf{x})}{\partial x_2 \partial x_n} \\ \vdots & \vdots & \ddots & \vdots \\ \frac{\partial^2 f(\mathbf{x})}{\partial x_n \partial x_1} & \frac{\partial^2 f(\mathbf{x})}{\partial x_n \partial x_2} & \cdots & \frac{\partial^2 f(\mathbf{x})}{\partial x_n^2} \end{pmatrix}$$

判斷一個變數的二次導數即相當於判斷一個以上變數的矩陣之定性 (definiteness)。赫斯矩陣的定性是根據該矩陣的**主子行列式** (principal minor) 判斷。讓 $\mathbf{A}$ 爲 $n \times n$ 的矩陣（見附錄 A），則其第 k 主子行列式定義如下：

$$\begin{vmatrix} a_{11} & a_{12} & \cdots & a_{1k} \\ a_{21} & a_{22} & \cdots & a_{2k} \\ \vdots & \vdots & \ddots & \vdots \\ a_{k1} & a_{k2} & \cdots & a_{kk} \end{vmatrix}, \quad k = 1, 2, ..., n$$

赫斯矩陣之定性的判別方式如下：

1. 若赫斯矩陣的主子行列式之值均爲正，則赫斯矩陣爲**恆正的** (positive definite; PD)。

2. 若赫斯矩陣的主子行列式之值爲非負，則赫斯矩陣爲**半恆正的** (positive semidefinite; PSD)。

3. 若赫斯矩陣的主子行列式之值的符號爲 $(-1)^k$，則赫斯矩陣爲**恆負的** (negative definite; ND)。

4. 若赫斯矩陣的主子行列式之值爲零或其符號爲 $(-1)^k$，則赫斯矩陣爲**半恆負的** (negative semidefinite; NSD)。

5. 若赫斯矩陣不是以上四種狀況，則赫斯矩陣爲**非定性的** (indefinite; ID)。

定理：假設 $\bar{\mathbf{x}}$ 爲 $f(\mathbf{x})$ 的關鍵點，則

$\mathbf{H}(\bar{\mathbf{x}})$ 是 PD $\Longrightarrow \bar{\mathbf{x}}$ 是局部極小值

$\mathbf{H}(\bar{\mathbf{x}})$ 是 ND $\Longrightarrow \bar{\mathbf{x}}$ 是局部極大值

$\mathbf{H}(\mathbf{x})$ 是 PSD $\Longrightarrow \bar{\mathbf{x}}$ 是整體極小值

$\mathbf{H}(\mathbf{x})$ 是 PD $\implies$ $\overline{\mathbf{x}}$ 是唯一的整體極小值

$\mathbf{H}(\mathbf{x})$ 是 NSD $\implies$ $\overline{\mathbf{x}}$ 是整體極大值

$\mathbf{H}(\mathbf{x})$ 是 ND $\implies$ $\overline{\mathbf{x}}$ 是唯一的整體極大值

$\mathbf{H}(\overline{\mathbf{x}})$ 是 ID $\implies$ $\overline{\mathbf{x}}$ 是鞍點 　　　　　□

例 10.2：考慮 $f(\mathbf{x}) = (x_1 - 2)^2 + x_1 x_2 + x_2^2 + 3$。

$$\nabla f(\mathbf{x}) = \begin{pmatrix} 2(x_1 - 2) + x_2 \\ x_1 + 2x_2 \end{pmatrix} = \begin{pmatrix} 0 \\ 0 \end{pmatrix} \implies \overline{\mathbf{x}} = [\frac{8}{3}, -\frac{4}{3}]^{\mathrm{T}}$$

$$\mathbf{H}(\mathbf{x}) = \begin{pmatrix} 2 & 1 \\ 1 & 2 \end{pmatrix}$$

因為 $\mathbf{H}(\mathbf{x})$ 之第 1 主子行列式為 2 (> 0)，第二主子行列式為

$$\begin{vmatrix} 2 & 1 \\ 1 & 2 \end{vmatrix} = 3 > 0$$

所以 $\mathbf{H}(\mathbf{x})$ 為 PD，因此 $x_1 = \frac{8}{3}, x_2 = -\frac{4}{3}$ 是唯一的整體極小值。 　　□

10.5　一次元無限制式最佳化

一次元 (one dimension) 是指所欲最佳化的函數 $f(\mathbf{x})$ 僅有一個變數。若 $f(x)$ 為簡單的函數（如：例 10.1），我們可用 $df(x)/dx$ 與 $d^2 f(x)/dx^2$ 求解。但當 $f(x)$ 較為複雜時，使用 $df(x)/dx$ 與 $d^2 f(x)/dx^2$ 經常無法求得最佳解，此時我們則可用**一次元搜尋程序** (one dimensional search procedure)。一次元搜尋程序包含許多不同的方法，在此，我們僅介紹其中最常用的**二分線上搜尋法** (bisection line search method)。

　　二分線上搜尋法的基本想法是尋求導數 $df(x)/dx$ 為零的點。假設我們欲求某一個凸函數的最小值。若在某一點 x 上的導數為正，則最佳解必定位於 x 的左方，因此我們可以不必再考慮所有位於 x 右方之值；若

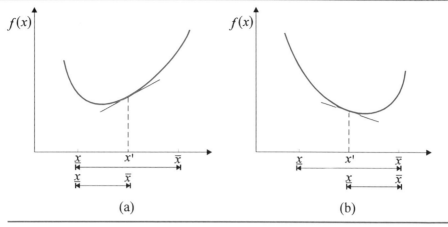

圖10.5　二分線上搜尋法之圖示

在 x 上的導數爲負，則最佳解必定位於 x 的右方，因此我們可不必再考慮所有位於 x 左方之值。

　　二分線上搜尋法的作法如圖10.5所示。假設我們欲求在下限值 $\underline{x}$ 與上限值 $\overline{x}$ 間的最小值。我們考慮 $\underline{x}$ 與 $\overline{x}$ 的中點，即：$x' = (\underline{x}+\overline{x})/2$。若此點的導數爲正（見圖10.5(a)），則我們讓新的 $\overline{x} = x'$；若此點的導數爲負（見圖10.5(b)），則我們讓新的 $\underline{x} = x'$。重複以上步驟直到 $\overline{x}-\underline{x} \le 2\varepsilon$ 爲止。此時，讓 $x' = (\underline{x}+\overline{x})/2$，則 x' 與最佳解 x^* 的差異必定在 ε 之內。

　　茲將求函數極小值的二分線上搜尋法的步驟摘要如下：

1. 選擇容許誤差 ε。讓 $[\underline{x}, \overline{x}]$ 爲最佳解可能所在的範圍。

2. 讓

$$x' = \frac{\underline{x}+\overline{x}}{2}$$

若 $\overline{x} - \underline{x} \le 2\varepsilon$，則停止；否則至步驟3。

3. 若 $df(x)/dx > 0$，則讓 $\overline{x} = x'$；若 $df(x)/dx < 0$，則讓 $\underline{x} = x'$。至步驟2。

　　需要特別注意的是，以上的步驟是針對極小化問題。若爲極大化問題，則步驟3中之 $>$ 需改爲 $<$，$<$ 需改爲 $>$，其餘步驟則完全相同。

例10.3：考慮以下欲極小化之函數：

$$f(x) = x^4 + 2x^2 - 8x$$

此函數之一次及二次導數如下：

$$\frac{df(x)}{dx} = 4x^3 + 4x - 8$$

$$\frac{d^2f(x)}{dx^2} = 12x^2 + 4$$

因 $d^2f(x)/dx^2 > 0$，所以此函數爲凸函數。此時若讓 $df(x)/dx = 0$，仍不易求得關鍵點，因此我們可用二分線上搜尋法求解。讓 $\varepsilon = 0.001, \underline{x} = 0, \overline{x} = 5$，則可得表10.1所示之步驟。在表中第12個循環步驟時，因爲 $\overline{x} - \underline{x} = 1.001 - 0.9998 = 0.0012 \leq 2\varepsilon$，所以求解程序停止。所得到的解（即：1.0004）與此題真正的最佳解（即：1）相差不超過0.001。　　□

10.6　多次元無限制式最佳化

本節介紹當有一個以上變數且無限制式時的求解程序。我們僅介紹最常用的**最陡峭下降法**(steepest descent method)。對於極小化問題而言，此法的基本想法是往最陡峭下降（即：減少率最大）的方向移動，而此方向即爲與斜率 (gradient) 相反的方向。相反地，對於極大化問題而言，則是往最陡峭增加（即：增加率最大）的方向移動，而此方向即爲斜率的方向。

對於極小化問題而言，最陡峭下降法的作法可敘述如下。假設起始點爲 $\mathbf{x}'$，在此點我們往與 $\nabla f(\mathbf{x}')$ 相反的方向前進，移動的距離（以 λ 表示）則由以下一次元問題決定：

$$\text{極小化}_{\lambda \geq 0} \quad f(\mathbf{x}' - \lambda \nabla f(\mathbf{x}')) = f(\lambda)$$

表10.1　　　例10.3之求解步驟

循環步驟	$\underline{x}$	$\overline{x}$	x'	$df(x)/dx$
0	0	5	2.5	64.5
1	0	2.5	1.25	4.813
2	0	1.25	0.625	-4.523
3	0.625	1.25	0.9375	-0.954
4	0.9375	1.25	1.0938	1.609
5	0.9375	1.0938	1.0156	0.253
6	0.9375	1.0156	0.9766	-0.368
7	0.9766	1.0156	0.9961	-0.062
8	0.9961	1.0156	1.0059	0.094
9	0.9961	1.0059	1.001	0.016
10	0.9961	1.001	0.9985	-0.023
11	0.9985	1.001	0.9998	-0.004
12	0.9998	1.001	1.0004	0.006

我們可用上節的二分線上搜尋法求解此一次元問題。得到最佳的 λ^* 後，我們即可移動至新的 $\mathbf{x}' = \mathbf{x}' - \lambda^* \nabla f(\mathbf{x}')$。重複以上的步驟，直到 $\nabla f(\mathbf{x}') \leq \varepsilon$ 爲止。

茲將求函數極小值的最陡峭下降法的步驟摘要如下：

1. 選擇斜率終止值 ε 及起始點 $\mathbf{x}'$。

2. 若 $\nabla f(\mathbf{x}') \leq \varepsilon$，則停止；否則至步驟3。

3. 求解以下一次元問題：

$$\text{極小化}_{\lambda \geq 0} \quad f(\mathbf{x}' - \lambda \nabla f(\mathbf{x}')) = f(\lambda)$$

表 10.2   例 10.4 之求解步驟

循環	$\mathbf{x}'$	$\nabla f(\mathbf{x}')$	$f(\mathbf{x}' - \lambda \nabla f(\mathbf{x}'))$	λ^*
1	$(0, 0)$	$(0, 3)$	$-9\lambda + 9\lambda^2$	0.5
2	$(0, -1.5)$	$(3, 0)$	$-2.25 - 9\lambda + 18\lambda^2$	0.25
3	$(-0.75, -1.5)$	$(0, 1.5)$	$-3.38 - 2.25\lambda + 2.25\lambda^2$	0.5
4	$(-0.75, -2.25)$	$(1.5, 0)$	$-3.94 - 2.25\lambda + 4.5\lambda^2$	0.25
5	$(-1.12, -2.25)$	$(0, 0.75)$	$-4.22 - 0.56\lambda + 0.56\lambda^2$	0.493
6	$(-1.12, -2.62)$	$(0.76, 0)$	$-4.36 - 0.58\lambda + 1.16\lambda^2$	0.25
7	$(-1.31, -2.62)$	$(0, 0.38)$	$-4.43 - 0.14\lambda + 0.14\lambda^2$	0.5
8	$(-1.31, -2.81)$	$(0.38, 0)$	$-4.46 - 0.14\lambda + 0.29\lambda^2$	0.25
9	$(-1.4, -2.81)$	$(0, 0.19)$	$-4.48 - 0.03\lambda + 0.04\lambda^2$	0.474
10	$(-1.4, -2.9)$	$(0.2, 0)$	$-4.49 - 0.04\lambda + 0.08\lambda^2$	0.25
11	$(-1.45, -2.9)$	$(0, 0.1)$		

讓 λ^* 為此一次元問題的最佳解。重新設定 $\mathbf{x}' = \mathbf{x}' - \lambda^* \nabla f(\mathbf{x}')$，然後回至步驟 2。

例 10.4：考慮以下問題：

$$\text{極小化} \quad f(\mathbf{x}) = 2x_1^2 + x_2^2 - 2x_1x_2 + 3x_2$$

其 $\nabla f(\mathbf{x})$ 與 $\mathbf{H}(\mathbf{x})$ 可計算如下：

$$\nabla f(\mathbf{x}) = \begin{pmatrix} 4x_1 - 2x_2 \\ 2x_2 - 2x_1 + 3 \end{pmatrix}$$

$$\mathbf{H}(\mathbf{x}) = \begin{pmatrix} 4 & -2 \\ -2 & 2 \end{pmatrix}$$

因為 $\mathbf{H}(\mathbf{x})$ 的第 1 主子行列式為 $4 \geq 0$，第 2 主子行列式為 $4 \geq 0$，所以 $f(\mathbf{x})$ 為凸函數。我們以最陡峭下降法求解，並讓 $\varepsilon = [0.1, 0.1]^{\mathrm{T}}$，可得表 10.2 所示之步驟。

　　事實上，此題可用 $\nabla f(\overline{\mathbf{x}}) = \mathbf{0}$ 求得最佳解 $x_1 = -1.5, x_2 = -3$。所以最陡峭下降法求得的解已相當接近最佳解。若讓 ε 之值更小（如：讓 $\varepsilon = [0.001, 0.001]^{\mathrm{T}}$），則可得到更精確的結果。　　　　　□

10.7　KKT 條件

本節討論含限制式之非線性規畫問題的 KKT 條件 (Karush-Kuhn-Tucker condition)。此條件為最佳解的必要條件 (necessary condition)。考慮以下非線性問題：

$$極大化\quad f(\mathbf{x})$$
$$受限於\quad g_i(\mathbf{x}) \le 0 \qquad i = 1, 2, ..., m$$

為方便說明起見，我們稱此非線性規畫問題的形式為標準形式。其 KKT 條件如下：

$$\nabla f(\overline{\mathbf{x}}) - \sum_{i=1}^{m} \overline{u}_i \nabla g_i(\overline{\mathbf{x}}) = \mathbf{0} \tag{10.1}$$

$$g_i(\overline{\mathbf{x}}) \le 0 \quad \forall i \tag{10.2}$$

$$\overline{u}_i g_i(\overline{\mathbf{x}}) = 0 \quad \forall i \tag{10.3}$$

$$\overline{u}_i \ge 0 \quad \forall i \tag{10.4}$$

若 $f(\mathbf{x})$ 為凹函數，且 $g_i(\mathbf{x})$ 為凸函數，則以上的 KKT 條件為最佳解的充分條件 (sufficient condition)。

　　需要特別注意的是，(10.1)–(10.4) 的 KKT 條件是針對以上的非線性規畫模式而言，對於不同的模式，其 KKT 條件會有所不同。然而，我們僅需熟記 (10.1)–(10.4) 的標準形式即可，因為當遇到不同形式的非線性規畫模式（如：極小化問題、限制式為大於等於、限制式為等式、非負限制式等）時，我們只要將它們轉換為此標準形式，即可輕易地寫出其

KKT 條件。在習題中，我們尚列出了數種其他非線性規畫模式的 KKT
條件。

例10.5：考慮以下非線性規畫問題：

$$極大化 \quad f(\mathbf{x}) = \ln(x_1 + 1) + x_2$$
$$受限於 \quad x_1 + \frac{1}{2}x_2 \leq 5$$
$$x_1, x_2 \geq 0$$

首先，我們將限制式（含非負限制式）改寫為標準形式如下：

$$x_1 + \frac{1}{2}x_2 - 5 \leq 0$$

$$-x_1 \leq 0$$

$$-x_2 \leq 0$$

根據(10.1)–(10.4)，我們可寫出此問題的 KKT 條件如下：

$$\frac{1}{x_1 + 1} - u_1 + u_2 = 0 \tag{10.5}$$

$$1 - \frac{1}{2}u_1 + u_3 = 0 \tag{10.6}$$

$$x_1 + \frac{1}{2}x_2 - 5 \leq 0 \tag{10.7}$$

$$x_1 \geq 0, x_2 \geq 0 \tag{10.8}$$

$$u_1(x_1 + \frac{1}{2}x_2 - 5) = 0 \tag{10.9}$$

$$-u_2 x_1 = 0 \tag{10.10}$$

$$-u_3 x_2 = 0 \tag{10.11}$$

$$u_1 \geq 0, u_2 \geq 0, u_3 \geq 0 \tag{10.12}$$

首先，$u_3 \geq 0$ 與(10.6)導致

$$1 - \frac{1}{2}u_1 \leq 0$$

而此又導致

$$u_1 \geq 2 \tag{10.13}$$

式 (10.13) 與 (10.5) 導致

$$u_2 > 0 \tag{10.14}$$

式 (10.14) 與 (10.10) 導致

$$x_1 = 0 \tag{10.15}$$

式 (10.13) 與 (10.9) 導致

$$x_1 + \frac{1}{2}x_2 - 5 = 0 \tag{10.16}$$

式 (10.15) 與 (10.6) 導致

$$x_2 = 10 \tag{10.17}$$

式 (10.17) 與 (10.11) 導致

$$u_3 = 0 \tag{10.18}$$

式 (10.18) 與 (10.6) 導致

$$u_1 = 2 \tag{10.19}$$

式 (10.19) 、 (10.15) 與 (10.5) 導致

$$u_2 = 1 \tag{10.20}$$

因此，$x_1 = 0, x_2 = 10$ 之解滿足 KKT 條件，而 $u_1 = 2, u_2 = 1, u_3 = 0$。因為我們可以證明 $f(\mathbf{x})$ 為凹函數，$g_i(\mathbf{x})$ 為凸函數，所以所得到之解（即：$x_1 = 0, x_2 = 10$）即為最佳解。

10.8 習題

1. 求以下函數的最小值：

$$f(\mathbf{x}) = (x_1 - 2)^2 + x_2^2$$

2. 考慮以下函數：

$$f(\mathbf{x}) = (1 - x_1)^2 + 7(x_2 - x_1^2)^2$$

(a) 求此函數之關鍵值。

(b) 判斷關鍵值爲極大值、極小值、或鞍點。

3. 考慮以下函數：

$$f(x) = (x^2 - 1)^3$$

(a) 求此函數之關鍵值。

(b) 判斷關鍵值爲極大值、極小值、或反曲點。

4. 考慮以下函數：

$$f(\mathbf{x}) = 2x_1^2 + x_2^2 - 2x_1x_2 - 2x_1x_3 + 3x_3^2$$

(a) 求此函數之關鍵值。

(b) 判斷關鍵值爲極大值、極小值、或鞍點。

5. 考慮以下函數：

$$f(\mathbf{x}) = x_1^3 + 3x_1x_2 + x_2^2$$

(a) 此函數在 $\bar{\mathbf{x}} = (1,3)^{\mathrm{T}}$ 附近爲凸的、凹的、或均不是？

(b) 此函數在 $\bar{\mathbf{x}} = (\frac{1}{2}, 5)^{\mathrm{T}}$ 附近爲凸的、凹的、或均不是？

6. 判斷以下函數爲凸函數、凹函數、或均不是：

$$f(\mathbf{x}) = x_1^2 + 2x_2^2 - x_1 x_2 + 2e^{x_1+x_2}$$

7. 考慮以下欲極小化之函數：

$$f(x) = x^3 - 3x^2 + 2x$$

用二分線性搜尋法求解。（讓 $\varepsilon = 0.001, \underline{x} = 0, \overline{x} = 4$。）

8. 考慮以下欲極大化之函數：

$$f(x) = -3x^4 + 4x^3 + 2x$$

用二分線性搜尋法求解。（讓 $\varepsilon = 0.001, \underline{x} = -4, \overline{x} = 4$。）

9. 考慮以下非線性程式：

$$極大化 \quad f(\mathbf{x})$$
$$受限於 \quad g_i(\mathbf{x}) \le 0 \qquad i = 1, 2, ..., m$$
$$\mathbf{x} \ge 0$$

根據標準形式之KKT條件，試導出此問題之下列KKT條件：

$$\nabla f(\overline{\mathbf{x}}) - \sum_{i=1}^{m} \overline{u}_i \nabla g_i(\overline{\mathbf{x}}) \le \mathbf{0}$$

$$\overline{x}_j \left(\nabla f(\overline{\mathbf{x}}) - \sum_{i=1}^{m} \overline{u}_i \nabla g_i(\overline{\mathbf{x}}) \right) = \mathbf{0} \quad \forall j$$

$$g_i(\overline{\mathbf{x}}) \le 0 \quad \forall i$$

$$\overline{u}_i g_i(\overline{\mathbf{x}}) = 0 \quad \forall i$$

$$\overline{x}_j \ge 0 \quad \forall j$$

$$\overline{u}_i \ge 0 \quad \forall i$$

（提示：將 $\overline{x}_j \geq 0$ 視為 $g_i(\overline{\mathbf{x}}) \leq 0$。）

10. 考慮以下非線性程式：

$$\text{極小化} \quad f(\mathbf{x})$$
$$\text{受限於} \quad g_i(\mathbf{x}) \leq 0 \qquad i = 1, 2, ..., m$$
$$\qquad\qquad h_j(\mathbf{x}) = 0 \qquad j = 1, 2, ..., l$$

根據標準問題之KKT條件，試導出此問題之下列KKT條件：

$$\nabla f(\overline{\mathbf{x}}) + \sum_{i=1}^{m} \overline{u}_i \nabla g_i(\overline{\mathbf{x}}) + \sum_{j=1}^{l} \overline{v}_j \nabla h_j(\overline{\mathbf{x}}) = \mathbf{0}$$
$$g_i(\overline{\mathbf{x}}) \leq 0 \quad \forall i$$
$$\overline{u}_i g_i(\overline{\mathbf{x}}) = 0 \quad \forall i$$
$$h_j(\overline{\mathbf{x}}) = 0 \quad \forall j$$
$$\overline{u}_i \geq 0 \quad \forall i$$

11. 考慮以下非線性規畫問題：

$$\text{極小化} \quad f(\mathbf{x}) = (x_1 - 5)^2 + x_2^2$$
$$\text{受限於} \quad x_1 + x_2 \leq 4$$
$$\qquad\qquad x_1, x_2 \geq 0$$

寫出此問題之KKT條件，並用以求其解。

12. 寫出以下非線性規畫問題之KKT條件：

$$\text{極大化} \quad f(\mathbf{x}) = \tfrac{1}{2}x_1^2 - x_2^2$$
$$\text{受限於} \quad x_1 - x_2 \geq 0$$
$$\qquad\qquad x_1 + x_2 = 0$$
$$\qquad\qquad x_2 \leq 0$$

13. 寫出以下非線性規畫問題之KKT條件：

$$極大化 \quad f(\mathbf{x}) = 2x_1^3 - x_2^2 + x_1 x_3^2 - x_1 x_2 x_3$$

$$受限於 \qquad x_1 + x_2^2 + x_3 = 5$$

$$6x_1^2 - x_2^2 - x_3 \geq 1$$

$$x_1, x_2, x_3 \leq 0$$

第十一章
動態規畫

本章大綱

動態規畫(dynamic programming [DP])是用以解那些牽涉到一系列相關決策問題的一般性技巧。其作法是將原問題分為幾個子問題,然後先解最容易的子問題,接著利用已被解的子問題的解,求解另一子問題,直到原問題被解了為止。

動態規畫應用的範圍非常廣。在本章中,我們將介紹一些常見的動態規畫應用問題,包括:一般(確定性離散狀態)動態規畫、連續狀態動態規畫、以及機率性動態規畫。每個應用問題的動態規畫模式均有其特點,熟悉這些模式的特點,將有助於您應用動態規畫於其他類似或不同的情況。

在開始討論各類型的動態規畫問題之前,我們先介紹如何將一個問題用動態規畫予以陳述。一般而言,**動態規畫陳式**(dynamic programming formulation)是由以下三部份所構成:

1. **最佳值函數**(optimal value function [OVF]):代表子問題之函數的定義。
2. **遞迴關係**(recursive or recurrence relation [RR]):將最佳值函數以函數自己本身表示出來的方程式。
3. **邊界條件**(boundary condition [BC]):最佳值函數中,最明顯之值(亦即:不須任何計算即可得到之值)所構成的已知條件。

任何一個動態規畫問題的求解過程都是由邊界條件開始,反覆利用遞迴關係,求解代表子問題的最佳值函數,最後即可得到代表原問題的最佳值函數,而此即為最佳解。

11.1　無迴路最短路徑問題

本節將討論最基本的**無迴路網路**(acyclic network)最短路徑問題。在無迴路的網路中,我們一定可以將結點予以編號,使得若(i, j)為弧,則

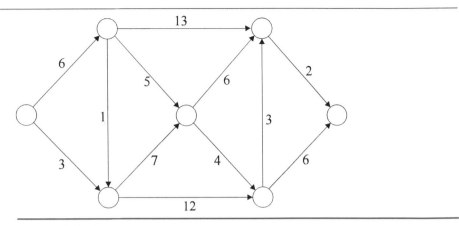

圖11.1　　例11.1之網路

$i < j$。在作法上，我們可先將無箭頭指向的結點編上1號。然後將由此結點射出的弧標記「‖」記號，代表此弧不再列入考慮。接著在無箭頭指向的結點編上2號（已標記「‖」記號之弧的箭頭不予考慮），並將由此結點射出的弧標記「‖」記號，而不再考慮這些弧。若能以此方式將所有結點予以編號，則所有弧(i, j)必滿足$i < j$的條件，而此網路即為無迴路網路；否則，此網路即為**迴路網路**(cyclic network)。

例11.1：考慮圖11.1之網路。欲決定此網路是否為無迴路網路，我們先將無箭頭指向的結點（最左邊）編上1號，並將由此結點出去的兩個弧標記「‖」記號。接著繼續在無箭頭指向的結點（左上角）編上2號，並將由此結點出去的三個弧標記「‖」記號。以此方式繼續做下去，可得如圖11.2所示之網路。因為所有的結點均已被邊號，所以此網路即為無迴路網路。　　　　　　　　□

　　考慮一個含n個結點的無迴路最短路徑問題。此問題可用以下的動態規畫陳式予以求解：

最佳值函數：

　　$f_j =$由結點1至結點j的最短距離（即：最短路徑的長度）

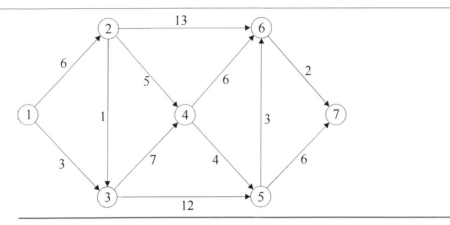

圖 11.2　　　例 11.1 之解

遞迴關係：

$$f_j = \min_{i < j}[f_i + d_{ij}] \qquad j = 2, 3, ..., n$$

邊界條件：$f_1 = 0$

　　茲說明此動態規畫陳式如下。因爲最短路徑問題是尋求由結點 1 到結點 n 的最短路徑，所以我們即可據此定義最佳值函數，而僅須將由結點 1 至結點「n」改爲由結點 1 至結點「i」。根據此定義可知 $f_1 = 0$（由結點 1 至結點 1 的最短距離爲 0），此即爲邊界條件（回憶邊界條件的定義）。因爲在無迴路的網路中，弧 (i, j) 的兩結點存在 $i < j$ 的關係，所以結點 2 僅可能由結點 1 而來，因此，

$$f_2 = [f_1 + d_{12}]$$

結點 3 則有可能由結點 1 或結點 2 而來，因此，

$$f_3 = \min[f_1 + d_{13}, f_2 + d_{23}]$$

由此，我們即可得到以上的遞迴關係。

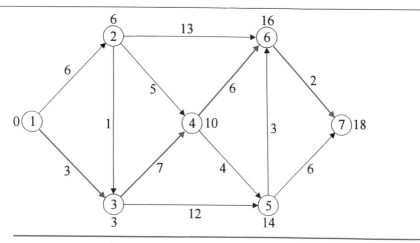

圖 11.3　無迴路最短路徑問題例題之解

　　為更清晰起見，除了動態規畫陳式的三個部份（即：OVF、RR及 BC）之外，我們尚可寫出**答案**(answer [ANS])及**最佳方針函數**(opitmal policy function [OPF])兩部份，其中後者是用以尋求最佳解。無迴路最短路徑問題的答案與最佳方針函數如下：

答案：f_i, $i = 2, 3, ..., n$

最佳方針函數：

　　$p_i =$ 由結點1至結點 i 的最短路徑上，結點 i 的前一個結點

　　在以上的答案項下，我們習慣上會將所有子問題（如：由1至2的最短距離、由1至3的最短距離等子問題）的答案（即：$f_i, i = 1, 2, ..., n$）均寫出來，以表示我們可以附帶得到這些子問題的答案，雖然也許我們需要的答案僅為 f_n 而已。

例11.2：考慮圖11.2的網路。因其為無迴路網路，所以我們可用求解無迴路最短路徑問題的方法解之，其步驟如下：

$$f_1 = 0$$
$$f_2 = f_1 + d_{12}$$

$$= 0 + 6 = 6 \qquad p_2 = 1$$

$$f_3 = \min[f_1 + d_{13}, f_2 + d_{23}]$$

$$= \min[0 + 3, 6 + 1] = 3 \qquad p_3 = 1$$

$$f_4 = \min[f_1 + d_{14}, f_2 + d_{24}, f_3 + d_{34}]$$

$$= \min[0 + \infty, 6 + 5, 3 + 7] = 10 \qquad p_4 = 3$$

$$f_5 = \min[f_1 + d_{15}, f_2 + d_{25}, f_3 + d_{35}, f_4 + d_{45}]$$

$$= \min[0 + \infty, 6 + \infty, 3 + 12, 10 + 4] = 14 \qquad p_5 = 4$$

$$f_6 = \min[f_1 + d_{16}, f_2 + d_{26}, f_3 + d_{36}, f_4 + d_{46}, f_5 + d_{56}]$$

$$= \min[0 + \infty, 6 + 13, 3 + \infty, 10 + 6, 14 + 3] = 16 \qquad p_6 = 4$$

$$f_7 = \min[f_1 + d_{17}, f_2 + d_{27}, f_3 + d_{37}, f_4 + d_{47}, f_5 + d_{57}, f_6 + d_{67}]$$

$$= \min[0 + \infty, 6 + \infty, 3 + \infty, 10 + \infty, 14 + 6, 16 + 2] = 18 \qquad p_7 = 6$$

因此，最短路徑之長度為 18。由最佳方針函數可得：$p_7 = 6, p_6 = 4, p_4 = 3, p_3 = 1$，故最短路徑為 1-3-4-6-7（見圖 11.3）。當然，我們也可直接在圖上計算各 f_i 值（並記錄 p_i）。　　　　　□

　　現在，讓我們用以上例題回憶一下動態規畫的作法（見本章開始對動態規畫作法的敘述）。我們將原問題（1 至 7 的最短路徑）分為幾個子問題（1 至 1、1 至 2、1 至 3、1 至 4、1 至 5、1 至 6、1 至 7；見圖 11.4），然後先解最容易的子問題（由 1 至 1），接著利用已被解的子問題的解，求解另一子問題（例如：求解子問題 1 至 5 時，利用了 1 至 1、1 至 2、1 至 3、1 至 4 四個子問題），直到原問題（1 至 7）被解了為止。在此問題中，當解子問題的時候，用到了前面各階段所有已被解的子問題的解，但許多動態規畫僅會用到上一個或數個階段子問題的解。

11.2　倒退式動態規畫

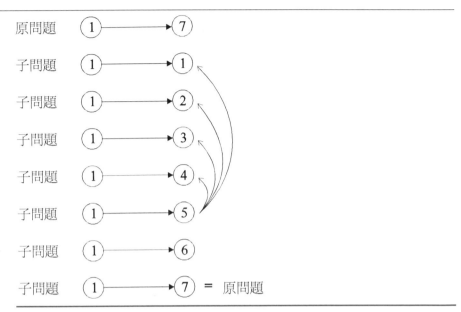

原問題　①→⑦

子問題　①→①

子問題　①→②

子問題　①→③

子問題　①→④

子問題　①→⑤

子問題　①→⑥

子問題　①→⑦ ＝ 原問題

圖 11.4　動態規畫之作法（以無迴路最短路徑問題爲例）

以上的動態規畫陳式是**向前式動態規畫**(forward dynamic programming)，亦即：在求解的過程中是由前往後計算。此外，我們亦可採用**倒退式動態規畫**(backward dynamic programming)，亦即：在求解的過程中是由後往前計算。無迴路最短路徑問題的倒退式動態規畫陳式如下：

最佳值函數：

　　$f_i =$ 由結點 i 至結點 n 的最短距離

遞迴關係：

$$f_i = \min_{i<j}[d_{ij} + f_j] \qquad i = n-1, n-2, ..., 1$$

邊界條件：$f_n = 0$

答案：$f_i,\ i = n-1, n-2, ..., 1$

　　因爲採倒退式，所以最佳值函數的定義爲「由結點 n 至結點 i 的最短距離」。但爲符合由小至大的習慣，我們通常將其定義爲「由結點 i 至

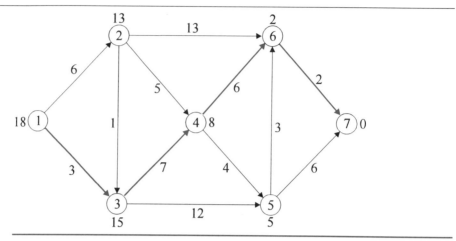

圖 11.5   倒退式動態規畫之例題

結點 n 的最短距離」。根據此定義可知 $f_n = 0$（由結點 n 至結點 n 的最短距離為 0），此即為邊界條件。因為在無迴路的網路中，弧 (i, j) 存在 $i < j$ 的關係，所以由結點 i 至結點 n 最短路徑上的下一個（結點 i 後之下一個）結點有可能為任何編號大於 i 之結點，因此可得以上之遞迴關係。

由陳式的答案可知，倒退式 DP 所得到的解與向前式 DP 是相同的，但所得到子問題的解卻有所差異。向前式 DP 所得到子問題的解為由結點 1 至所有結點的最短路徑，倒退式 DP 則得到由所有結點至結點 n 的最短路徑。

例 11.3：考慮例 11.1 的無迴路最短路徑問題。若採倒退式動態規劃，則可得到以下的步驟（見圖 11.5）：

$$f_7 = 0$$
$$f_6 = 2 + 0 = 2 \qquad p_6 = 7$$
$$f_5 = \min[3 + 2, 6 + 0] = 5 \qquad p_5 = 6$$
$$f_4 = \min[4 + 5, 6 + 2, \infty + 0] = 8 \qquad p_4 = 6$$

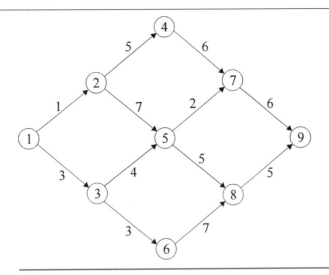

圖 11.6　最適原則說明之例題

$$f_3 = \min[7+8, 12+5, \infty+2, \infty+0] = 15 \qquad p_3 = 4$$
$$f_2 = \min[1+15, 5+8, \infty+5, 13+2, \infty+0] = 13 \qquad p_2 = 4$$
$$f_1 = \min[6+13, 3+15, \infty+8, \infty+5, \infty+2, \infty+0] = 18 \qquad p_1 = 3$$

因此，最短路徑之長度為 18。由最佳方針函數可得：$p_1 = 3, p_3 = 4, p_4 = 6, p_6 = 7$，故最短路徑為 1-3-4-6-7，此最短路徑與向前式 DP 所得到的結果完全相同。　　　　　　　　　　　　　　　　□

11.3　最適原則

由動態規畫之父——Richard Bellman——所發展出來的**最適原則** (principle of optimality)，是所有動態規畫的基礎。考慮如圖 11.6 所示的無迴路最短路徑問題，針對此問題而言，最適原則可敘述如下：

「由結點 1 至結點 9 的最短路徑具有以下性質：不論在結點 1 時的決策是往上或往下，其至結點 9 剩餘的路徑一定是由結點 1 的下一結

點（若往上則此結點為2；若往下則此結點為3）至結點9的最短路徑。」

根據此原則，我們可以寫出以下的式子：

$$f_1 = \min \begin{cases} 1 + f_2 \\ 3 + f_3 \end{cases}$$

同理，我們可得

$$f_2 = \min \begin{cases} 5 + f_4 \\ 7 + f_5 \end{cases} \qquad f_3 = \min \begin{cases} 4 + f_5 \\ 3 + f_6 \end{cases}$$

$$f_4 = 6 + f_7 \qquad f_5 = \min \begin{cases} 2 + f_7 \\ 5 + f_8 \end{cases} \qquad f_6 = 7 + f_8$$

$$f_7 = 6 + f_9 \qquad f_8 = 5 + f_9$$

因為 $f_9 = 0$，所以我們可得

$$f_8 = 5 + f_9 = 5$$

$$f_7 = 6 + f_9 = 6$$

得到 f_8 與 f_7 後，我們可繼續求得

$$f_6 = 7 + f_8 = 12$$

$$f_5 = \min \begin{cases} 2 + f_7 \\ 5 + f_8 \end{cases} = \min \begin{cases} 8 \\ 10 \end{cases} = 8$$

$$f_4 = 6 + f_7 = 12$$

接著可得

$$f_3 = \min \begin{cases} 4 + f_5 \\ 3 + f_6 \end{cases} = \min \begin{cases} 12 \\ 15 \end{cases} = 12$$

$$f_2 = \min \begin{cases} 5 + f_4 \\ 7 + f_5 \end{cases} = \min \begin{cases} 17 \\ 15 \end{cases} = 15$$

最後，我們可得

$$f_1 = \min \begin{cases} 1 + f_2 \\ 3 + f_3 \end{cases} = \min \begin{cases} 16 \\ 15 \end{cases} = 15$$

而此即為11.2節所討論的無迴路網路問題倒退式DP的作法。

以上對最適原則的敘述是針對無迴路網路問題。最適原則更具一般性的敘述如下：

「最佳決策有此性質：在某一狀態時，不論決策為何，

剩餘的決策對以此決策所導致的狀態而言，一定是最

佳的。」

當然，無迴路網路問題亦適用於此一般性的敘述。

11.4　計算效率

我們以圖11.6的問題為例，比較動態規劃與全部列舉法 (total enumeration) 的計算效率。一般比較計算效率的方式是將計算時所需的加 (addition) 與比較 (comparison) 詳細計算出來，以作為比較的標準。我們先考慮全部列舉法。所謂全部列舉法，就是將所有可能的路徑列舉出來，並計算出每一條路徑的長度，然後選出一條長度最短的路徑。由圖11.6可看出，每一條路徑均包含四個弧；其中一定是兩個往上，兩個往下。所以對於 N 個弧的問題，有 $\binom{N}{N/2}$ 條可能的路徑，而每一條路徑需要 $(N-1)$ 個加，用以將 N 個弧的長度相加起來。因此，總加數為 $\binom{N}{N/2}(N-1)$，總比較數則為 $\binom{N}{N/2}-1$。

接著，我們考慮動態規劃。以圖11.6為例，結點1、2、3、5四點的計算，分別需要兩個加、一個比較（見11.3節）；結點4、6、7、8四點則分別只需要一個加即可。所以對於 N 個弧（在此 $N=4$）的問題，有 $(N/2)^2$ 個結點需要兩個加、一個比較；有 N 個結點只需要一個加即可（見圖11.7）。因此，動態規劃的總加數為 $(N/2)^2 \times 2 + N$，總比較數為 $(N/2)^2$。此兩方法的計算效率彙整於表11.1。由表中可看出，當 $N=20$ 時，即使以徒手用動態規劃方法計算，也許會比以電腦用全部列舉法計算還要來的有效率。

11.5　迴路最短路徑問題

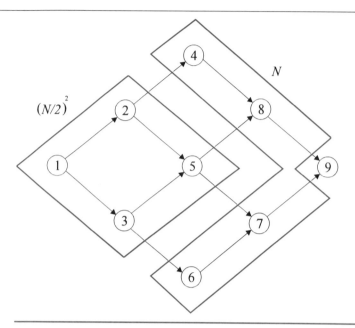

圖 11.7   動態規畫之計算效率

表 11.1   動態規畫與全部列舉法之計算效率的比較

		動態規劃	全部列舉法
N	總加數	$(\frac{N}{2})^2 \times 2 + N$	$\binom{N}{N/2}(N-1)$
	總比較數	$(\frac{N}{2})^2$	$\binom{N}{N/2} - 1$
$N = 20$	總加數	220	3,510,364
	總比較數	100	184,755

　　11.1節所介紹的方法僅適用於無迴路的網路，當網路有迴路時我們可用以下介紹的Dijkstra程序求解。事實上，在第八章的最短路徑問題中，我們已使用此方法，現在我們以動態規畫的術語解釋此方法。

　　讓 N_i 表示離結點1最近的 i 個結點所成的集合，則Dijkstra程序之動態規劃陳式如下：

最佳值函數：

　　$f_i(j) =$ 當僅限於使用 N_i 中的結點時，由結點1至結點 j 的最短距離

遞迴關係：

$$f_i(j) = \begin{cases} f_{i-1}(j) & \text{如果 } j \in N_i \\ \min[f_{i-1}(j), f_{i-1}(k_i) + d_{k_i,j}] & \text{如果 } j \notin N_i \end{cases}$$

其中 k_i 為離結點1最近的第 i 個結點。因此，在第 i 階段時，我們可用以下方式找出 k_i：

$$f_{i-1}(k_i) = \min_{j \notin N_{i-1}} f_{i-1}(j)$$

同時，我們讓 $N_i = N_{i-1} \cup \{k_i\}$，並確定由結點1至結點 k_i 的最短距離為 $f_{i-1}(k_i)$。

邊界條件：$k_1 = 1, N_1 = \{1\}, f_1(j) = d_{1j}$

答案：$f_n(j),\ j = 2, 3, ..., n$

例11.4：考慮第八章例題8.1，其網路如圖11.8所示。此網路的弧均無箭頭，這是因為當弧的兩端都有箭頭時，我們習慣將兩箭頭均省略。因此，無箭頭代表雙箭頭之意。由於此網路為迴路網路，因此我們可用Dijkstra程序求解此問題，其計算過程如下：

$k_1 = 1, N_1 = \{1\}$

$f_1(1) = 0 \quad f_1(2) = 4 \quad f_1(3) = 3$

$f_1(4) = \infty \quad f_1(5) = \infty \quad f_1(6) = \infty$

$k_2 = 3, N_2 = \{1, 3\}$

$f_2(1) = f_1(1) = 0$

$f_2(2) = \min[f_1(2), f_1(3) + d_{3,2}] = \min[4, 3 + 4] = 4$

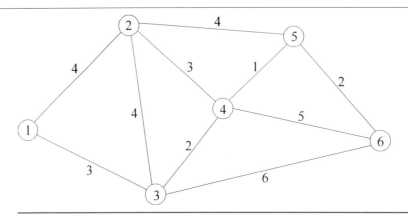

圖 11.8   迴路最短路徑問題之例題

$$f_2(3) = f_1(3) = 3$$

$$f_2(4) = \min[f_1(4), f_1(3) + d_{3,4}] = \min[\infty, 3 + 2] = 5$$

$$f_2(5) = \min[\infty, 3 + \infty] = \infty$$

$$f_2(6) = \min[\infty, 3 + 6] = 9$$

$$k_3 = 2, N_3 = \{1, 3, 2\}$$

$$f_3(1) = f_2(1) = 0$$

$$f_3(2) = f_2(2) = 4$$

$$f_3(3) = f_2(3) = 3$$

$$f_3(4) = \min[f_2(4), f_2(2) + d_{2,4}] = \min[5, 4 + 3] = 5$$

$$f_3(5) = \min[\infty, 4 + 4] = 8$$

$$f_3(6) = \min[9, 4 + \infty] = 9$$

$$k_4 = 4, N_4 = \{1, 3, 2, 4\}$$

$$f_4(1) = f_3(1) = 0$$

$$f_4(2) = f_3(2) = 4$$

$$f_4(3) = f_3(3) = 3$$

$$f_4(4) = f_3(4) = 5$$

$$f_4(5) = \min[8, 5 + 1] = 6$$

$$f_4(6) = \min[9, 5+5] = 9$$

$$k_5 = 5, N_5 = \{1, 3, 2, 4, 5\}$$

$$f_5(1) = f_4(1) = 0$$

$$f_5(2) = f_4(2) = 4$$

$$f_5(3) = f_4(3) = 3$$

$$f_5(4) = f_4(4) = 5$$

$$f_5(5) = f_4(5) = 6$$

$$f_5(6) = \min[9, 6+2] = 8$$

$$k_6 = 6, N_6 = \{1, 3, 2, 4, 5, 6\}$$

$$f_6(1) = f_5(1) = 0$$

$$f_6(2) = f_5(2) = 4$$

$$f_6(3) = f_5(3) = 3$$

$$f_6(4) = f_5(4) = 5$$

$$f_6(5) = f_5(5) = 6$$

$$f_6(6) = f_5(6) = 8$$

因此，由結點1至結點6的最短距離爲8，此結果與例8.1之結果完全相同。當然，由此我們亦得到了由結點1至其他結點的最短距離。　　□

11.6　驛馬車問題

某人欲由城市1自行開車前往城市10，其所可能經過的城市與各城市間的距離如圖11.9所示。此人應選擇那一條路徑，才能使得總距離最短？

此問題一般稱爲**驛馬車問題**(stagecoach problem)，爲Harvey M. Wagner所建立。原問題敘述一位淘金者欲由中部密蘇里州(Missouri state)到西部加州(California state)淘金，中途必須經過許多盜匪出沒的蠻荒之

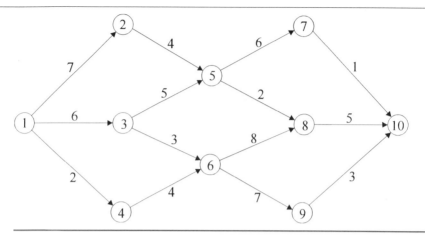

圖 11.9　　　驛馬車問題例題之圖

地。因為各中途站間的保險費與該路徑的危險性成正比,所以為求安全
起見,該淘金者擬選擇保險費最低的路線。

　　事實上,此問題屬於無迴路最短路徑問題,因此可用該問題的方法
求解。我們在此介紹此問題,主要是因為驛馬車問題是一個著名的動態
規畫問題,且頗適於說明動態規畫的一些特性與專有名詞。

　　在前面的最短路徑問題中,我們是以結點表示階段,但在驛馬車問
題中,結點是表示狀態。驛馬車問題的動態規畫陳式如下:

最佳值函數:

　　$f_i(s) =$ 在第 i 階段初,狀態為 s 時,由第 i 階段初至第 N 階段末的最
　　　　　　短距離

遞迴關係:

$$f_i(s) = \min_t [c_{s,t} + f_{i+1}(t)] \qquad i = N, N-1, ..., 1$$

邊界條件: $f_{N+1}(s) = 0$

答案: $f_1(s)$

　　為找出最佳路徑,我們可定義最佳策略函數如下:

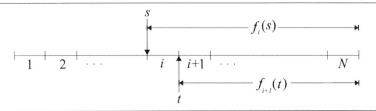

圖 11.10　　驛馬車問題動態規畫陳式之圖示

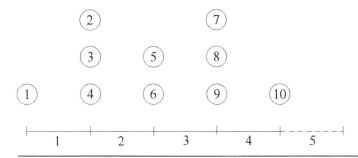

圖 11.11　　驛馬車問題例題之圖示

$p_i(s) =$ 在第 i 階段初，狀態爲 s 時，最佳路徑上之下一階段的狀態

此動態規畫陳式的意義可用圖 11.10 表示。我們稱表示階段的變數 i 爲**階段變數** (stage variable)，表示狀態的變數 s 與 t 爲**狀態變數** (state variable)。當以圖形表示動態規畫的各階段與各階段上的狀態時，最好養成將階段變數置於該階段中間的習慣，因爲如此將可明確地區分階段初與階段末。

例 11.5：考慮圖 11.9 之驛馬車問題。其階段與狀態如圖 11.11 所示。應用以上動態規畫模式可得

$$f_5(10) = 0$$
$$f_4(7) = c_{7,10} + f_5(10) = 1 + 0 = 1 \qquad p_4(7) = 10$$
$$f_4(8) = c_{8,10} + f_5(10) = 5 + 0 = 5 \qquad p_4(8) = 10$$
$$f_4(9) = c_{9,10} + f_5(10) = 3 + 0 = 3 \qquad p_4(9) = 10$$
$$f_3(5) = \min[c_{5,7} + f_4(7), c_{5,8} + f_4(8)]$$

$$= \min[6+1, 2+5] = 7 \qquad p_3(5) = 7 \text{ 或 } 8$$

$$f_3(6) = \min[c_{6,8} + f_4(8), c_{6,9} + f_4(9)]$$

$$= \min[8+5, 7+3] = 10 \qquad p_3(6) = 9$$

$$f_2(2) = c_{2,5} + f_3(5) = 4 + 7 = 11 \quad p_2(2) = 5$$

$$f_2(3) = \min[c_{3,5} + f_3(5), c_{3,6} + f_3(6)]$$

$$= \min[5+7, 3+10] = 12 \qquad p_2(3) = 5$$

$$f_2(4) = c_{4,6} + f_3(6) = 4 + 10 = 14 \quad p_2(4) = 6$$

$$f_1(1) = \min[c_{1,2} + f_2(2), c_{1,3} + f_2(3), c_{1,4} + f_2(4)]$$

$$= \min[7+11, 6+12, 2+14] = 16 \qquad p_1(1) = 4$$

因此，最短路徑之長度爲16。由最佳方針函數可得：$p_1(1) = 4, p_2(4) = 6, p_3(6) = 9, p_4(9) = 10$，故最短路徑爲 1-4-6-9-10。 □

11.7　資源分配問題

資源分配問題(resource allocation problem) 可敘述如下：考慮將某資源分配給 n 個活動 (activity)。讓 $r_i(x_i)$ 爲對活動 i 投入 x_i ($x_i = 0, 1, ..., X$) 單位資源所產生的收益。（資源投入越多，所產生的收益越大，但不一定成比例。）若總資源爲 X，則應如何分配，才能使得所獲得的總收益最大？此問題可用以下的整數規畫模式表示：

$$\text{極大化} \quad \sum_{i=1}^{n} r_i(x_i)$$

$$\text{受限於} \quad \sum_{i=1}^{n} x_i = X$$

$$x_i = 0, 1, 2, ...$$

很明顯地，若 $r_i(x_i)$ 爲線性，且 x_i 爲實數，則此問題可用整數線性規畫求解。

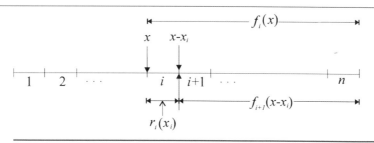

圖 11.12　資源分配問題動態規畫陳式之圖示

　　我們考慮如何將此問題以動態規畫求解。很明顯地,我們可讓活動種類 i 為階段變數。在每一階段上有各種不同的狀態,因此可讓在各階段初所剩餘的資源為該階段的狀態。假設第 i 階段初尚有 x 單位資源,若投資 x_i 單位至第 i 階段,則在第 $i+1$ 階段初將剩下 $(x-x_i)$ 單位的資源。其階段、狀態及遞迴關係可用圖 11.12 表示。根據此圖,我們可很容易地寫出其動態規畫模式如下:

最佳值函數:

　　$f_i(x) =$ 於第 i 階段初尚有 x 單位資源可供分配時,由第 i 階段初至第
　　　　　　n 階段末可獲得的最大收益。

遞迴關係:

$$f_i(x) = \max_{x_i=0,1,...,x} [r_i(x_i) + f_{i+1}(x-x_i)] \qquad i = n-1, ..., 1; \quad x = 0, 1, ..., X$$

邊界條件: $f_n(x) = r_n(x) \qquad x = 0, 1, ..., X$

答案: $f_1(X)$

例 11.6 : 某公司有三個行銷區。該公司最近新進了 6 位業務員,皆已受訓完畢,並等候分發至此三個行銷區。各行銷區對於分配不同人數的業

表11.2　　資源分配問題例題之資料（單位：百萬元）

業務員人數	$r_1(x_1)$	$r_2(x_2)$	$r_3(x_3)$
0	0	0	0
1	3	2	3
2	5	4	4
3	7	8	5
4	8	10	7
5	12	11	12
6	14	13	15

務員所預期增加的月銷售額如表11.2所示。該公司應如何分配，才能使得總銷售額增加最多？

根據邊界條件可得

$$f_3(0) = 0 \quad f_3(1) = 3 \quad f_3(2) = 4 \quad f_3(3) = 5$$
$$f_3(4) = 7 \quad f_3(5) = 12 \quad f_3(6) = 15$$

應用遞迴關係可得

$$f_2(0) = 0 \qquad p_2(0) = 0$$
$$f_2(1) = \max[0+3, 2+0] = 3 \qquad p_2(1) = 0$$
$$f_2(2) = \max[0+4, 2+3, 4+0] = 5 \qquad p_2(2) = 1$$
$$f_2(3) = \max[0+5, 2+4, 4+3, 8+0] = 8 \qquad p_2(3) = 3$$
$$f_2(4) = \max[0+7, 2+5, 4+4, 8+3, 10+0] = 11 \qquad p_2(4) = 3$$
$$f_2(5) = \max[0+12, 2+7, 4+5, 8+4, 10+3, 11+0] = 13 \qquad p_2(5) = 4$$
$$f_2(6) = \max[0+15, 2+12, 4+7, 8+5, 10+4, 11+3, 13+0] = 15$$
$$p_2(6) = 0$$

$$f_1(6) = \max[0 + 15, 3 + 13, 5 + 11, 7 + 8, 8 + 5, 12 + 3, 14 + 0] = 16$$
$$p_1(6) = 1 \ 或 \ 2$$

因此，最大總收益為 16。因 $p_1(6) = 1$ 或 2，故若 $p_1(6) = 1$，則可得 $p_2(5) = 4, p_3(1) = 1$；若 $p_1(6) = 2$，則可得 $p_2(4) = 3, p_3(1) = 1$。此兩種分配方式均可產生最大總收益 16（即：1600 萬元）。 □

11.8 設備更換問題

設備更換問題(equipment replacement problem) 可敘述如下。在未來的 n 期（如年或月）內，我們必須擁有某項設備。該項設備的維修操作成本隨著年齡的增加而增加，因此當設備老舊時，我們會考慮更換此項設備。更換設備須支付購買新設備的價格，但可用舊設備抵購，抵購價值 (trade-in value) 隨著年齡的增加而減少。於 n 期末，此設備可以殘值 (salvage value) 售出；殘值依年齡增加而減少。在此情況下，我們應於那一期或那幾期更換設備？

欲下此決策，我們需要以下有關該項設備的資料：

$n =$ 期數

$y =$ 設備目前年齡

$p =$ 新設備價格

$c(x) =$ 期初設備年齡為 x 年時的年維修操作成本

$t(x) =$ 期初設備年齡為 x 年時的抵購價值

$s(x) =$ 期初設備年齡為 x 年時的殘值

我們考慮如何將此問題以動態規畫模式求解。很明顯地，我們可讓期數 i 為階段變數。在每一期上有各種不同的狀態，因此可讓設備於各期期初的年齡 x 為該期的狀態。假設第 i 期期初設備年齡為 x，若於該年

更換，則於第 $i+1$ 期期初，設備年齡將為1年；若該年不更換而繼續使用，則於第 $i+1$ 期期初，設備年齡將為 $x+1$ 年。由以上的討論，我們可將設備更換問題以下列的動態規畫陳式表示：

最佳值函數：

$f_i(x) =$ 當設備於第 i 期期初年齡為 x 年時，由第 i 期期初至第 n 期期末之最低成本。

遞迴關係：

$$f_i(x) = \min \begin{cases} p - t(x) + c(0) + f_{i+1}(1) & \text{如果 } p_i(x) = \text{R} \\ c(x) + f_{i+1}(x+1) & \text{如果 } p_i(x) = \text{NR} \end{cases}$$

$$i = n, n-1, ..., 1; x = 1, ..., i-1, i-1+y$$

其中 $p_i(x)$ 為當設備於第 i 期期初年齡為 x 年時的最佳方針函數。若其為R，則表示更換；若其為NR，則表示不更換。

邊界條件： $f_{n+1}(x) = -s(x)$　　$x = 1, ..., n, n+y$

答案： $f_1(y)$

值得注意的是，在邊界條件中，x 的可能值為 $1, ..., n, n+y$，當其為 $n+y$ 時，表示設備在此 n 期內完全沒被更換，故其於第 $n+1$ 期期初（即：第 n 期期末）之年齡為 $n+y$。同理，在遞迴函數中，x 的可能值為 $1, ..., i-1, i-1+y$.

例11.7：某公司擁有一台黑白印刷機。目前此印刷機已使用2年，預期六年之後，公司將改採用彩色印刷機，所以屆時不論印刷機的狀況如何都將以殘值變賣。由於此台印刷機使用頻繁，所以折舊的很快，且維修操作成本逐年增加，因此該公司有可能在這六年期間內更換印刷機。新

表 11.3　　設備更換問題例題之資料（單位：萬元）

i	$c(i)$	$t(i)$	$s(i)$
0	7	-	-
1	9	35	28
2	11	28	20
3	14	19	15
4	25	15	8
5	32	0	0
6	38	0	0
7	46	0	0

印刷機的售價為45萬元，其餘相關資料如表11.3所示。在此情況下，該公司應於那一期或那幾期更換印刷機？

根據邊界條件可得

$$f_7(1) = -28 \quad f_7(2) = -20 \quad f_7(3) = -15 \quad f_7(4) = -8$$
$$f_7(5) = 0 \quad f_7(6) = 0 \quad f_7(8) = 0$$

應用遞迴關係可得

$$f_6(1) = \min \begin{cases} 45 - 35 + 7 + f_7(1) \\ 9 + f_7(2) \end{cases} = \min \begin{cases} -11 \\ -11 \end{cases} = -11$$
$$p_6(1) = \text{R 或 N}$$

$$f_6(2) = \min \begin{cases} 45 - 28 + 7 + f_7(1) \\ 11 + f_7(3) \end{cases} = \min \begin{cases} -4 \\ -4 \end{cases} = -4 \quad p_6(2) = \text{R 或 N}$$

$$f_6(3) = \min \begin{cases} 5 \\ 6 \end{cases} = 5 \quad p_6(3) = \text{R}$$

$$f_6(4) = \min \begin{cases} 9 \\ 25 \end{cases} = 9 \quad p_6(4) = \text{R}$$

$$f_6(5) = \min \begin{cases} 24 \\ 32 \end{cases} = 24 \quad p_6(5) = \text{R}$$

$$f_6(7) = \min \begin{cases} 24 \\ 46 \end{cases} = 24 \quad p_6(6) = \text{R}$$

$$f_5(1) = \min \begin{cases} 45 - 35 + 7 + f_6(1) \\ 9 + f_6(2) \end{cases} = \min \begin{cases} 6 \\ 5 \end{cases} = 5 \qquad p_5(1) = \text{N}$$

$$f_5(2) = \min \begin{cases} 13 \\ 16 \end{cases} = 13 \qquad p_5(2) = \text{R}$$

$$f_5(3) = \min \begin{cases} 22 \\ 23 \end{cases} = 22 \qquad p_5(3) = \text{R}$$

$$f_5(4) = \min \begin{cases} 26 \\ 49 \end{cases} = 26 \qquad p_5(4) = \text{R}$$

$$f_5(6) = \min \begin{cases} 41 \\ 62 \end{cases} = 41 \qquad p_5(6) = \text{R}$$

$$f_4(1) = \min \begin{cases} 22 \\ 22 \end{cases} = 22 \qquad p_4(1) = \text{R 或 N}$$

$$f_4(2) = \min \begin{cases} 29 \\ 33 \end{cases} = 29 \qquad p_4(2) = \text{R}$$

$$f_4(3) = \min \begin{cases} 38 \\ 40 \end{cases} = 38 \qquad p_4(3) = \text{R}$$

$$f_4(5) = \min \begin{cases} 57 \\ 73 \end{cases} = 57 \qquad p_4(5) = \text{R}$$

$$f_3(1) = \min \begin{cases} 37 \\ 38 \end{cases} = 37 \qquad p_3(1) = \text{R}$$

$$f_3(2) = \min \begin{cases} 44 \\ 49 \end{cases} = 44 \qquad p_3(2) = \text{R}$$

$$f_3(4) = \min \begin{cases} 57 \\ 82 \end{cases} = 57 \qquad p_3(4) = \text{R}$$

$$f_2(1) = \min \begin{cases} 51 \\ 53 \end{cases} = 51 \qquad p_2(1) = \text{R}$$

$$f_2(3) = \min \begin{cases} 67 \\ 71 \end{cases} = 67 \qquad p_2(3) = \text{R}$$

$$f_1(2) = \min \begin{cases} 75 \\ 78 \end{cases} = 75 \qquad p_1(2) = \text{R}$$

最佳更換決策可由最佳方針函數推導如下：因 $p_1(2) = \text{R}$，故第一年更換。第二年設備年齡為1年，因 $p_2(1) = \text{R}$，故第二年更換。第三年設備年齡為1年，因 $p_3(1) = \text{R}$，故第三年更換。第四年設備年齡為1年，因 $p_4(1) = \text{R 或 N}$，故第四年可更換亦可不更換。若更換則於第五年設備年齡為1年，因 $p_5(1) = \text{N}$，故第五年不更換；若不更換則於第五年設備年齡為2年，因 $p_5(2) = \text{R}$，故第五年更換。以此方式繼續做下去可得，不論第五年是否更換，第六年均可更換亦可不更換。因此，最佳更換決策有四組：(R, R, R, R, N, R)、(R, R, R, R, N, N)、(R, R, R, N, R, R)、或 (R, R, R, N, R, N)。由 $f_1(2) = 75$，可知總成本為75萬元。　　□

11.9　連續狀態問題

到目前爲止，本章所有問題的狀態變數均爲離散的 (discrete)。事實上，動態規畫亦可處理狀態變數爲連續的 (continuous) 情況。考慮以下非線性規畫問題：

$$\text{極大化}\quad Z = h_1(x_1)h_2(x_2)\cdots h_n(x_n)$$

$$\text{受限於}\quad g_1(x_1) + g_2(x_2) + \cdots + g_n(x_n) \leq X$$

$$x_i \geq 0, i = 1, 2, ..., n$$

其中 $h_i(x_i)$ 與 $g_i(x_i)$ 爲 x_i 的函數，且均 ≥ 0。

此問題亦屬於資源分配問題，但遞迴關係與11.7節之遞迴關係稍有差異。此問題的動態規畫陳式如下：

最佳值函數：

$f_i(x) = $ 於第 i 階段初有 x 單位資源可供分配時，由第 i 階段初至第 n 階段末可得到的最大目標值。

遞迴關係：

$$f_i(x) = \max_{g_i(x_i) \leq x} [h_i(x_i)f_{i+1}(x - g_i(x_i)]\quad i = n-1, ..., 1;\ \ x \leq X$$

邊界條件：$f_n(x) = h_n(x)\qquad x \leq X$

答案：$f_1(X)$

例11.8：考慮以下非線性規畫問題：

$$\text{極大化}\quad Z = x_1 x_2$$

$$\text{受限於}\quad x_1^2 + x_2 \leq 3$$

$$x_1, x_2 \geq 0$$

根據邊界條件可得

$$f_2(x) = x \qquad p_2(x) = x$$

根據遞迴關係與答案可得

$$\begin{aligned}
f_1(3) &= \max_{x_1^2 \leq 3}\{x_1 f_2(3 - x_1^2)\} \\
&= \max_{x_1^2 \leq 3}\{x_1(3 - x_1^2)\} \\
&= \max_{x_1^2 \leq 3}\{3x_1 - x_1^3\}
\end{aligned}$$

讓 $g(x_1) = 3x_1 - x_1^3$，則

$$\frac{dg(x_1)}{dx_1} = 3 - 3x_1^2$$

設其值為 0，可得 $x_1 = 1$ 或 -1。雖 $x_1 = 1$ 或 -1 均滿足 $x_1^2 \leq 3$，但 x_1 為非負值，所以 $x_1 \neq -1$。因

$$\frac{d^2 g(x_1)}{dx_1^2} = -6x_1$$

所以當 $x_1 = 1$ 時，$d^2 g(x_1)/dx_1^2 = -6 < 0$。因為 $x_1 = 1$ 為極大點，所以 $x_1 = 1, Z = f_1(3) = 3(1) - 1^3 = 2$。由 $p_2(x) = x$ 可得 $x_2 = 3 - 1^2 = 2$。

$\square$

11.10 機率性動態規畫

到目前為止，本章所有問題的狀態均為確定性的 (deterministic)，事實上，動態規畫亦可處理狀態為機率性的 (probabilistic) 情況。在機率性動態規畫中，一個決策將會導致數個可能的結果，而每一種結果皆有一個已知的機率。

例11.9：某工廠接獲一個訂單，此訂單僅要求生產3個特殊產品。該產品之每批設置成本(setup cost)為\$5,000，單位生產成本為\$2,000元。顧客對於此產品的品質水準要求相當高，以致每個生產出來的產品可被接受的機率僅為1/3。由於訂單緊急，從現在開始至到期日的這段時間內，最多僅允許生產4個批次。若無法於到期日準時交貨，每單位須罰款\$30,000。該工廠在所允許的四個生產批次中，每批次應生產多少個，才能使總成本最低？

此問題可以用以下的動態規畫陳式表示：

最佳值函數：

$f_i(x) = $ 於第 i 階段初仍需要生產 x 個產品時，由第 i 階段初至第 n 階段末的最低成本。

遞迴關係：

$$f_i(x) = \min_{x_i=0,1,\ldots} \left[c + 2000x_i + \sum_{j=0}^{x_i} \binom{x_i}{j} \left(\frac{1}{3}\right)^j \left(\frac{2}{3}\right)^{x_i-j} f_{i+1}(x-j) \right]$$

$$i = n, n-1, \ldots, 1; \; x = 0, 1, \ldots, 3$$

且 $f_i(x) = 0$ ，若 $x < 0$ 。其中

$$c = \begin{cases} 0 & \text{如果 } x_i = 0 \\ 5000 & \text{如果 } x_i \geq 1 \end{cases}$$

邊界條件：$f_{n+1}(x) = 30000x$ 　　$x = 0, 1, \ldots, 3$

答案：$f_1(3)$

茲說明此陳式。考慮遞迴關係。若於第 i 階段初仍需要生產 x 個產品，則第 i 階段的生產個數 x_i 有可能為 $0, 1, \ldots, x$ 。若生產 x_i $(x_i \geq 1)$ 個，則生產成本為 \$5000 + \$2000× x_i ；若不生產，則生產成本為0。在所生產的 x_i 個產品中，若 j $(j \leq x_i)$ 個被接受（其機率為二項式隨機變數 [binomial random variable]），則在第 $i+1$ 階段初，仍需要生產 $x-j$ 個

產品。在邊界條件中,若於到期日(第$n+1$階段初)仍有x個尚未生產,則每單位須罰款30000。 □

在習題3中,我們將要求讀者實際以數字帶入此動帶規畫陳式求解。

11.11 習題

1. 某業務員必須拜訪位於4個不同城市的顧客。各城市間的距離如表11.4所示。該業務員由城市1出發,必須經過每個城市且僅能經過一次,然後回到城市1。他(或她)應如何安排經過城市的順序,才能使得所經過的距離最短?

表11.4 習題1之表

		j			
		1	2	3	4
	1	0	2	5	4
i	2	3	0	5	3
	3	6	4	0	1
	4	5	4	1	0

此問題稱為旅行業務員問題(traveling-salesman problem)。欲以動態規畫解此問題,我們可讓N_j為不包含城市1與城市j之集合,並讓S為包含N_j中i個城市的子集合,則最佳值函數可定義如下:

$f_i(j, S) = $ 當僅能經過S中i個城市的情況下,由城市1至城市j最短路徑的距離

(a) 根據以上最佳值函數的定義,寫出遞迴關係、邊界條件與答案。

(b) 以(a)之動態規畫陳式求解表11.4之最佳城市經過順序。

2. 某貨櫃之總重量限制爲100。今有四類物品欲裝入此貨櫃，此四類物品的數量均相當多，故各類物品可裝入此貨櫃的數量可視爲無限。各類物品之單位重量與價值如表11.5所示。各類物品分別應裝多少，才能使得總該貨櫃所裝載物品的總價值最高？（此問題稱爲**貨物裝載問題**[cargo-loading problem]，亦稱爲**背包問題**[knapsack problem]。）

表11.5　習題2之表

物品種類	物品單位重量 w_i	物品單位價值 v_i
1	4	9
2	3	6
3	6	11
4	5	12

(a) 將此問題以動態規畫程式表示出來。

(b) 以(a)之動態規畫程式求解表11.5之最佳貨物裝載方式。

3. 以數字帶入11.10節之機率性動態規畫陳式求解。

4. 某城市最近犯罪率逐漸上升，因此該市警察局長擬增派五組巡邏隊至三個犯罪率最高的區域（區域A、B、C）。各區域對於分配不同組數的巡邏隊所預期減少的犯罪案件如表11.6所示。該市警察局長應如何分配，才能使得總犯罪率下降最多？

5. 以動態規畫求解以下非線性規畫問題：

$$極大化 \quad Z = x_1 x_2^2 x_3$$

表11.6 習題4之表

增派巡邏隊組數	區域 A	區域 B	區域 C
0	0	0	0
1	6	2	4
2	7	3	5
3	9	8	7
4	10	10	8
5	11	13	9

受限於 $\qquad x_1^2 + x_2 + 2x_3 \leq 10$

$$x_1, x_2, x_3 \geq 0$$

6. 考慮圖11.13所示之最短路徑問題。此問題之網路是否為無迴路網路？以本章中所介紹最有效的方法，決定由最左邊結點至最右邊結點的最短距離。

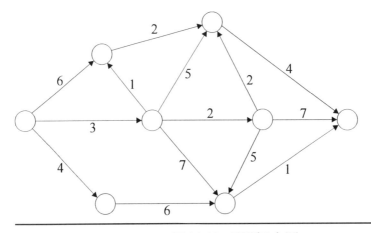

圖11.13 習題6之圖

7. 考慮圖11.14所示之最短路徑問題。此問題之網路是否爲無迴路網路?以本章中所介紹最有效的方法,決定由最左邊結點至最右邊結點的最短距離。

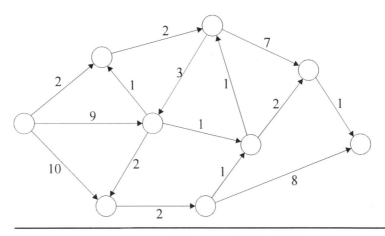

圖11.14 習題7之圖

8. 以11.8節之動態規畫陳式求解設備更換問題的計算效率爲何(需要多少加、多少比較)?若以全部列舉法求解,則其計算效率爲何?

9. 考慮圖11.15之網路。

(a) 以驛馬車之動態規畫陳式求解此問題。

(b) 以無迴路最短路徑之動態規畫陳式求解此問題。

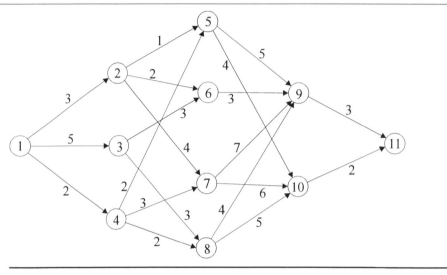

圖11.15　習題9之圖

第十二章
整數規畫

本章大綱

一般所稱的**整數規畫**(integer programming [IP])是指**整數線性規畫**(integer linear programming [ILP]),其與線性規畫的差異僅在於其要求某些或全部變數必須是整數。若所有的變數均限制為整數,則此整數規畫稱為**純整數規畫**(pure integer programming [PIP])。若僅有某些變數被限制為整數,有些變數仍可為實數,則此整數規畫稱為**混整數規畫**(mixed integer programming [MIP])。若一個整數變數僅能為0或1,則此變數稱為**二元變數**(binary variable;或稱*0-1變數*)。在純整數規畫中,若所有變數均必須為二元變數,則此純整數規畫稱為**二元整數規畫**(binary integer programming; [BIP])或**0-1整數規畫**(0-1 integer programming)。

本章的內容安排如下。12.1節首先介紹如何將一些特別的限制條件以0-1整數或一般整數限制式表達。12.2節討論在整數規畫的求解方法中扮演相當重要角色的分枝界限法。12.3節與12.4節則分別討論純二元整數規畫與混整數規畫的求解方法。

12.1　整數規畫陳式的應用

如前所述,整數規畫與線性規畫的差異僅在於其要求某些或全部變數必須是整數,而這些整數只能是以下兩種形式:

1. $x_i = 0$ 或 1
2. $x_i = 0, 1, 2, ...$

由於在線性規畫中已有非負限制式($x_i \geq 0$),所以第二種形式僅需寫為

$$x_i \text{ 為整數}$$

因此,雖然在整數規畫陳式中,一般整數限制(即:第二種)是指正整數,但因線性規畫中已有非負限制式,所以我們不必強調其爲正整數,而僅需指出其爲整數即可。

　　以下我們介紹八類被廣爲應用的整數規畫陳式。

1. 個別值變數
2. 批次問題
3. 固定成本
4. 兩個限制式中一個成立
5. r 個限制式中 k 個成立
6. 專案選擇
7. 背包問題
8. 從屬變數

個別值變數

在實際問題中,有時會要求變數 x_j 僅能是某幾個值,而這些值可以是整數,也可以是實數。例如:x_j 可以是鋼管的直徑,因爲鋼管直徑只有數種規格,所以 x_j 只能是某幾個值。

　　個別值變數的數學表達式如下:

$$x_j \in \{\alpha_1, \alpha_2, ..., \alpha_k\}$$

其中 α_i $(i = 1, 2, ..., k)$ 爲 x_j 的可能值。此條件可以寫成以下相等的 0-1 IP 陳式:

$$x_j = \alpha_1 y_1 + \alpha_1 y_2 + \cdots + \alpha_k y_k \tag{12.1}$$

$$y_1 + y_2 + \cdots + y_k = 1 \tag{12.2}$$

$$y_i = 0 \text{ 或 } 1, i = 1, 2, ..., k \tag{12.3}$$

在此陳式中，式(12.2)與(12.3)使得僅能有（也必須有）一個 y_i（以 $\hat{y}_i$ 表示）爲1，其餘均必須爲0，所以 x_j 即等於與 $\hat{y}_i$ 相乘之 α_i 值。

批次問題

在實際問題中，有時會要求變數 x_j 若不爲0則必須大於等於某個值。例如：讓 x_j 爲某產品的生產數量，由於此產品的設置成本頗高，所以若要生產則必須至少生產某一數量（批次[batch]）。

批次問題的數學表達式如下：

$$x_j = 0 \text{ 或 } x_j \geq l_j$$

其中 l_j 爲當 x_j 爲正值時的下限值(lower bound value)。此條件可以寫成以下相等的0-1 IP陳式：

$$x_j \geq l_j y_i \tag{12.4}$$

$$x_j \leq M y_i \tag{12.5}$$

$$y_i = 0 \text{ 或 } 1 \tag{12.6}$$

在此陳式中，當 $x_j = 0$ 時，$y_j = 0$；當 $x_j \geq l_j$ 時，$y_j = 1$。

固定成本

在實際問題中，有時會要求除了隨 x_j 值改變的變動成本外，尚有固定成本存在。若 $x_j = 0$，則此固定成本不會發生。亦即：

$$\text{成本} = \begin{cases} 0 & \text{如果 } x_j = 0 \\ f_j + c_j x_j & \text{如果 } x_j > 0 \end{cases}$$

此條件可以寫成以下相等的0-1 IP陳式：

$$\text{極小化} \qquad f_j y_i + c_j x_j$$

$$受限於 \qquad x_j \leq My_i$$

$$x_j \geq 0, y_i = 0 \text{ 或 } 1$$

根據限制式，當 $x_j = 0$ 時，$y_i = 0$ 或 1 均可，但目標函數會使得 $y_i = 0$（因其為極小化問題），故固定成本 f_j 不會發生。當 $x_j > 0$ 時，則 $y_i = 1$，故固定成本 f_j 會發生。

兩個限制式中一個成立

在實際問題中，有時會要求兩個限制式中僅其中一個成立，亦即：

$$a_{11}x_1 + a_{12}x_2 + \cdots + a_{1n}x_n \leq b_1$$

$$或 \; a_{21}x_1 + a_{22}x_2 + \cdots + a_{2n}x_n \leq b_2$$

此條件可以寫成以下相等的 0-1 IP 陳式

$$a_{11}x_1 + a_{12}x_2 + \cdots + a_{1n}x_n \leq b_1 + M(1 - y_i) \qquad (12.7)$$

$$a_{21}x_1 + a_{22}x_2 + \cdots + a_{2n}x_n \leq b_2 + My_i \qquad (12.8)$$

$$y_i = 0 \text{ 或 } 1$$

在此陳式中，當 $y_i = 0$ 時，則 (12.8) 成立；反之，當 $y_i = 1$ 時，則 (12.7) 成立。

r 個限制式中 k 個成立

在實際問題中，有時會要求以下 r 個限制式中僅其中 k 個成立：

$$a_{11}x_1 + a_{12}x_2 + \cdots + a_{1n}x_n \leq b_1$$

$$a_{21}x_1 + a_{22}x_2 + \cdots + a_{2n}x_n \leq b_2$$

$$\vdots$$

$$a_{r1}x_1 + a_{r2}x_2 + \cdots + a_{rn}x_n \leq b_r$$

此條件可以寫成以下相等的0-1 IP陳式：

$$a_{11}x_1 + a_{12}x_2 + \cdots + a_{1n}x_n \leq b_1 + My_1$$

$$a_{21}x_1 + a_{22}x_2 + \cdots + a_{2n}x_n \leq b_2 + My_2$$

$$\vdots$$

$$a_{r1}x_1 + a_{r2}x_2 + \cdots + a_{rn}x_n \leq b_r + My_r$$

$$y_1 + y_2 + \cdots + y_r = r - k$$

$$y_i = 0 \text{ 或 } 1, i = 1, 2, ..., r$$

在此陳式中，當 $y_i = 0$ 時，則其所在的限制式成立；反之，當 $y_i = 1$ 時，則其所在的限制式不成立。因等於1之 y_i 有 $r - k$ 個（亦即：等於0 之 y_i 有 k 個），所以有 k 個限制式成立。

專案選擇

專案選擇(project selection)問題是在總投資金額的限制下，由可投資的專案中選擇數個專案，以使得所獲得的總利潤最大。讓

$C =$ 總投資金額

$c_i =$ 投資專案 i 所需的金額

$p_i =$ 投資專案 i 可獲得的利潤

則專案選擇問題可用以下的0-1 IP表示：

$$\text{極大化} \quad p_1y_1 + p_2y_2 + \cdots + p_ny_n$$

$$\text{受限於} \quad c_1y_1 + c_2y_2 + \cdots + c_ny_n \leq C$$

$$y_i = 0 \text{ 或 } 1, i = 1, 2, ..., n$$

在此陳式中，若 $y_i = 1$，則其代表之專案可投資；反之，若 $y_i = 0$，則其代表之專案不應投資。

背包問題

背包問題(knapsack problem；又稱為**貨物裝載問題**[cargo loading problem]）是在總重量的限制下，由可裝載的物品中選擇其中數項，以使得所獲得的總價值最高。此問題亦可用動態規畫求解（見第11章習題第2題）。假設每項物品僅有1個，並讓

W ＝總重量限制

w_i ＝物品 i 的重量

v_i ＝物品 i 的價值

則背包問題可用以下的0-1 IP表示：

$$極大化 \quad v_1y_1 + v_2y_2 + \cdots + v_ny_n$$

$$受限於 \quad w_1y_1 + w_2y_2 + \cdots + w_ny_n \leq W$$

$$y_i = 0 \text{ 或 } 1, i = 1, 2, ..., n$$

在此陳式中，若 $y_i = 1$，則其代表之物品被選中；反之，若 $y_i = 0$，則其代表之物品未被選中。

從屬變數

在實際問題中，由於從屬間的關係，有時會要求若選擇某方案才可選擇另一方案。例如：若要求選擇方案一才可選擇方案二（亦即：若不選擇方案一則不可選擇方案二），則我們可讓

$$y_i = \begin{cases} 1 & \text{如果選擇方案} i \\ 0 & \text{如果不選擇方案} i \end{cases}$$

此條件則可寫成以下相等的0-1 IP陳式

$$y_2 - y_1 \leq 0$$

$$y_1, y_2 = 0 \text{ 或 } 1$$

因此，當 $y_1 = 0$ 時，y_2 必為0；而當 $y_1 = 1$ 時，y_2 可為1亦可為0。

12.2　分枝界限法

在本節中，我們將討論在整數規畫的求解方法中，扮演相當重要角色的分枝界限法。**分枝界限法**(branch-and-bound method)是組合最佳化(combinatorial optimization)的有效求解方法，其步驟可用圖12.1所示之流程圖予以說明。此流程圖係針對極小化問題。

首先，設定目前最佳解(incumbent)之值 Z 為 ∞。接著根據分枝法則（branching rule；或稱**結點選擇法則**[node selection rule]），由尚未被洞悉(fathomed)的**結點**（node；或稱**局部解**[partial solution]）中選擇一個結點，並將此結點在下一**階層**(level)中分為幾個新的結點。然後，對每一個新分枝出來的結點計算其LB（lower bound；**下限值**）。最後，我們對每一個結點進行洞悉條件測試。若一個結點滿足以下任何一個條件，則此結點即可被洞悉而不必再被考慮：

1. 此結點之LB大於等於 Z 值。
2. 已找到在此結點中具最小LB之可行解。
3. 此結點不可能包含可行解。

若條件2成立，則需比較此可行解之值與目前之 Z 值。若此可行解之值較小，則需更新目前之最佳解，並讓其 Z 值等於此可行解之值，然後再重新測試條件1。經過此**刪除的**(pruning)作業，若仍有尚未被洞悉之結

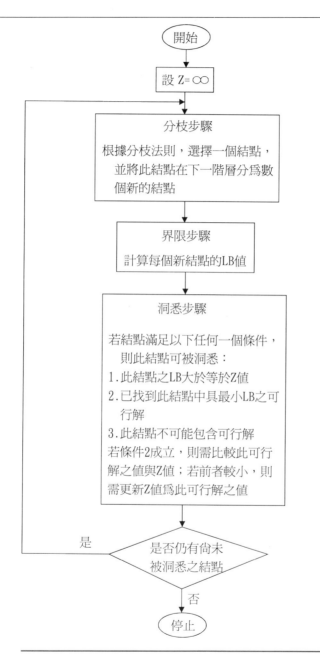

圖 12.1　　分枝界限法之流程圖

點,則回到分枝步驟;否則程序停止,而所得到的目前最佳解即爲此問題的最佳解。

以上的程序是針對極小化問題,若爲極大化問題,則需做以下的三點修正:

1. 在起始步驟中,讓 $Z = -\infty$。

2. 所有LB改爲UB。

3. 在洞悉步驟中,條件1之大於等於改爲小於等於。

4. 目前最佳解的更新條件改爲:若此可行解之值較大。

一般而言,分枝界限法有兩個常用的分枝法則:**最佳界限法**(best bound rule)及**最新界限法**(newest bound rule)。最佳界限法是選擇具最佳界限的結點作爲分枝結點,因爲此結點似乎(但不是一定)最有可能包含最佳解。(對於極小化問題,最佳界限值爲最小UB;對於極大化問題,最佳界限值爲最大UB。)最新界限法是選擇最新(最近)被分枝出來的結點作爲分枝結點。此法則的優點是所需記憶的空間大幅減少,同時可較有效率地利用上一階層結點的界限值計算新的界限值(因爲此兩界限值的差異不大)。

例12.1:在第七章的指派問題中,我們曾以匈牙利法求解機器放置位置的問題(見指派問題的典型問題)。現在,我們以分枝界限法求解此問題。此問題之機器放置位置評分表如表12.1所示(分數越高代表物料搬運與流動的頻率越高)。

茲分分枝、界限、洞悉三個步驟說明以分枝界限法求解指派問題的程序。

分枝步驟:採用最佳界限法或最新界限法。在以下例題中,我們將採用最佳界限法。

界限步驟:

表12.1   例12.1之資料

		位置			
		L1	L2	L3	L4
	M1	9	4	2	4
機器	M2	5	3	8	7
	M3	3	8	2	3
	M4	6	1	6	7

下限值＝ 局部解之值＋在不考慮已被指派之行的情況下，各未被指派列最小值的總和

洞悉步驟：

1. 此結點之LB大於等於Z值。
2. 機器與位置為一對一的指派，亦即：已找到在此結點中具最小LB之可行解。

根據以上分枝界限演算法，可得圖12.2所示之**分枝樹**(branching tree)，其中結點旁為其LB及所滿足之洞悉條件。

以下，我們將詳細說明此問題的演算過程。首先，讓$Z = \infty$，讓階層代表位置，並將起始結點在第一階層分為M1、M2、M3、及M4四個結點，分別代表將此四部機器指派到第一個位置。接著計算各結點之LB。例如：結點M1之LB為

$$9 + 3 + 2 + 1 = 15$$

然後，對各結點測試洞悉條件。因目前之$Z = \infty$，所以均不會滿足條件1。經過測試，四個結點亦均不滿足條件2。例如：結點M1之LB計算所對應的指派為：M1-L1, M2-L2, M3-L3, M4-L2，此不是一對一的指

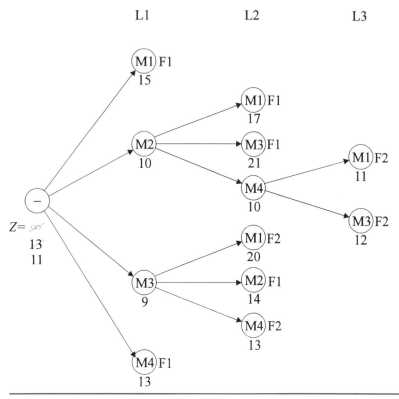

圖 12.2　　機器放置位置例題之分枝樹

派。接著，選擇 LB 值最小的結點(L1-M3)作爲分枝結點。將此結點在第
二階層分爲 M1, M2, M4 三個新結點，並計算各結點之 LB。此時，結點
M1 與 M4 均滿足洞悉條件 2，故可被洞悉。我們比較 M4 之 LB（因其值
較 M1 之 LB 值小）值與目前之 Z 值，因前者較小，故將 Z 值更新爲此結
點之 LB 值 13。接著以更新後的 Z 值重新對各結點測試洞悉條件 1。此時
，在第一階層中，結點 M1 及 M4 可被洞悉；在第二階層中，結點 M2 可
被洞悉。因爲此時仍有尚未被洞悉的結點（第一階層之 M2），故需繼
續做下去。最後可得圖 12.2 所示之結果。由最後之 Z 值可知最佳值爲 11
，其指派方式爲 L1-M2, L2-M4, L3-M1, L4-M3。　　　　　　　　　　□

12.3　純二元整數規畫

任何整數均可用二元的 (binary) 形式表示出來，因為任何一個整數 x 均可表示如下：

$$x = \sum_{i=0}^{N} 2^i y_i$$

$$y_i = 0 \text{ 或 } 1, \forall i$$

其中

$$2^N \leq x < 2^{N+1}$$

例如：讓 $x = 0, 1, ..., 10$。因為

$$2^3 \leq 10 < 2^4$$

所以

$$x = \sum_{i=0}^{3} 2^i y_i$$
$$= y_0 + 2y_1 + 4y_2 + 8y_3$$

$$y_i = 0 \text{ 或 } 1, \forall i$$

因此，在理論上，如果我們可以很有效率地求解純二元整數規畫問題，則我們就可解所有整數規畫（含混整數規畫）的問題。然而，由於將整數轉換為0-1整數時，有時會需要很多額外的0-1整數（尤其當此整數的可能值相當大時），所以實際上我們並不一定會以純二元整數規畫的方法求解混整數規畫問題，而經常會用專門適合求解混整數規畫的方法。

接下來，我們探討一個著名的0-1整數規畫的有效求解方法——Balas演算法。欲以Balas演算法求解問題，首先必須將0-1整數規畫模式改寫為以下的形式：

$$極小化 \quad Z = \sum_{j=1}^{n} c_j x_j$$

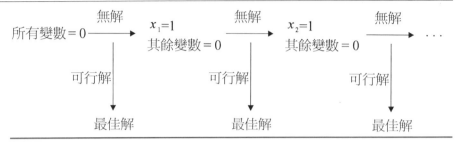

圖 12.3　Balas 演算法的基本想法

$$受限於 \qquad \sum_{j=1}^{n} a_{ij}x_j \geq b_i \qquad i = 1, 2, ..., m$$

$$x_j = 0 \text{ 或 } 1, \forall j$$

其中 $0 \leq c_1 \leq c_2 \leq \cdots \leq c_n$，且 b_i 允許爲負值。若存在 $c_j < 0$，則我們可用 $(1 - x'_j)$ 取代 x_j，此時 x'_j 的係數即爲正值。

　　Balas 演算法的基本想法是，在限制式允許的情況下，盡量不讓變數爲 1。當必須有變數爲 1 時，先考慮下標較小的變數，因其目標函數係數較小。此想法可用圖 12.3 表示。

　　以下，我們詳細說明 Balas 演算法的分枝、界限、洞悉三個步驟。

分枝步驟

我們可以採用最佳界限法或最新界限法。在以下的例題中，我們將採用最佳界限法。若局部解 $(x_1, x_2, ..., x_N)$ 爲被選擇的分枝結點（其中 N 爲已被指定之變數的數目），則將其分爲 $x_{N+1} = 0$ 及 $x_{N+1} = 1$ 兩個新結點。

界限步驟

結點 $(x_1, x_2, ..., x_N)$ 之 LB 計算如下：

$$
\text{LB} = \begin{cases} \displaystyle\sum_{j=1}^{N} c_j x_j & \text{如果 } x_N = 1 \\[3mm] \displaystyle\sum_{j=1}^{N-1} c_j x_j + c_{N+1} & \text{如果 } x_N = 0 \end{cases}
$$

亦即：若 $x_N = 1$，則所有尚未被指定變數之值均設爲 0；若 $x_N = 0$，則在所有尚未被指定之變數中，僅讓 x_{N+1} 之值爲 1，其餘均爲 0。這是因爲若讓所有尚未被指定之變數的值均爲 0，則結點 $x_N = 0$ 不可能被分枝出來（見以下洞悉條件 2）。

洞悉步驟

若任意一個結點滿足以下任何一個條件，則此結點可被洞悉。

1. LB $\geq$ Z

2. （測試此結點中的最佳可行解是否已被找到）

$$
\sum_{j=1}^{N} a_{ij} x_j + a_{i,N+1}(1 - x_N) \geq b_i \qquad \text{對所有限制式 } i
$$

3. （測試此結點中是否無解）

$$
\sum_{j=1}^{N} a_{ij} x_j + \sum_{j=N+1}^{n} \max\{a_{ij}, 0\} < b_i \qquad \text{對任何一個限制式 } i
$$

在洞悉條件 2，我們測試此結點中的最佳可行解是否已被找到，亦即：當 $x_N = 0$ 時，測試 $(x_1, x_2, ..., x_N, 1, 0, ..., 0)$ 是否爲可行解；當 $x_N = 1$ 時，測試 $(x_1, x_2, ..., x_N, 0, 0, ..., 0)$ 是否爲可行解。因爲若此用以計算 LB 值的結點爲可行解，則其即爲此結點中的最佳解。在洞悉條件 3，我們測試此結點中是否無解。這是因爲若存在一個限制式，即使讓所有尚未被指定且係數爲正的變數之值均爲 1 而仍無法滿足該限制式，則此結點

中的任何解將不可能滿足此限制式,所以此結點不可能包含任何可行解
(亦即:無解)。

例12.2:考慮以下純二元整數程式:

$$極小化 \quad Z = 2x_1 + 4x_2 + 5x_3 - 9x_4 + 12x_5$$

$$受限於 \quad -x_1 + 5x_2 - 2x_3 - 3x_4 - 3x_5 \geq 3$$

$$2x_1 + 3x_2 - 4x_3 + x_4 + x_5 \geq 4$$

$$x_i = 0 \text{ 或 } 1, i = 1, 2, ..., 5$$

因為 $c_4 < 0$,故讓 $x_4 = 1 - x_4'$,可得新的整數程式如下:

$$極小化 \quad Z' = 2x_1 + 4x_2 + 5x_3 + 9x_4' + 12x_5$$

$$受限於 \quad -x_1 + 5x_2 - 2x_3 + 3x_4' - 3x_5 \geq 6$$

$$2x_1 + 3x_2 - 4x_3 - x_4' + x_5 \geq 3$$

$$x_1, x_2, x_3, x_4', x_5 = 0 \text{ 或 } 1$$

其中 $Z' = Z + 9$。用 Balas 演算法求解,可得圖12.4所示之分枝樹,其中
結點旁為其 LB 與所滿足之洞悉條件。

　　以下,我們詳細說明演算過程。首先,讓 $Z' = \infty$,讓階層為 $x_1, x_2,$
x_3, x_4', x_5。然後,將起始結點分為 $x_1 = 0$ 及 $x_1 = 1$ 兩個結點,並計算各
結點之 LB。例如:結點 $x_1 = 0$ 之 LB 為

$$2(0) + 4(1) + 5(0) + 9(0) + 12(0) = 4$$

這是因為若 $x_1 = 0$,則其最好可能的解為 $\mathbf{x} = (0, 1, 0, 0, 0)$,而不是
$\mathbf{x} = (0, 0, 0, 0, 0)$,因為若是後者則 $x_1 = 0$ 不會被分枝出來,而已在上階
層被考慮過。再如,結點 $x_1 = 1$ 之 LB 為

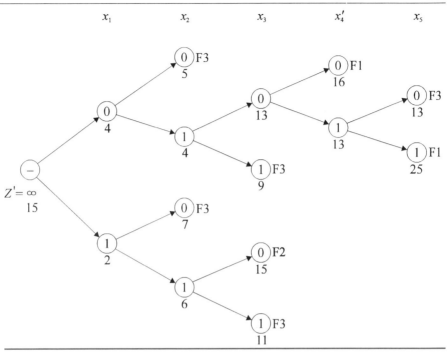

圖12.4　0-1整數規畫例題之分枝樹

$$2(1) + 4(0) + 5(0) + 9(0) + 12(0) = 2$$

因其最好可能的解爲 $\mathbf{x} = (1, 0, 0, 0, 0)$。此兩結點均不滿足任何洞悉條件，所以繼續選擇LB值最小的結點 $x_1 = 1$ 作爲分枝結點。將此結點在第二階層分爲 $x_2 = 0$ 與 $x_2 = 1$，並計算各結點之LB。此時，結點 $x_2 = 0$ 滿足洞悉條件3，因爲此結點所代表的局部解爲 $x_1 = 1, x_2 = 0$，而不論其餘尚未被指定值的變數（即：x_3, x'_4, x_5）爲何，均不可能滿足第一個限制式，所以結點 $x_2 = 0$ 不再被考慮。我們繼續按分枝、界限、洞悉三步驟作下去，直到結點 $x_1 = 1, x_2 = 1, x_3 = 0, x'_4 = 1$ 時。此結點滿足洞悉條件2（亦即：$\mathbf{x} = (1, 1, 0, 1, 0)$ 爲一個可行解），故更新 Z' 爲其LB值15。因爲所有結點均已被洞悉，所以目前的解即爲最佳解。因最後之 Z' 值爲

15 且 $\mathbf{x} = (1,1,0,1,0)$，故 $Z = Z' - 9 = 6$ 且還原後的 $\mathbf{x} = (1,1,0,0,0)$。

□

12.4　混整數規畫

如前所述，混整數規畫係指有些變數必須爲整數，有些變數仍可爲實數的整數規畫。以下，我們說明求解極小化混整數規畫問題之分枝、界限、洞悉三個步驟。

分枝步驟

我們可根據最佳界限法或最新界限法選擇一個分枝結點，此分枝結點至少有一個應爲整數但不是整數的變數。在應爲整數但不是整數的變數中，選擇其中一個變數 x_j（爲求一致起見，我們可選取下標最小者），並將此結點依據 x_j 分爲兩個結點。假設 $k < x_j < k+1$（k 爲整數），則此兩結點分別爲加入以下限制式之結點：

1. $x_j \leq k$
2. $x_j \geq k+1$

值得注意的是，將原結點分爲此兩個新的結點並不會失去任何整數可行解。

界限步驟

加上一個新的限制式後，用對偶單純法求解結點所代表的線性規畫模式（見6.1節），所得到的目標函數值即爲此結點之LB。

洞悉步驟

若任意一個結點滿足以下任何一個條件，則此結點可被洞悉。

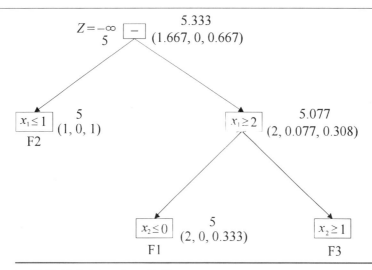

圖12.5　　混整數規畫例題之分枝樹

1. $LB \geq Z$。

2. 所有應爲整數之變數均爲整數。

3. 無解。

以上的求解程序是針對極小化問題，若爲極大化問題，則需稍做適當的修改。

例12.3：考慮以下混整數規畫問題：

$$\text{極大化} \quad Z = 2x_1 + 2x_2 + 3x_3$$

$$\text{受限於} \quad 3x_1 + x_2 + 3x_3 \leq 7$$

$$x_1 + 5x_2 + 2x_3 \leq 3$$

$$2x_1 + 3x_2 + 3x_3 \leq 8$$

$$x_1, x_2, x_3 \geq 0 \text{ 且爲整數}$$

用以上分枝界限演算法求解，可得圖12.5所示之分枝樹，其中結點旁爲其UB、UB所相對之解及其所滿足之洞悉條件。

以下，我們詳細說明演算過程。首先，讓 $Z = -\infty$（因爲此問題爲極大化問題），並讓起始結點代表原問題。以單純法解之可得 $x_1 = 1.667, x_2 = 0, x_3 = 0.667, \text{UB} = 5.333$。因存在應爲整數但不是整數的變數，故須繼續分枝。在應爲整數但不是整數的變數中，選擇下標較小的 x_1 作爲分枝結點，並將其分爲 $x_1 \le 1$ 與 $x_1 \ge 2$ 兩個結點（因 $1 < x_1 = 1.667 < 2$）。此兩結點分別代表將新的限制式加入原問題的線性程式。接著，以對偶單純法求解此兩新結點之線性程式。結點 $x_1 \le 1$ 之解爲 $x_1 = 1, x_2 = 0, x_3 = 1, \text{UB} = 5$。因其滿足洞悉條件 2，故將其洞悉，並將 Z 值更新爲 5。結點 $x_1 \ge 2$ 之解爲 $x_1 = 2, x_2 = 0.077, x_3 = 0.308, \text{UB} = 5.077$。因其不滿足任何洞悉條件，故須繼續分枝。在應爲整數但不是整數的變數中，選擇下標較小的 x_2 作爲分枝結點，並將其分爲 $x_2 \le 0$ 與 $x_2 \ge 1$ 兩個結點。結點 $x_2 \le 0$ 之解爲 $x_1 = 2, x_2 = 0, x_3 = 0.333, \text{UB} = 5$。因其 $\text{UB} \le Z$，故可被洞悉。結點 $x_2 \ge 1$ 之解爲無解，滿足洞悉條件 3，故亦可被洞悉。因已無剩餘之結點，故程序停止，而此時之解 $(x_1 = 1, x_2 = 0, x_3 = 1, Z = 5)$ 即爲原問題的最佳解。　　　□

12.5　習題

1. 某冷氣製造公司目前正考慮設置兩個倉庫以供應三個市場(M1, M2, M3)所需。經過仔細評估，有三個地點(L1, L2, L3)列入考慮。各地點至三個市場的運送成本、各地點每月產能以及各市場每月需求如表 12.2 所示；各地點之建造成本及倉儲成本則如表 12.3 所示。該公司若擬以十年爲考慮基準（即：倉庫建造成本於十年分攤），則應選擇那兩個地點興建倉庫？將此問題以整數規畫模式予以陳述。

表12.2　習題1之表

		市場			
		M1	M2	M3	供給
地點	L1	300	250	150	800
	L2	200	350	100	900
	L3	100	250	150	1100
需求		400	600	700	

表12.3　習題1之表

地點	倉庫建造成本 （百萬）	倉儲成本 （每台）
1	50	1500
2	45	1600
3	70	1200

2. 某公司研發部門開發出四項新產品(N1, N2, N3, N4)。各產品所需三項主要資源(R1, R2, R3)的產能、生產所需之固定成本、單位變動成本及單位售價如表12.4所示。該公司已決定至少生產其中兩項新產品。該公司應生產那幾項新產品，才能使得總利潤最大？將此問題以整數規畫模式予以陳述。

3. 以分枝界限法並採用以下下限值計算方式，求解第七章指派問題之典型例題。

下限值＝ 局部解之值＋在不考慮已被指派之列的情況下，各未被指派行最小值的總和

表12.4　習題2之表

所需產能	N1	N2	N3	N4	可利用產能
R1	2.1	1.2	4.1	2.5	400
R2	1.6	3.5	2.5	2.0	700
R3	3.5	2.0	1.2	2.5	550
固定成本	1000	2000	1500	1200	
變動成本	2.0	1.5	1.8	2.0	
售價	10	15	12	8	

4. 以Balas分枝界限演算法求解以下純二元整數規畫問題：

$$極小化 \quad Z = -2x_1 + 3x_2 - 5x_3 + 10x_4 + 11x_5$$

$$受限於 \quad -x_1 + 2x_2 + 2x_3 - 3x_4 + x_5 \geq 0$$

$$-2x_1 + x_2 - 3x_3 + x_4 - 2x_5 \geq -1$$

$$x_i = 0 \text{ 或 } 1, i = 1, 2, ..., 5$$

5. 以Balas分枝界限演算法求解以下純二元整數規畫問題：

$$極大化 \quad Z = -x_1 - 2x_2 - 7x_3 - 11x_4 + 15x_5$$

$$受限於 \quad -8x_1 - 6x_2 - 2x_3 + 3x_4 + 10x_5 \leq -2$$

$$-x_1 - 4x_2 - x_3 - x_4 - 3x_5 \leq 6$$

$$x_i = 0 \text{ 或 } 1, i = 1, 2, ..., 5$$

6. 以12.4節之分枝界限演算法求解以下混整數規畫問題：

$$極大化 \quad Z = 2x_1 + 7x_2 + 3x_3$$

受限於　　　$3x_1 + x_2 + 2x_3 \leq 6$

$x_1 + 3x_2 + x_3 \leq 2$

$2x_1 + 3x_2 + 7x_3 \leq 8$

$x_1, x_2, x_3 \geq 0$ 且爲整數

7. 以12.4節之分枝界限演算法求解以下混整數規畫問題：

極大化　$Z = 7x_1 + 3x_2 + 5x_3 + 4x_4$

受限於　　　$6x_1 + 2x_2 + 4x_3 + 2x_4 \leq 35$

$2x_1 + 8x_2 + 6x_3 + 8x_4 \leq 80$

$x_1 + x_2 + x_3 + x_4 \leq 12$

$6x_1 + 9x_2 + 14x_3 + 12x_4 \leq 150$

$x_i \geq 0, i = 1, 2, 3, 4; x_1, x_4$ 爲整數

8. 以12.4節之分枝界限演算法求解以下混整數規畫問題：

極小化　$Z = -2x_1 - 4x_2 - 8x_3$

受限於　　　$-3x_1 + 5x_2 + 8x_3 \leq 8$

$5x_1 - 2x_2 + 6x_3 \leq 8$

$x_i \geq 0, i = 1, 2, 3; x_1, x_2$ 爲整數

第十三章
決策理論

本章大綱

前面章節所討論的均是在確定性下做決策，亦即：做決策時所需之係數都是確定值（資訊是完全的）。然而，在有些情況下，做決策時所需的資訊是不完全的，有時僅知道資料的機率形式，有時則僅知道可能發生的值，而不知道各個值發生的機率。決策理論(decision theory)所探討的即是這些做決策時資訊不完全的情況。

本章的內容安排如下。13.1節首先介紹做決策時的三類環境。13.2節與13.3節分別討論在風險性下做決策及在不確定性下做決策。13.4節則將前面的單階決策問題擴展到以決策樹處理的多階決策問題。13.5節利用決策樹計算出樣本資訊及完全資訊的期望值。最後，13.6節利用貝式法則計算出在決策樹上所需要的事後機率。

13.1　決策的環境

根據資料的可用程度，做決策時的環境可分為以下三類：

1. 在確定性下做決策(decision making under certainty)
2. 在風險性下做決策(decision making under risk)
3. 在不確定性下做決策(decision making under uncertainty)

首先，**在確定性下做決策**，是指做決策時已有所需完全的資訊(perfect information)。例如：在線性規畫的產品組合問題中，產品的單位利潤c_j、生產每單位產品所需的資源a_{ij}、各資源的可用量b_i等均為已知的確定值。事實上，確定性(certainty)即為線性規畫四項假設中的一項。

其次，**在風險性下做決策**，是指做決策時雖然所需資訊不完全(imperfect)，但有以機率形式表示的資料。例如：產品的單位利潤c_j不再是已知的確定值，而是一個以機率分配(probability distribution)表示的隨機變數(random variable)。

表 13.1　　例 13.1 各種狀態發生之機率

i	16	17	18	19
p_i	$\dfrac{1}{10}$	$\dfrac{3}{10}$	$\dfrac{4}{10}$	$\dfrac{2}{10}$

　　最後，**在不確定性下做決策**，是指做決策時不但資訊不完全，而且不知或無法決定資料的機率分配。然而，不確定性並不代表完全不知道任何資訊。例如：決策者也許知道產品的單位利潤 c_j 必定是 2、3、5 三個可能值之一，但不知道各個值所可能發生的機率。

　　決策理論 (decision theory) 主要討論的即是以上的第二及第三類，亦即：在風險性及在不確定性下做決策。

13.2　在風險性下做決策

在風險性下做決策時，決策者知道各種狀態發生的機率。此種決策最常使用的準則是**期望值準則** (expected value criterion)。茲以下例說明以期望值為準則的風險性決策。

例 13.1：某女孩每天早上到市場賣花。每束花成本 \$100，可用 \$150 的價格賣出，但若當日未賣出則完全不值錢。依該女孩的經驗，每日可賣出 16 至 19 束花，並且由過去的統計資料可以得到表 13.1 所示之各種可能賣出數量的機率。因此，當購買 16 束而需求為 17 束時，淨利 (net profit) 為

$$(150 - 100)(16) = 800$$

當購買 18 束而需求僅為 17 束時，淨利為

$$150(17) - 100(18) = 750$$

表 13.2　　　例 13.1 各策略在各狀態下的淨利及其期望淨利

		狀態 j				
		16	17	18	19	期望淨利
	16	800	800	800	800	800
策略 i	17	700	850	850	850	835
	18	600	750	900	900	825
	19	500	650	800	950	755

因此，我們可以求得淨利的公式如下：

$$r_{ij} = \begin{cases} (150 - 100)i & \text{if } i \leq j \\ 150j - 100i & \text{if } i > j \end{cases}$$

其中 i 為購買數量（或策略 [strategy]），j 為實際需求（或狀態 [state]）。
策略 i 的期望淨利則為

$$\text{EP}(i) = \sum_j r_{ij} p_j$$

根據淨利及期望淨利的公式，可得表 13.2 所示之各策略 i 在各狀態 j 下的
淨利及各策略的期望淨利。因為購買 17 束花的期望淨利最大，所以最佳
決策為購買 17 束花，而可獲得 \$835 的期望淨利。　　　　　　　　□

13.3　在不確定性下做決策

在不確定性下做決策時，決策者只知道可能發生的情況，但不知或無法
決定各種可能情況的機率分配。茲用以下的典型例題說明如何在不確定
性的情況下做決策。

典型例題

表13.3　　　在不確定性下做決策之典型例題

	經濟情況		
	景氣	正常	蕭條
存入銀行	50	50	50
購買股票	300	40	−200
購買債券	100	60	10
購買黃金	35	40	80

某人有1千萬元的資金可用於投資。有四種可能的投資方式被列入考慮：存入銀行、購買股票、購買債券、購買黃金。各投資方式在不同經濟情況下，未來半年的預期收益如表13.3所示（單位萬元）。爲方便管理，此人打算將所有的資金都投入同一種投資方式。

Laplace 準則

Laplace 準則是基於所謂的**不足理由法則**(principle of insufficient reason)。由於各狀態所可能發生的機率未知，所以我們不能說這些機率會有所不同。因此，我們假設各狀態發生的機率完全相同。

在典型例題中，因爲有三個可能的狀態，所以各狀態的機率爲1/3。因此，購買股票的期望收益爲

$$期望收益 = \frac{1}{3}(300) + \frac{1}{3}(40) + \frac{1}{3}(-200) = 46.67$$

以此方式，我們可計算出表13.4所示之各投資方式的期望收益。由於購買債券的期望收益最大，所以根據Laplace準則，此人應選擇購買債券。

極大極小準則

表13.4　　Laplace 準則下各投資方式的期望收益

投資方式	期望值
存入銀行	50.00
購買股票	46.67
購買債券	56.67
購買黃金	51.67

表13.5　　各投資方式的最低收益

投資方式	期望值
存入銀行	50
購買股票	−200
購買債券	10
購買黃金	35

極大極小準則(maximin criterion)有時亦稱為Wald準則，因其為Abraham Wald 所提出。此準則是假設決策者對所發生的狀態是非常悲觀、保守的。因此，其作法是先決定各投資方式所可能發生最低的收益，然後選擇最低收益中最大收益的投資方式。很明顯地，此準則失去了得到大筆收益的機會。

在典型例題中，各投資方式的最低收益如表13.5所示。由於存入銀行的最低收益最大，所以根據極大極小準則，此人應選擇存入銀行，而至少可得到$50萬的收益。

極 大 極 大 準 則

表 13.6　　　各投資方式的最高收益

投資方式	期望值
存入銀行	50
購買股票	300
購買債券	100
購買黃金	80

極大極大準則(maximax criterion)是假設決策者對所發生的狀態非常樂觀。因此，其作法是先決定各投資方式所可能發生的最大收益，然後選擇最大收益中最大收益的投資方式。很明顯地，此準則因欲獲得最大可能的收益，因此所冒的風險也相對提高。

在典型例題中，各投資方式的最高收益如表13.6所示。由於購買股票的最高收益最大，所以根據極大極大準則，此人應選擇購買股票，而最多可得到高達\$300萬的收益。

Hurwicz 準則

Hurwicz 準則是因其為 Leonid Hurwicz 提出而命名。此準則代表以上極大極小準則與極大極大準則的折衷處理方式，因為在實際狀況下，決策者幾乎不可能是非常悲觀的，亦不可能是非常樂觀的。其作法是先決定各投資方式所可能發生的最低與最高收益，然後決定一個 α 值，並計算

$$最高收益\ \alpha + 最低收益\ (1 - \alpha)$$

最後選擇該值最大的投資方式。很明顯地，當 $\alpha = 1$ 時，此準則即為極大極大準則；當 $\alpha = 0$ 時，此準則即為極大極小準則。決策者可根據本身對風險喜好的程度而決定一個適當的 α 值。

表 13.7　Hurwicz 準則下當 $\alpha = 0.6$ 與 $\alpha = 0.4$ 時各投資方式之值

	最高收益	最低收益	$\alpha = 0.6$	$\alpha = 0.4$
存入銀行	50	50	50	50
購買股票	300	−200	100	0
購買債券	100	10	64	46
購買黃金	80	35	62	53

在典型例題中，當 $\alpha = 0.6$ 與 $\alpha = 0.4$ 時，我們可得表 13.7 所示的計算結果。因此根據 Hurwicz 準則，若 $\alpha = 0.6$，則此人應選擇購買股票，而可獲得 \$100 萬的期望收益；若 $\alpha = 0.4$，則此人應選擇購買黃金，而可獲得 \$53 萬的期望收益。

極小極大遺憾準則

極小極大遺憾準則(minimax regret criterion) 有時亦稱爲 Savage **極小極大遺憾準則**，因其爲 L. J. Savage 所提出。此準則是使得最大的**機會損失**(opportunity loss) 最小。其作法是應用極小極大準則於**遺憾矩陣**（regret matrix；或稱**機會損失矩陣** [opportunity loss matrix]）。遺憾矩陣之值爲該狀態下最大收益減去各投資方式的收益。

在典型例題中，各投資方式之遺憾矩陣與其最大遺憾值如表 13.8 所示。由於購買債券的最大遺憾值最小，所以根據極小極大遺憾準則，此人應選擇購買債券，而最多只會有 \$200 萬的遺憾（機會損失）。

最後，我們將以上各決策準則應用於典型例題所得到的投資方式彙整於表 13.9。由此表可看出，所列入考慮的四種投資方式都有被採用的時候。

表 13.8　各投資方式之遺憾矩陣與其最大遺憾值

	經濟情況			
	景氣	正常	蕭條	最大遺憾
存入銀行	250	10	30	250
購買股票	0	20	280	280
購買債券	200	0	70	200
購買黃金	265	20	0	265

表 13.9　各準則下的投資方式

決策準則	投資方式
Laplace 準則	購買債券
極大極小準則	存入銀行
極大極大準則	購買股票
Hurwicz 準則 $(\alpha = 0.6)$	購買股票
Hurwicz 準則 $(\alpha = 0.4)$	購買黃金
極小極大遺憾準則	購買債券

13.4　決策樹

以上所討論的各種決策準則適用於單階 (single-stage) 的情況。如果一個決策問題需要一系列相關的決策，則必須以多階 (multiple-stage) 的決策程序來處理，而**決策樹** (decision tree) 即為處理多階決策問題的有用工具。

決策樹是由圖 13.1 所示的兩種結點所構成，圖左為**決策結點** (decision node)，其圖形為四方形，其分枝代表各種不同的決策；圖右為**事件結點**

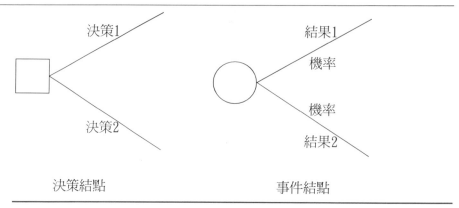

圖 13.1 決策結點與事件結點

(event node)，其圖形爲圓形，其分枝代表各種可能的結果 (outcome) 及其機率。若一分枝之後沒有結點，則此分枝爲**終止分枝** (terminal branch)。在終止分枝末端，我們必須計算相關決策及結果所導致的淨值。茲用以下例題說明決策樹的使用方式。

例 13.2：某連鎖便利商店正考慮是否推出熱食專櫃，以便消費者在此專櫃區可直接買到已加熱的食品。目前有以下三個方案列入考慮：

方案一： 先做局部地方性測試，然後再利用測試所得到的結果，決定是否全國性實施。

方案二： 不經測試，立即決定全國性實施。

方案三： 不經測試，立即決定不實施。

局部地方性測試需花費 $1500 萬，其成功的機率爲 0.70，失敗機率爲 0.30。若局部測試成功，則全國性實施成功的機率爲 0.90，失敗機率爲 0.10。若局部測試失敗，則全國性實施仍有可能成功；成功機率爲 0.15，失敗機率爲 0.85。若不經測試即決定全國性實施，則成功機率爲 0.65，失敗機率爲 0.35。若全國性實施成功，則可獲得 $5000 萬；若失敗，則損失 $2000 萬。該連鎖便利商店應採取何種方案？

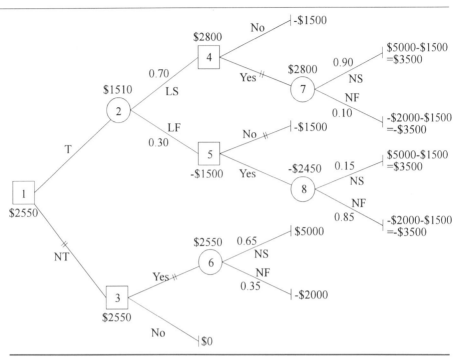

圖 13.2   例 13.2 的決策樹

　　此問題的決策樹如圖 13.2 所示。由結點 1 開始,我們必須決定是否做局部地方性測試。若做測試 (T),則至結點 2;否則 (NT),至結點 3。結點 2 為事件結點,其兩個分枝分別代表兩個測試可能的結果:局部成功 (LS) 與局部失敗 (LF)。在各分枝上我們分別記錄其結果之機率。若局部成功,則進入結點 4;其為一決策結點,因此必須決定是否全國性實施。若不實施,則其分枝為終止結點,其淨值為 −$1500 萬,因在由此終止結點回溯到結點 1 的途徑上可知,此終止結點代表測試成功後不實施,而需花費 −$1500 萬的測試費。若實施,則進入結點 7,其分枝分別代表全國性實施後成功 (NS) 及失敗 (NF)。若成功,則淨值為 $5000 萬 −$1500 萬 =$3500 萬;若失敗,則淨值為 −$2000 萬 −$1500 萬 =−$3500 萬。以此方式,我們可畫出整個決策樹。

　　欲決定最後決策，我們由右往左計算。在每一個事件結點上，我們根據各分枝的機率及其末端之值計算此結點的期望值。在每一個決策結點的分枝上，我們在其最大值的分枝上標記「‖」符號，以表示其爲該結點的最佳決策，並將此最大值註明在決策結點旁。例如：在事件結點7上，我們可計算其期望值如下：

$$(0.90)(\$3500萬) + (0.10)(-\$3500萬) = \$2800萬$$

在決策結點5上，因 $-\$1500$ 萬大於 $-\$2450$ 萬，故在 $-\$1500$ 萬的分枝上標記「‖」符號，並將 $-\$1500$ 萬註明在決策結點5旁。

　　由圖13.2的決策樹可知，最佳決策爲不做測試即全國性實施（亦即：方案二），如此將可獲得$2550萬的期望淨利。　　　　　　　　　□

13.5　資訊的期望值

決策樹可用以計算出**資訊的期望值**(expected value of information)。茲以例13.2熱食專櫃問題爲例。我們先考慮**樣本資訊的期望值**(expected value of sample information; EVSI)。由圖13.2的結點2可看出，**採用樣本資訊的期望值**(expected value with sample information; EVWSI)爲$1510萬＋$1500萬＝$3010萬，而不用樣本資訊的期望值（亦即：**採用原始資訊的期望值**[expected value with original information; EVWOI]）爲$2550萬（即：結點6之值），因此可得

$$EVSI = EVWSI - EVWOI$$
$$= \$3010萬 - \$2550萬 = \$460萬$$

所以，若測試費用低於$460萬，則值得測試，否則不值得測試。在此例中，因測試費用爲$1500萬，超過樣本資訊的期望值，所以不值得測試。

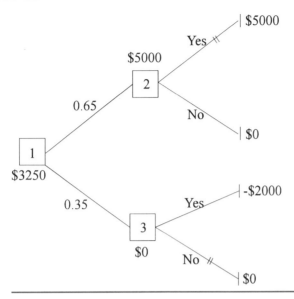

圖 13.3　完全資訊的決策樹

　　接下來，我們考慮**完全資訊的期望值**(expected value of perfect information; EVPI)。所謂完全資訊是指能夠百分之百預測正確的資訊。欲計算 EVPI，我們須先求得**採用完全資訊的期望值**(expected value with perfect information; EVWPI)。若採用完全資訊，則決策樹如圖 13.3 所示。因為具有完全資訊，所以在做決策前已知全國性實施成功的機率爲 0.65，失敗的機率爲 0.35。由圖 13.3 可知 EVWPI=$3250 萬，因此可得

$$EVPI = EVWPI - EVWOI$$
$$= \$3250萬 - \$2550萬 = \$700萬$$

因為完全資訊的期望值爲 $700 萬，所以任何測試所獲得的樣本資訊價值都不可能超過 $700 萬。

13.6　貝式法則與決策樹

在做任何實驗之前，對於可能發生狀態所預先估計的機率稱為**事前機率**(prior probability)。有時決策者會想購買資訊（例如：以測試的方式），以使得對於可能發生的狀態更能夠掌握。讓 s_i $(i = 1, ..., m)$ 代表可能的狀態，o_j $(j = 1, ..., n)$ 代表實驗可能的結果。知道實驗的結果後，這些所謂的**事後機率**（以 $p(s_i | o_j)$ 表示）使決策者更能增加對問題正確的判斷。

然而，在許多情況下，我們只有事前機率 $p(s_i)$ 及似然 (likelihoods) $p(o_j | s_i)$；似然為對狀態 s_i 觀察其發生結果 o_j 的機率。此時，利用**貝式法則**(Bayes' rule)，我們可計算出在決策樹上所需的事後機率。貝式法則的公式如下：

$$p(s_i | o_j) = \frac{p(s_i \cap o_j)}{\sum\limits_{k=1}^{m} p(s_k \cap o_j)} = \frac{p(s_i) p(o_j | s_i)}{\sum\limits_{k=1}^{m} p(s_k) p(o_j | s_k)}$$

其中分母又等於 $p(o_j)$。

例13.3：某電子公司製造電子零件，其製造批次為10件。由過去經驗得知，85%的批次包含10%的不良品，15%的批次包含40%的不良品。我們稱前者為良好批次，後者稱為不良批次。目前有以下三個方案列入考慮：

方案一： 直接送至下一個製程。但若此批次為不良批次，則會產生 $5000的成本。（以S表示此方案。）

方案二： 以 $1000的成本重做此批次。重做之後的批次必為良好批次。（以RW表示此方案。）

方案三： 以每次 $150的成本測試每批次中的一個零件，以決定該零件是否為不良品。（以T表示此方案。）

該公司應採取何種方案？若採取方案三，當測試完畢後又應如何做下一步的決策？

解答：此問題的兩個狀態為：良好批次（以 G 表示）與不良批次（以 B 表示），所以事前機率為 $p(\mathrm{G}) = 0.85$ 及 $p(\mathrm{B}) = 0.15$。此問題的實驗是指測試每批次中的一個零件，因此實驗的結果為：所測試的零件為不良品（以 D 表示）與所測試的零件為良品（以 ND 表示）。由過去經驗得知似然如下：

$$p(\mathrm{D}\,|\,\mathrm{G}) = 0.10 \qquad p(\mathrm{ND}\,|\,\mathrm{G}) = 0.90$$
$$p(\mathrm{D}\,|\,\mathrm{B}) = 0.40 \qquad p(\mathrm{ND}\,|\,\mathrm{B}) = 0.60$$

首先，我們計算所測試零件為不良品的機率如下：

$$p(D) = p(\mathrm{G})p(\mathrm{D}\,|\,\mathrm{G}) + p(\mathrm{B})p(\mathrm{D}\,|\,\mathrm{B}) = (0.85)(0.10) + (0.15)(0.40) = 0.145$$

根據貝式法則可得事後機率如下：

$$p(\mathrm{B}\,|\,\mathrm{D}) = \frac{p(\mathrm{B})p(\mathrm{D}\,|\,\mathrm{B})}{p(\mathrm{D})}$$
$$= \frac{(0.15)(0.4)}{0.145} = 0.414$$

同理可得

$$p(\mathrm{G}\,|\,\mathrm{D}) = 0.586 \qquad p(\mathrm{B}\,|\,\mathrm{ND}) = 0.105 \qquad p(\mathrm{G}\,|\,\mathrm{ND}) = 0.895$$

由所得到的事後機率即可建立如圖 13.4 所示的決策樹。因此，該公司的最佳方案為：測試每批次中的一個零件；若為不良品，則重做；若為良品，則送至下一站。

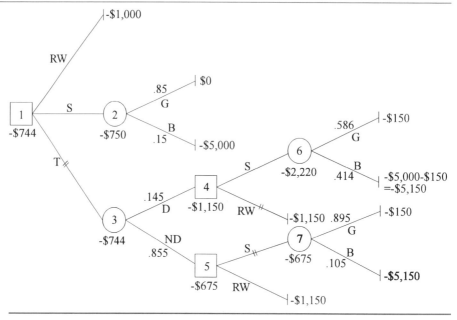

圖 13.4　　應用貝式法則之決策樹

□

13.7　習題

1. 某報童每份報紙可賣 $10，每份報紙的成本為 $5。若當日未賣出，
則可用 $1 賣給舊貨商。依該報童的經驗，每日可賣出 20 至 25 份報
紙，且各種可能賣出份數的機率如表 13.10 所示。若採期望值準則，
則該報童每日應購買多少份報紙？

表 13.10　習題 1 之表

i	20	21	22	23	24
p_i	$\dfrac{1}{10}$	$\dfrac{2}{10}$	$\dfrac{4}{10}$	$\dfrac{2}{10}$	$\dfrac{1}{10}$

2. 考慮習題 1，但假設各狀態所發生的機率未知。分別用以下準則決定該報童應購買多少份報紙：

(a) Laplace 準則

(b) 極大極小準則

(c) 極大極大準則

(d) Hurwicz 準則（假設 $\alpha = 0.5$）

(e) 極小極大遺憾準則

3. 某冷氣製造商每年春天即須下訂單委託位於世界各地的製造工廠製造夏天所需之冷氣。訂單可簡單分為大、中、小三種，實際銷售量則受到該年天氣的影響。今年夏天氣溫冷、溫、熱的機率分別為 0.3, 0.6, 0.1。表 13.11 顯示在各種不同天氣狀況下各種訂單的銷售淨利潤（單位百萬元）。若採期望值準則，則該公司應下何種訂單？

表 13.11　習題 3 之表

訂單大小	冷	溫	熱
大	-8	31	98
中	12	40	52
小	20	29	36

4. 考慮表 13.12 所示之收益矩陣。分別用以下準則決定最佳策略：

(a) Laplace 準則

(b) 極大極小準則

(c) 極大極大準則

(d) Hurwicz 準則（假設 $\alpha = 0.5$）

(e) 極小極大遺憾準則

表13.12 習題4之表

		狀態				
		s_1	s_2	s_3	s_4	s_5
	a_1	13	11	0	-5	18
行動	a_2	3	15	8	8	3
	a_3	2	4	16	19	-2
	a_4	8	19	11	3	1

5. 考慮13.6節之例13.3,計算其EVSI及EVPI。

6. 某古董經紀商在拍賣場看中一個明朝瓷器,預期轉手可賣$700,000。若今天買,須付$500,000;若明天買(如果尚未賣出),則僅須付$400,000;若後天買(如果尚未賣出),則僅須付$350,000。此瓷器每日被賣出的機率爲30%。該古董經紀商應採取何種策略?

7. 某電視公司平均每部成功的節目可淨賺$5,000,000。每部失敗的節目則會淨賠$1,200,000。根據過去的經驗,30%的節目會成功,70%的節目會失敗。若花$600,000,則可請收視率調查公司實際調查觀眾喜好節目的程度。根據過去經驗,若節目會成功,則收視率調查公司預期會成功的機率爲90%;若節目會失敗,則收視率調查公司預期會失敗的機率爲80%。

(a) 該電視公司應採取何種策略,才能使得期望利益最大?

(b) 決定此問題之EVSI及EVPI。

第十四章
競賽理論

本章大綱

在許多實際的狀況下，兩個或兩個以上的決策者，其彼此間會有利益互相衝突的時候，換句話說：一方獲利，另一方即會遭受損失，因此，彼此之間會有敵對的情況。本章所討論的**競賽理論**(game theory)即是探討如何在此情況下做決策。值得強調的是，第十三章所討論的在不確定性下做決策，是基於「自然」(nature)是對手(opponent)的假設，而「自然」並不會有與決策者敵對的情形。雖然本章所討論的競賽理論亦是在不確定性下做決策，但決策者之間存在有敵對的情況。

由於競賽理論可牽涉到相當複雜的情況，所以在本章中，我們僅討論最基本的**兩人零和競賽**(two-person zero-sum game)。本章的內容安排如下。14.1節首先介紹競賽問題的資料表——**收益表**(payoff table)。14.2節討論**凌越策略**(dominated strategy)，此基本策略可用以求解簡單的問題，亦可用以化簡複雜的問題。當凌越策略無法得到最佳解時，我們則可嘗試使用14.3節所介紹的**極小極大策略**(minimax strategy)。當問題更複雜而極小極大策略亦不適用時，我們則可使用14.4節所討論的**混合策略**(mixed strategy)。混合策略將可保證一定可以求得問題的最佳策略。

14.1　收益表

在競賽理論中，參與競賽的人稱爲**競賽者**(player)。每位競賽者都可由數項**策略**(strategy)中決定其中一項。各競賽者採用不同的策略會產生不同的**收益**(payoff)，而所有收益的彙總表即稱爲**收益表**(payoff table)。競賽理論的基本假設是，各競賽者都知道收益表，並且以使其本身利益最大爲目標。本章所討論的**兩人零和競賽**(two-person zero-sum game)，是指 A 與 B 兩人間，一方所贏之值等於另一方所輸之值。讓 $\alpha_1, \alpha_2, ..., \alpha_m$ 代表 A 所可能採取的策略，$\beta_1, \beta_2, ..., \beta_n$ 代表 B 所可能採取的策略，並讓 a_{ij} 爲當 A 採取策略 α_i、B 採取策略 β_j 時的收益，則收益表如表 14.1 所

表 14.1　　　兩人零和競賽收益表

	β_1	β_2	$\cdots$	β_n
α_1	a_{11}	a_{12}	$\ldots$	a_{1n}
α_2	a_{21}	a_{22}	$\ldots$	a_{2n}
$\vdots$	$\vdots$	$\vdots$	$\ddots$	$\vdots$
α_m	a_{m1}	a_{m2}	$\ldots$	a_{mn}

示。由此表可知，收益表中的數字是對 A（**列競賽者**；row player）而言。然而，因為在兩人零和競賽中，一方所贏之值等於另一方所輸之值，所以由收益表我們亦可得知對 B（**行競賽者**；column player）而言的收益。

例 14.1：A 和 B 兩人玩擲銅板的遊戲。A 擲一個銅板，自己看過結果後再決定是否放棄或賭。若 A 放棄，則輸 B\$1；若 A 決定賭，則 B 可放棄或賭。若 B 放棄，則輸 A\$1；若 B 決定賭且銅板出現正面，則 B 輸 A\$2，若銅板出現反面，則 B 贏 A\$2。我們考慮如何將此問題以二人零和競賽予以陳述。

　　A 有四個策略：棄棄（正面、反面均放棄）、棄賭（正面放棄、反面賭）、賭棄（正面賭、反面放棄）、賭賭（正面、反面均賭）。B 有兩個策略：棄（放棄）與賭。欲建立收益表，我們先決定在各種可能情形下 A 的期望利益。考慮 A 選擇「賭棄」，B 選擇「賭」的情況。因為正反面出現的機率各為 $\frac{1}{2}$，而 B 選擇賭，所以 A 有 $\frac{1}{2}$ 的機率會贏 B\$2，有 $\frac{1}{2}$ 的機率會輸 B\$1，因此 A 的期望利益為

$$\frac{1}{2}(\$2) + \frac{1}{2}(-\$1) = \$0.5$$

表14.2　　　例14.1之收益表

	棄	賭
棄棄	-1	-1
棄賭	0	-1.5
賭棄	0	0.5
賭賭	1	0

同理，我們可得各種情況下A的期望利益，其收益表如表14.2所示。□

14.2　凌越策略

有些簡單的問題可以用**凌越策略**(dominated strategy)求解。例如：對A 而言，若$a_{ij} \leq a_{i'j}, \forall j$，且至少有一個$j$使得$a_{ij} < a_{i'j}$，則策略$\alpha_i$可被 $\alpha_{i'}$所凌越。（對B而言，若$a_{ij} \geq a_{ij'}, \forall i$，且至少有一個$i$使得$a_{ij} > a_{ij'}$ ，則策略β_j可被$\beta_{j'}$所凌越。）

例14.2：兩家國內電腦公司同時開發出具相同功能的新型電腦。兩公司 分別對下一季擬定了三個行銷策略，其收益表如表14.3的第一個表所示 （表中數字之單位為百萬元）。根據凌越策略，此問題的求解過程如表 14.3所示，茲詳細說明如下。

首先，對B而言，並沒有可被凌越的策略。但對A而言，不論B的 策略為何，α_2必定優於（嚴格說，應為不劣於）α_1，故α_1可被α_2凌 越。因為B也知道A不會採取α_1，所以收益表可化簡為第二個表。此時 ，β_3可被β_2凌越，因此可得第三個表。在第三個表中，α_3可被α_2凌越 ，因此可得第四個表。此時，β_2可被β_1凌越，而可得到最後的表。由

表 14.3　　例 14.2 之推導過程

	β_1	β_2	β_3
α_1	2	1	-1
α_2	2	3	4
α_3	1	0	5

	β_1	β_2	β_3
α_2	2	3	4
α_3	1	0	5

	β_1	β_2
α_2	2	3
α_3	1	0

	β_1	β_2
α_2	2	3

	β_1
α_2	2

以上的推導結果可知，根據凌越策略，A 會選擇 α_2，B 會選擇 β_1，而使得 A 獲得 2（百萬元）的利益。　　　　　　　　　　　　　　□

14.3　極小極大策略

凌越策略經常可用以簡化收益表，但不一定可以得到最佳解。此時，我們可以嘗試使用極為保守的**極小極大策略**(minimax strategy)。極小極大策略是指對 A 採取**極大極小策略**（ maximin strategy；在各列中取最小值，然後選擇這些最小值中之最大值所相對的策略），對 B 採取**極小極**

大策略（minimax strategy；在各行中取最大值，然後選擇這些最大值中之最小值所相對的策略）。A 之最小值的最大值稱為此競賽的**極大極小值**(maximin value) 或**較低值**(lower value)；B 之最大值的最小值稱為此競賽的**極小極大值**(minimax value) 或**較高值**(upper value)。若較低值與較高值發生在同一個數字上，則我們稱此數字為**鞍點**(saddle point) 或**平衡點**(equilibrim point)，此值稱為此競賽之值(value of the game)。具有鞍點的競賽稱為**嚴格被決定的競賽**(strictly determined game)。

例 14.3：考慮例 14.2，但假設收益表改為如表 14.4 的第一個表。在此收益表中，不論對 A 或 B，沒有任何策略可被其他策略所凌越。此時，若 A 選擇 α_2，他（或她）可能贏得 4，但也可能輸到 3 之多。然而，由於 B 是合理的競賽者，所以 A 贏得 4 的機率並不大。另一方面，若 A 選擇 α_3，他（或她）可保證至少贏得 1。因此，我們在各列中取最小值，然後選擇這些最小值中之最大值（即：1）所相對的策略 α_3 作為 A 的策略（見表 14.4 的第二個表）。相對地，對 B 我們則在各行中取最大值，然後選擇這些最大值中之最小值（即：1）所相對的策略 β_1 作為 B 的策略。因為此競賽之較低值 1 與較高值 1 為同一個數字，故此數字為鞍點，此競賽之值為 1，且其為嚴格被決定的競賽。　　　　　□

14.4　混合策略

在極小極大策略中，若較低值與較高值不是發生在同一數字上，則此競賽沒有鞍點。我們稱此無鞍點的競賽為**無法被嚴格決定的競賽**(not strictly determined game)。我們用以下的例題說明此類競賽。

例 14.4：考慮例 14.2，但假設收益表改為如表 14.5 的第一個表。根據凌越策略，我們可依序刪除 β_3 及 α_2，而得到第三個表。

表 14.4　　　例 14.3 之收益表

	β_1	β_2	β_3
α_1	0	3	-1
α_2	-2	-3	4
α_3	1	2	3

	β_1	β_2	β_3	極小值
α_1	0	3	-1	-1
α_2	-2	-3	4	-3
α_3	1	2	3	1 √
極大值	1	3	4	
	√			

表 14.5　　　例 14.4 之資料表

	β_1	β_2	β_3
α_1	2	0	2
α_2	-2	-3	2
α_3	1	4	3

	β_1	β_2
α_1	2	0
α_2	-2	-3
α_3	1	4

	β_1	β_2	極小值
α_1	2	0	0
α_3	1	4	1 √
極大值	2	4	
	√		

接著，我們考慮以極小極大策略決定較低值與較高值。因為較低值

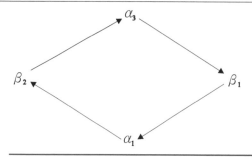

圖 14.1　無法被嚴格決定之競賽的循環現象

與較高值不是發生在同一個數字上,故此競賽沒有鞍點。此時,若 A 選擇 α_3,則 B 會選擇 β_1,但因彼此都知道收益表,所以 A 也知道 B 會因 A 會選擇 α_3 而會選擇 β_1,故 A 反而會選擇 α_1。然而,B 也知道 A 會如此做,所以他(或她)反而會選擇 β_2。但是 A 也知道 B 會有如此的想法,所以 A 會選擇 α_3。如此彼此繼續猜測下去,將會產生如圖 14.1 所示的循環,而彼此仍無法做出最後的決定。　　　　　　　　　　　　　　　　　□

　　在上例中,A 與 B 很可能會採取欺敵的策略以引誘對方做出錯誤的決策。為避免被誘導致錯誤的決策,此時應採用一種隨機的程序選擇策略。我們稱此種對兩種或兩種以上策略分別指定一個非零的機率,並以此機率隨機決定策略的方式為**混合策略**(mixed strategy)。為有別於此,我們稱凌越策略與極小極大策略為**純策略**(pure strategy),因為此兩項策略均是確定選擇某一項策略(亦即:選擇某一項策略的機率為 1,選擇其他策略的機率為 0)。

　　求解最佳混合策略主要有兩種方法:一為圖解法,另一為線性規畫法。以下,我們將對此兩方法有詳細的說明。

圖解法

圖解法僅適用於兩位競賽者中至少有一位僅有兩個策略的情況。我們用以下的例題予以說明。

表14.6　　　例14.5之收益表

	β_1	β_2	β_3
α_1	0	−1	2
α_2	1	2	0
α_3	−2	−3	2

	β_1	β_2	β_3	極小值	
α_1	0	−1	2	−1	
α_2	1	2	0	0	$\checkmark$
極大值	1	2	2		
	$\checkmark$				

例14.5：考慮表14.6第一個表所示之收益表。應用凌越策略可將α_3刪除，接著應用極小極大策略，可得第二個表。因爲較低值與較高值不是發生在同一個數字上，所以此競賽爲無法被嚴格決定的競賽。讓

$$x_i = \text{A 使用策略} \alpha_i \text{的機率}$$

$$y_j = \text{B 使用策略} \beta_j \text{的機率}$$

因爲A僅剩下兩項策略，所以A使用此兩策略的機率之和爲1，因此可讓$x_2 = 1 - x_1$。若B選擇β_1，則**期望收益**(expected payoff)爲

$$0x_1 + 1x_2$$

或

$$1 - x_1$$

同理，我們可得在B使用各種不同策略時之期望收益（見表14.7）。根據此表，讓x_1爲橫座標，期望收益爲縱座標，可得圖14.2所示之圖形。根據A的極大極小策略，不同x_1之最小值發生在圖中粗線所示部份。這

表 14.7　　B 使用各種不同策略時之期望收益

B 之策略	期望收益
β_1	$1 - x_1$
β_2	$2 - 3x_1$
β_3	$2x_1$

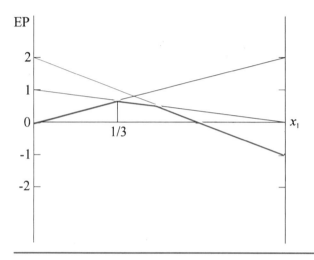

圖 14.2　　例 14.5 之 A 的混合策略圖解法

些最小值中最大值的點發生在 $1 - x_1$（若 B 選擇 β_1）與 $2x_1$（若 B 選擇 β_3）之交點，因此可得 x_1 之值如下：

$$1 - x_1 = 2x_1$$
$$1 = 3x_1$$
$$x_1 = \frac{1}{3}$$

由 x_1 可得 $x_2 = 1 - x_1 = 2/3$。期望收益則為 $1 - x_1 = 2/3$（或 $2x_1 = 2/3$）。

表 14.8   A使用各種不同策略時之期望收益

A之策略	期望收益
α_1	$2 - 2y_1$
α_2	y_1

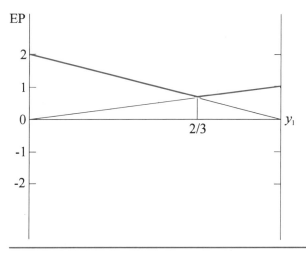

圖 14.3   例14.5之B的混合策略圖解法

　　接下來，我們考慮如何求B的最佳策略。我們可先知道 $y_2 = 0$，這是因為A之最佳混合策略是考慮當B採取 β_1 與 β_3 時。因為B僅剩下兩項策略，所以B使用此兩策略的機率之和爲1，因此可讓 $y_3 = 1 - y_1$。

　　若A選擇 α_1，則期望收益爲

$$0y_1 + 2y_3 = 2 - 2y_1$$

同理，我們可得在A選擇 α_2 時的期望收益（見表14.8）。根據此表，讓 y_1 爲橫座標，期望收益爲縱座標，可得圖14.3所示之圖形。根據B的極小極大策略，不同 y_1 之最大值發生在圖中粗線所示部份。這些最大值中最小值的點發生在兩條線的交點，因此可得 y_1 之值如下：

$$2 - 2y_1 = y_1$$
$$2 = 3y_1$$
$$y_1 = \frac{2}{3}$$

由 y_1 可得 $y_3 = 1 - y_1 = 1/3$。期望收益則爲 $2 - 2y_1 = 2/3$（或 $y_1 = 2/3$）
，其與 A 之混合策略所得到的期望收益是相同的。　　　　　　　　□

線性規畫法

當兩競賽者經過凌越策略後均仍剩下兩個以上的策略時，圖解法將不再
適用。此時，我們則可用線性規畫法求解。

讓

$\underline{v}$ ＝該競賽的較低值

$\overline{v}$ ＝該競賽的較高值

v ＝該競賽之值

則 A 之最佳混合策略可用以下的線性程式求解：

P:　極大化　　$\underline{v}$

受限於　$\displaystyle\sum_{i=1}^{m} a_{ij}x_i \geq \underline{v}$　　　　$j = 1,...,n$

$\displaystyle\sum_{i=1}^{m} x_i = 1$

$x_i \geq 0,\ \forall i;\ \underline{v}$ 不受限

B 之最佳混合策略則可用以下的線性程式表示：

D:　極小化　　$\overline{v}$

表 14.9　　例 14.6 之收益表

	β_1	β_2	β_3	極小值	
α_1	0	-1	2	-1	
α_2	1	2	0	0	✓
α_3	3	3	-1	-1	
極大值	3	3	2		
			✓		

	β_1	β_2	β_3
α_1	1	0	3
α_2	2	3	1
α_3	4	4	0

$$受限於 \quad \sum_{j=1}^{n} a_{ij} y_j \leq \overline{v} \qquad i = 1, ..., m$$

$$\sum_{j=1}^{n} y_j = 1$$

$$y_j \geq 0, \ \forall i; \ \overline{v} \ 不受限$$

在以上的線性程式中，$\underline{v}$ 與 $\overline{v}$ 均為不受限的變數，為使其為非負變數，以便以單純法求解，我們可將收益表中最負數字的絕對值加到收益表中的每一個數字上。如此作法並不會改變 x_i 與 y_j 之值，但可使得所有變數均為非負值，而不必再經過 3.5 節的轉換程序。

例 14.6：考慮表 14.9 第一個表所示之應用凌越策略與極小極大策略後的收益表。因為較低值與較高值不是發生在同一個數字上，故此競賽為無法被嚴格決定的競賽。因 A 與 B 仍剩下兩個以上的策略，圖解法不再適用，而必須以線性規畫法求解。為使 $\underline{v}$ 為非負，我們將收益表中所有數字加上 1（最負數字 -1 的絕對值），可得第二個表所示之收益表。由此表我們可以寫出求解 A 之最佳混合策略的線性程式如下：

$$P: \text{極大化} \quad \underline{v}$$

$$\text{受限於} \quad x_1 + 2x_2 + 4x_3 \geq \underline{v}$$

$$3x_2 + 4x_3 \geq \underline{v}$$

$$3x_1 + x_2 \quad\quad \geq \underline{v}$$

$$x_1 + x_2 + x_3 = 1$$

$$x_1, x_2, x_3, \underline{v} \geq 0$$

求解 B 之最佳混合策略的線性程式則為

$$D: \text{極小化} \quad \overline{v}$$

$$\text{受限於} \quad y_1 \quad\quad + 3y_3 \leq \overline{v}$$

$$2y_1 + 3y_2 + y_3 \leq \overline{v}$$

$$4y_1 + 4y_2 \quad\quad \leq \overline{v}$$

$$y_1 + y_2 + y_3 = 1$$

$$y_1, y_2, y_3, \overline{v} \geq 0$$ □

在本節的最後，我們證明任何一個競賽必定存在一個該競賽之值。用以求解 A 之最佳策略的問題 P 可改寫為

$$P': \text{極小化} \quad -\underline{v}$$

$$\text{受限於} \quad \sum_{i=1}^{m} a_{ij} x_i - \underline{v} \geq 0 \qquad j = 1, ..., n \quad \longleftarrow y_j$$

$$-\sum_{i=1}^{m} x_i = -1 \qquad\qquad \longleftarrow \overline{v}$$

$$x_i \geq 0, \ \forall i; \ \underline{v} \ \text{不受限}$$

問題 P' 之對偶問題為

$$D': \text{極大化} \quad -\overline{v}$$

$$\text{受限於} \quad \sum_{j=1}^{n} a_{ij}y_j - \overline{v} \leq 0 \qquad i = 1, ..., m$$

$$-\sum_{j=1}^{n} y_j = -1$$

$$y_j \geq 0, \; \forall j; \; \overline{v} \text{ 不受限}$$

問題 D' 可改寫爲

$$D: \text{極小化} \quad \overline{v}$$

$$\text{受限於} \quad \sum_{j=1}^{n} a_{ij}y_j \leq \overline{v} \qquad i = 1, ..., m$$

$$\sum_{j=1}^{n} y_j = 1$$

$$y_j \geq 0, \; \forall j; \; \overline{v} \text{ 不受限}$$

而此即爲求解 B 之最佳策略的線性程式。根據強對偶性質，問題 P 與問題 D 的目標值相等，亦即：$\underline{v} = \overline{v} = v$，因此可得以下的定理：

極小極大定理(minimax theorem)：在一個混合策略中，必定存在該競賽之值，且其值即爲該競賽的較低值（或較高值）。　　　　　　　□

在 5.3 節中，我們提到由主要單純表中可直接讀出對偶解，因此，當我們求解 A 之 x_i 時，同時也得到了 y_j 值。換句話說：當我們以線性規畫求解我們自己的最佳混合策略時，我們亦得知了競爭對手的最佳混合策略，如果競爭對手未使用其最佳混合策略，則我們會得到超過我們所應獲得的結果。

14.5　習題

1. 找出表 14.10 之競賽的鞍點與其值。

表14.10　習題1之表

	β_1	β_2	β_3	β_4
α_1	1	1	−1	1
α_2	2	3	4	3
α_3	1	0	5	4

表14.11　習題2之表

	β_1	β_2	β_3	β_4
α_1	4	−2	−4	6
α_2	−3	−2	−8	−2
α_3	5	7	−7	−9
α_4	2	3	−8	5

2. 找出表14.11之競賽的鞍點與其值。

3. 以圖解法求解表14.12之競賽。

表14.12　習題3之表

	β_1	β_2	β_3
α_1	3	7	−1
α_2	4	8	−2
α_3	5	−9	0

4. 考慮表14.13之競賽。

    (a) 以圖解法解此競賽。

    (b) 以線性規畫解此競賽。

5. 以線性規畫求解表14.14之競賽。

6. 以線性規畫求解表14.15之競賽。

表14.13　習題4之表

	β_1	β_2	β_3	β_4
α_1	4	1	−4	6
α_2	−3	−8	−8	−2
α_3	1	2	7	−9

表14.14　習題5之表

	β_1	β_2	β_3	β_4
α_1	4	1	−4	6
α_2	−3	−8	1	−2
α_3	1	2	7	−9

表14.15　習題6之表

	β_1	β_2	β_3
α_1	4	1	−4
α_2	−3	8	−7
α_3	1	2	7
α_4	3	5	1

7. A和B兩人玩伸出一根或兩根手指的遊戲。若手指總數是奇數,則 A贏\$100;否則輸\$100。

(a) 建立此遊戲之收益表。

(b) 以本章所學習到最適當的方法求解此問題。

8. 以圖解法求解例14.2。

9. 考慮表14.16所示之收益表。其圖形如圖14.4所示。由圖中可看出, 三條線均經過最大最小點。試說明爲何不能由第一與第二條線決定 最佳解,而必須由第一與第三條線或第二與第三條線決定之。

表14.16　習題9之表

	β_1	β_2	β_3
α_1	0	-2	2
α_2	1	2	0

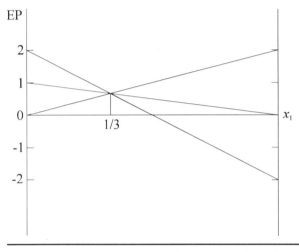

圖14.4　習題9之圖

第十五章
馬可夫鏈

本章大綱

在本章中，我們討論我們的第一個隨機過程——馬可夫鏈(Markov chain)
，其對於許多實際問題的現象有廣泛的應用。

　　本章的內容安排如下。15.1節首先介紹隨機過程的定義及其相關概念。15.2節開始討論本章的主題——馬可夫鏈。15.3節說明用以計算馬可夫鏈之n階轉換機率的Chapman-Kolmogorov公式。15.4節介紹有助於對系統長期現象分析的馬可夫鏈狀態分類。15.5節討論由某狀態至另一狀態，第一次經過時間及其期望值。15.6節討論當一個馬可夫鏈到達穩定狀態時的機率——穩定狀態機率，並說明其計算方式。最後，15.7節討論如何計算當吸態存在時的吸收機率。

15.1　基本概念

考慮時間點$\{t \in T\}$（其中T為時間點的集合），並讓X_t為系統在t時的狀態。在大多數情況下，我們雖不知系統在時間t時之狀態的確定值，但可視其為一個**隨機變數**(random variable)。**隨機過程**(stochastic process)$\{X_t, t \in T\}$即為這些隨機變數所組成的集合。若T為**離散**的(discrete)，則此過程稱為**離散時間隨機過程**(discrete-time stochastic process)；若T為連續的(continuous)，則此過程稱為**連續時間隨機過程**(continuous-time stochastic process)。

例15.1：考慮卜瓦松過程(Poisson process)，其機率密度函數(probability density function [pdf])如下：

$$p_n = \frac{(\lambda t)^n e^{-\lambda t}}{n!} \qquad n = 0, 1, 2, \ldots$$

因為t是連續的，所以此過程是一個連續時間隨機過程。隨機變數n代表由0至t這段時間內，系統之事件（如：到達、離開）發生的次數。　　□

表15.1　典型例題之每日需求機率

D_t	p_t
0	0.3
1	0.4
2	0.2
3	0.1

典型例題

考慮某百貨公司所銷售的某一型 v8 攝影機。根據過去銷售記錄可得表 15.1 所示之每日需求機率。

此百貨公司採用 (s, S) 的存貨政策（亦即：若存貨水準 [inventory level] $I \leq s$，則下訂單使得 $I = S$），並設定 $s = 0, S = 3$。所以每天晚上下班時，若 $I = 0$，則下訂單使得明天早上 $I = 3$；否則不下訂單。讓 X_t 為第 t 天早上的存貨水準，並假設 $X_0 = 2$，則 $\{X_0, X_1, X_2, ...\}$ 即為一個隨機過程。因為 t 是離散的，所以此過程為一個離散時間隨機過程。　　　　　　　　　　　　　　　　　　　　　　　　　　　□

15.2　馬可夫鏈

一個隨機過程 $\{X_t\}$ 具有**馬可夫性質**(Markovian property)，如果對 $j, i, i_{t-1}, ..., i_0$ 及 $t \geq 0$，

$$\Pr\{X_{t+1} = j \mid X_t = i, X_{t-1} = i_{t-1}, ..., X_0 = i_0\} = \Pr\{X_{t+1} = j \mid X_t = i\}$$

亦即：在時間 $t+1$ 時的狀態僅與在時間 t 時的狀態相關，而與已過去時間 $t-1, ..., 0$ 之狀態無關。

　　我們稱上式等號右邊之機率 $\Pr\{X_{t+1} = j \mid X_t = i\}$ 為**單階轉換機率**（one-step transition probability）。若對所有 $i, j, t \geq 0$ 而言，此機率均為一個固定值，亦即：

$$\Pr\{X_{t+1} = j \mid X_t = i\} = \Pr\{X_1 = j \mid X_0 = i\} \qquad \forall i, j, t \geq 0$$

則此機率稱為**穩定單階轉換機率**(stationary one-step transition probability)。因為此機率不受時間 t 的影響，所以可讓

$$p_{ij} = \Pr\{X_{t+1} = j \mid X_t = i\}$$

代表由狀態 i 經過單階轉換至狀態 j 的機率。我們可進一步定義

$$p_{ij}^n = \Pr\{X_{t+n} = j \mid X_t = i\}$$

為由狀態 i 經過 n 階轉換至狀態 j 的機率。

　　轉換機率經常是以矩陣形式表示如下：

$$\mathbf{P}^n = \begin{pmatrix} p_{00}^n & p_{01}^n & \cdots & p_{0M}^n \\ p_{10}^n & p_{11}^n & \cdots & p_{1M}^n \\ \vdots & \vdots & \ddots & \vdots \\ p_{M0}^n & p_{M1}^n & \cdots & p_{MM}^n \end{pmatrix}$$

　　現在，我們即可定義**馬可夫鏈**(Markov chain)。我們稱一個隨機過程為**有限狀態馬可夫鏈**(finite-state Markov chain)，如果其具有以下性質：

1. 有限狀態數
2. 馬可夫性質
3. 穩定轉換機率
4. 在時間 0 時各狀態的*起始機率*(initial probability)

表15.2　　　例15.2中 X_{t+1} 之計算

D	$p(D)$	$X_t = 1$	$X_t = 2$	$X_t = 3$
0	0.3	1	2	3
1	0.4	3	1	2
2	0.2	3	3	1
3	0.1	3	3	3

例15.2：考慮典型例題。很明顯地，此隨機過程具備以上第1項及第4項性質。此外，我們可將狀態間的關係表示如下：

$$X_{t+1} = \begin{cases} X_t - D_t & \text{如果 } X_t > D_t \\ 3 & \text{如果 } X_t \leq D_t \end{cases}$$

由此可看出，在時間 $t+1$ 時的狀態（即：X_{t+1}）僅與在時間 t 時的狀態（即：X_t）相關，而與已過去時間 $t-1, ..., 0$ 的狀態無關，因此，此隨機過程具備了第2項的馬可夫性質。欲求得單階轉換機率，我們可建立表15.2，其中最後三欄的數字為 X_{t+1}。由此表的第三欄可得 $p_{11} = 0.3$, $p_{12} = 0$, $p_{13} = 0.4 + 0.2 + 0.1 = 0.7$。同理，我們可以求得其餘單階轉換機率，而得到以下的轉換機率矩陣：

$$\mathbf{P} = \begin{matrix} & \begin{matrix} 1 & \ 2 & \ \ 3 \end{matrix} \\ \begin{matrix} 1 \\ 2 \\ 3 \end{matrix} & \begin{pmatrix} 0.3 & 0 & 0.7 \\ 0.4 & 0.3 & 0.3 \\ 0.2 & 0.4 & 0.4 \end{pmatrix} \end{matrix}$$

因為以上單階轉換機率不受時間 t 影響，所以此隨機過程具備了第3項的穩定轉換機率。至此，我們已證明此隨機過程具備以上四項性質，故其為馬可夫鏈。　　　　　　　　　　　　　　　　　　　　　　□

15.3 Chapman-Kolmogorov 公式

Chapman-Kolmogorov 公式可用以計算 n 階轉換機率，其公式如下：

$$p_{ij}^{n+m} = \sum_k p_{ik}^n p_{kj}^m \qquad \forall i, j, n, m$$

其中 k 為所有可能的狀態。若以矩陣形式表達，則公式如下：

$$\mathbf{P}^{n+m} = \mathbf{P}^n \mathbf{P}^m$$

例15.3：考慮典型例題，其二階轉換機率可計算如下：

$$\mathbf{P}^2 = \mathbf{PP} = \begin{pmatrix} 0.3 & 0 & 0.7 \\ 0.4 & 0.3 & 0.3 \\ 0.2 & 0.4 & 0.4 \end{pmatrix} \begin{pmatrix} 0.3 & 0 & 0.7 \\ 0.4 & 0.3 & 0.3 \\ 0.2 & 0.4 & 0.4 \end{pmatrix}$$

$$= \begin{pmatrix} 0.23 & 0.28 & 0.49 \\ 0.30 & 0.21 & 0.49 \\ 0.30 & 0.28 & 0.42 \end{pmatrix}$$

由此機率矩陣可知，若某天早上有三台攝影機，則兩天後仍為三台的機率為 0.42（$p_{33}^2 = 0.42$）。其四階轉換機率可計算如下：

$$\mathbf{P}^4 = \mathbf{P}^2 \mathbf{P}^2 = \begin{pmatrix} 0.23 & 0.28 & 0.49 \\ 0.30 & 0.21 & 0.49 \\ 0.30 & 0.28 & 0.42 \end{pmatrix} \begin{pmatrix} 0.23 & 0.28 & 0.49 \\ 0.30 & 0.21 & 0.49 \\ 0.30 & 0.28 & 0.42 \end{pmatrix}$$

$$= \begin{pmatrix} 0.284 & 0.260 & 0.456 \\ 0.279 & 0.265 & 0.456 \\ 0.279 & 0.260 & 0.461 \end{pmatrix}$$

由此機率矩陣可知，若某天早上有三台攝影機，則四天後仍為三台的機率為 0.461（$p_{33}^4 = 0.461$）。當然，我們亦可用以下方式求四階轉換機率：

$$\mathbf{P}^4 = \mathbf{P}^1 \mathbf{P}^3 = \mathbf{P}^3 \mathbf{P}^1$$

所得到的答案將與 $\mathbf{P}^2 \mathbf{P}^2$ 求得的完全相同。最後，我們計算此問題的八階轉換矩陣如下：

$$\mathbf{P}^8 = \mathbf{P}^4\mathbf{P}^4 = \begin{pmatrix} 0.284 & 0.260 & 0.456 \\ 0.279 & 0.265 & 0.456 \\ 0.279 & 0.260 & 0.461 \end{pmatrix} \begin{pmatrix} 0.284 & 0.260 & 0.456 \\ 0.279 & 0.265 & 0.456 \\ 0.279 & 0.260 & 0.461 \end{pmatrix}$$

$$= \begin{pmatrix} 0.280 & 0.262 & 0.458 \\ 0.280 & 0.262 & 0.458 \\ 0.280 & 0.262 & 0.458 \end{pmatrix}$$

由此八階轉換機率矩陣我們發覺，各不同狀態至某一狀態的機率逐漸趨近於同一個值，這是因為系統經過數個階段後逐漸到達穩定狀態的原因。在15.6節中，我們將對此穩定狀態有詳細的說明。　　　□

　　值得注意的是，以上所討論的轉換機率是屬於條件機率 (conditional probability)。另一個相對的機率則為非條件機率 (unconditional probability)，其可表示如下：

$$\Pr\{X_t = j\} = \sum_i \Pr\{X_t = j \mid X_0 = i\} \Pr\{X_0 = i\}$$
$$= \sum_i p_{ij}^t \Pr\{X_0 = i\}$$

由以上公式可知，欲求非條件機率，必須先得知起始狀態機率 $\Pr\{X_0 = i\}$。

例15.4：在典型例題中，$X_0 = 2$，因此 $\Pr\{X_0 = 2\} = 1, \Pr\{X_0 = 1\} = \Pr\{X_0 = 3\} = 0$。利用四階轉換矩陣，可得四天後存貨水準為三台的（非條件）機率為

$$\Pr\{X_4 = 3\} = p_{13}^4 \Pr\{X_0 = 1\} + p_{23}^4 \Pr\{X_0 = 2\} + p_{33}^4 \Pr\{X_0 = 3\}$$
$$= (0.456)(0) + (0.456)(1) + (0.461)(0) = 0.456$$

若起始狀態的機率為

$$\Pr\{X_0 = 1\} = \frac{1}{5} \qquad \Pr\{X_0 = 2\} = \frac{2}{5} \qquad \Pr\{X_0 = 3\} = \frac{2}{5}$$

則四天後存貨水準為三台的機率為

$$\Pr\{X_4 = 3\} = (0.456)\frac{1}{5} + (0.456)\frac{2}{5} + (0.461)\frac{2}{5} = 0.458$$

比較以上兩個不同起始狀態所得到的值，我們發覺此兩非條件機率非常接近，這亦是因為系統已逐漸到達穩定狀態的原因。　　　　□

例15.5：假設牙膏市場被兩家大廠商瓜分。若某人這次購買品牌一，則有70%的可能，下次他（或她）將會再購買品牌一。若某人這次購買品牌二，則有90%的可能，下次他（或她）將會再購買品牌二。

(a) 如果某人目前是品牌一的購買者，則兩次後（下下次）將購買品牌二的機率為何？

(b) 如果某人目前是品牌二的購買者，則三次後將購買品牌二的機率為何？

解答：首先，我們建立單階轉換矩陣如下：

$$\mathbf{P} = \begin{matrix} & 1 & 2 \\ 1 \\ 2 \end{matrix}\begin{pmatrix} 0.7 & 0.3 \\ 0.1 & 0.9 \end{pmatrix}$$

根據Chapman-Kolmogorov公式可得

$$\mathbf{P}^2 = \mathbf{PP} = \begin{pmatrix} 0.7 & 0.3 \\ 0.1 & 0.9 \end{pmatrix}\begin{pmatrix} 0.7 & 0.3 \\ 0.1 & 0.9 \end{pmatrix}$$

$$= \begin{pmatrix} 0.52 & 0.48 \\ 0.16 & 0.84 \end{pmatrix}$$

$$\mathbf{P}^3 = \mathbf{P}^2\mathbf{P} = \begin{pmatrix} 0.52 & 0.48 \\ 0.16 & 0.84 \end{pmatrix}\begin{pmatrix} 0.7 & 0.3 \\ 0.1 & 0.9 \end{pmatrix}$$

$$= \begin{pmatrix} 0.412 & 0.588 \\ 0.196 & 0.804 \end{pmatrix}$$

因此，若某人目前是品牌一的購買者，則兩次後購買品牌二的機率為 $p_{12}^2 = 0.48$。若某人目前是品牌二的購買者，則三次後購買品牌二的機率為 $p_{22}^3 = 0.804$。　　　　□

15.4　馬可夫鏈狀態的分類

以上所討論的轉換機率適用於系統的短期分析，本節所討論之馬可夫鏈狀態的分類，則有助於對系統長期現象的分析。

若存在 $n \geq 1$ 使得 $p_{ij}^n > 0$，則我們稱由狀態 i 至狀態 j 是**可達的** (accessible 或 reachable)。若兩狀態彼此是可達的，則此兩狀態可**相互溝通** (communicate)。屬於同一**類別** (class) 的狀態均可相互溝通，且一個類別可以僅包含一個狀態。若一個馬可夫鏈僅有一個類別，則其為**不可約的** (irreducible)。若進入一個類別的任一狀態後，即無法離開此類別，則此類別稱為**封閉集合** (closed set)。若一個封閉集合僅包含一個狀態，則此狀態稱為**吸態** (absorbing state)。

例 15.6：考慮一個馬可夫鏈的單階轉換矩陣如下：

$$\mathbf{P} = \begin{array}{c} \\ 0 \\ 1 \\ 2 \\ 3 \end{array} \begin{array}{cccc} 0 & 1 & 2 & 3 \\ \begin{pmatrix} 1/2 & 1/4 & 0 & 1/4 \\ 0 & 1/3 & 2/3 & 0 \\ 1/3 & 1/3 & 1/3 & 0 \\ 0 & 0 & 0 & 1 \end{pmatrix} \end{array}$$

此轉換矩陣之圖形如圖 15.1 所示。此圖顯示此馬可夫鏈不是不可約的，因其有兩個類別。狀態 0、1、2 可相互接觸，所以可相互溝通，因此這三個狀態構成一類（稱之為類別一）。狀態 3 則自行構成另一類（稱之為類別二），此類為封閉集合，且狀態 3 為吸態。狀態 3 可由類別二的任何一個狀態接觸，但反之不成立，所以此兩類別不屬於同一類。值得注意的是，雖然狀態 3 無法由狀態 1 直接接觸 ($p_{13} = 0$)，但經過三期後，有可能由狀態 1 至狀態 3 ($p_{13}^3 \neq 0$)。　　　　□

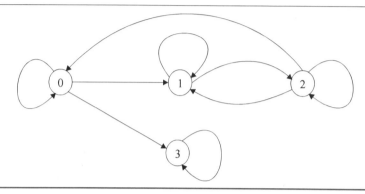

圖 15.1　　例 15.6 轉換矩陣之圖示

　　接下來，我們討論一個狀態的**期數**（period；以 d 表示）。狀態 i 之期數 d 為所有具 $p_{ii}^n > 0$ 條件之 n $(n \geq 1)$ 的最大公約數 (greatest common divisor)。若 $d = 1$，則狀態 i 稱為**無期數狀態** (aperiodic state)。由於期數為類別性質 (class property)，屬於同一類別的狀態具有相同的期數，所以若狀態 i 為無期數狀態，則與 i 在同一類別的所有狀態均為無期數狀態。

例 15.7：考慮一個馬可夫鏈的單階轉換矩陣如下：

$$\mathbf{P} = \begin{matrix} & \begin{matrix} 0 & 1 & 2 \end{matrix} \\ \begin{matrix} 0 \\ 1 \\ 2 \end{matrix} & \begin{pmatrix} 0 & 1 & 0 \\ 1/2 & 0 & 1/2 \\ 0 & 1 & 0 \end{pmatrix} \end{matrix}$$

此轉換矩陣之圖形如圖 15.2 所示。由狀態 1 經過 n 期後再回到狀態 1 的機率如下：

$$p_{11}^1 = 0, p_{11}^2 \neq 0, p_{11}^3 = 0, p_{11}^4 \neq 0, \dots$$

因為具 $p_{11}^n > 0$ 條件之 n 有 2、4、6 等偶數，其最大公約數為 2，所以狀態 1 的期數為 2。因為三個狀態均屬於同一類，所以狀態 0 與 1 的期數亦均為 2。　　　　　　　　　　　　　　　　　　　　　　　　　　□

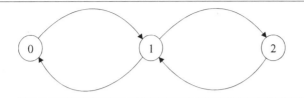

圖15.2　　例15.7轉換矩陣之圖示

15.5　第一次經過時間

由狀態 i 第一次至狀態 j 的時間（期數）稱為**第一次經過時間**(first passage time)。若 $i = j$，則其第一次經過時間亦稱為此狀態的**再生時間** (recurrence time)。

例15.8：考慮典型例題，並假設由時間0開始未來幾天的狀態如下：

$$X_0 = 2, X_1 = 1, X_2 = 3, X_3 = 1, X_4 = 3, X_5 = 2$$

根據這些狀態得知，由狀態1至狀態2第一次經過時間為4天（期）。狀態1的再生時間為兩天。　　　　　　　　　　　　　　　　　　　□

　　一般而言，第一次經過時間是一個隨機變數，故其存在一個相關的機率 f_{ij}^n，其定義如下：

$f_{ij}^n =$ 由狀態 i 至狀態 j 第一次經過時間為 n 的機率

由此定義可得以下的遞迴關係：

$$f_{ij}^1 = p_{ij}^1$$
$$f_{ij}^2 = p_{ij}^2 - f_{ij}^1 p_{jj}^1$$
$$\vdots$$
$$f_{ij}^n = p_{ij}^n - f_{ij}^1 p_{jj}^{n-1} - f_{ij}^2 p_{jj}^{n-2} - \cdots - f_{ij}^{n-1} p_{jj}^1$$

欲證明此遞迴關係，我們比較 f_{ij}^2 及 p_{ij}^2；前者爲由 i 至 j 第一次經過時間是兩期的機率，後者爲由 i 經過兩期後至 j 的機率。這兩者之間是有差異的，因爲 p_{ij}^2 包含了由 i 經過一期後即至 j，然後再由 j 經過一期後再至 j 的機率。因此必須將此機率（即：$f_{ij}^1 p_{jj}^1$）自 f_{ij}^2 減去後，f_{ij}^2 與 p_{ij}^2 才會相等。以此類推，我們可以得到上述 f_{ij}^n 的通式。

例15.9：考慮典型例題，其起始存貨水準爲兩個。我們會想知道第一次下訂單是經過幾天之後，以便事先做準備。此期數是一個隨機變數，其爲 n 期的機率即爲 f_{23}^n（因爲由狀態2至狀態3必須下一個訂單）。茲計算此隨機變數爲1、2、3的機率如下：

$$f_{23}^1 = p_{23}^1$$
$$= 0.3$$

$$f_{23}^2 = p_{23}^2 - f_{23}^1 p_{33}$$
$$= 0.49 - (0.3)(0.4) = 0.37$$

$$f_{23}^3 = p_{23}^3 - f_{23}^1 p_{33}^2 - f_{23}^2 p_{33}^1$$
$$= 0.469 - (0.3)(0.42) - (0.37)(0.4) = 0.195$$

□

因爲 f_{ii}^n 是一個機率，所以

$$\sum_{n=1}^{\infty} f_{ii}^n \leq 1$$

若 $\sum_{n=1}^{\infty} f_{ii}^n = 1$，則我們稱狀態 i 爲**再生態**(recurrent state)；換句話說：由狀態 i 離開後，遲早會再回到狀態 i。若 $\sum_{n=1}^{\infty} f_{ii}^n < 1$，則我們稱狀態 i 爲**暫態**(transient state)；換句話說：由狀態 i 離開後，遲早將永遠不再回來。實際上，我們由轉換機率的圖形，即可判斷某狀態是否爲再生態或暫態；若由該狀態離開後，會再回來，則爲再生態，否則即爲暫態。

再生態與暫態均爲類別性質，亦即：若狀態 i 爲再生態，則與其在同一類別的所有狀態均爲再生態；若狀態 i 爲暫態，則與其在同一類別的所有狀態均爲暫態。

知道由 i 至 j 第一次經過時間的機率後，我們即可計算其期望值，亦即：由 i 至 j 的**期望第一次經過時間**（expected first passage time；以 μ_{ij} 表示）。期望值爲值乘以機率，所以

$$\mu_{ij} = \begin{cases} \displaystyle\sum_{n=1}^{\infty} n f_{ij}^n & \text{如果 } \displaystyle\sum_{n=1}^{\infty} f_{ij}^n = 1 \\ \infty & \text{如果 } \displaystyle\sum_{n=1}^{\infty} f_{ij}^n < 1 \end{cases}$$

由

$$\mu_{ij} = \sum_{n=1}^{\infty} n f_{ij}^n$$

可導出

$$\mu_{ij} = 1 + \sum_{k \neq j} p_{ik} \mu_{kj}$$

（此推導過程超出本書範圍，故不在此敘述。）因此，對於一個固定的 j，我們可列出當 i 爲所有可能狀態時的公式，而可得到與變數 μ_{ij} 數目相等的方程式，求解此聯立方程式即可求得所有變數 μ_{ij}。

例 15.10：考慮典型例題。我們會想知道由各種狀態到第一次下訂單時平均會經過幾期，以便事先做準備，此即爲 $\mu_{13}, \mu_{23}, \mu_{33}$。代入以上公式可得

$$\mu_{13} = 1 + p_{11}\mu_{13} + p_{12}\mu_{23}$$

$$\mu_{23} = 1 + p_{21}\mu_{13} + p_{22}\mu_{23}$$

$$\mu_{33} = 1 + p_{31}\mu_{13} + p_{32}\mu_{23}$$

或

$$\mu_{13} = 1 + 0.3\mu_{13} + 0\mu_{23}$$

$$\mu_{23} = 1 + 0.4\mu_{13} + 0.3\mu_{23}$$

$$\mu_{33} = 1 + 0.2\mu_{13} + 0.4\mu_{23}$$

以上聯立方程式有三個未知數 $\mu_{13}, \mu_{23}, \mu_{33}$、三個方程式,所以可得唯一解如下:

$$\mu_{13} = 1.429, \ \mu_{23} = 2.245, \ \mu_{33} = 2.183$$

因此我們知道,若現在有一台攝影機,則平均 1.429 天後將會要下訂單;若現在有兩台攝影機,則平均 2.245 天後將會要下訂單;若現在有三台攝影機,則平均 2.183 天後將會要下訂單。這些結果將有助於我們事先做好相關的規畫。　　　　　　　　　　　　　　　　　□

　　若 $j = i$,則 μ_{ii} 稱為**期望再生時間** (expected recurrence time)。若 $\mu_{ii} = \infty$,則再生態 i 稱為**虛再生態** (null recurrent state)。若 $\mu_{ii} < \infty$,則再生態 i 稱為**正再生態** (positive recurrent state)。若狀態 i 為正再生態且為無期數,則狀態 i 為**各態歷經的** (ergodic) 狀態。在一個馬可夫鏈中,若所有狀態均為各態歷經的,則此鏈稱為各態歷經鏈。

例15.11:考慮例15.6,其狀態1經過 n 期後再回到狀態1的機率如下:

$$p_{11}^1 \neq 0, p_{11}^2 \neq 0, p_{11}^3 \neq 0, ...$$

所以狀態1為無期數狀態。因狀態1有可能離開後不再回來,所以狀態1為暫態。因狀態0及2與狀態1為同一類別,故此兩狀態均為無期數狀態且為暫態。雖然狀態3為再生態,但狀態0、1、2為暫態,所以該鏈不是各態歷經的。若其中兩項機率更改如下:

$$p_{30} = \frac{1}{2}, \ p_{33} = \frac{1}{2}$$

則所有狀態均爲再生態，且爲無期數狀態，所以更改後之馬可夫鏈即爲各態歷經的。　　　　　　　　　　　　　　　　　　　　　□

15.6　穩定狀態機率

若一個馬可夫鏈爲不可約的且爲各態歷經的，則其存在一個極限機率 (limiting probability) 如下：

$$\lim_{n \to \infty} p_{ij}^n = \pi_j$$

（此極限機率 π_j 又稱爲**穩定狀態機率** [steady state probability]），其唯一地滿足以下聯立方程式：

$$\pi_j = \sum_i \pi_i p_{ij} \tag{15.1}$$

$$\sum_i \pi_i = 1 \tag{15.2}$$

在以上聯立方程式中，方程式的數目較變數 π_j 的數目多一個，所以可將其中任何一個方程式刪除，但唯獨不可刪除 (15.2)，因爲讓所有 $\pi_j = 0$ 將滿足 (15.1) 的所有方程式。此外，若刪除 (15.2)，則我們將滿足 (15.1) 的各個 π_j 全部乘上一個常數後，仍將會滿足 (15.1)；此不合乎 π_j 爲唯一的性質。

事實上，穩定狀態機率即爲期望再生時間的倒數 (reciprocal)，亦即：

$$\pi_j = \frac{1}{\mu_{jj}}$$

並且

$$\pi_j = \lim_{n \to \infty} \left\{ \frac{1}{n} \sum_{k=1}^n p_{ij}^k \right\}$$

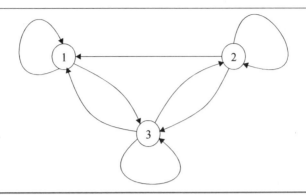

圖 15.3　　　典型例題轉換矩陣之圖示

例 15.12：考慮典型例題，其轉換矩陣之圖形如圖 15.3 所示。由圖中可知所有狀態均爲再生態，且均爲無期數，所以所有狀態均爲各態歷經的。此外，此鏈只有一類，故爲不可約的。因此，此鏈爲各態歷經鏈。其穩定狀態公式如下：

$$\pi_1 = 0.3\pi_1 + 0.4\pi_2 + 0.2\pi_3$$

$$\pi_2 = 0\pi_1 + 0.3\pi_2 + 0.4\pi_3$$

$$\pi_3 = 0.7\pi_1 + 0.3\pi_2 + 0.4\pi_3$$

$$\pi_1 + \pi_2 + \pi_3 = 1$$

我們可刪除前面三個方程式中的任何其中一個，而剩下三個方程式與三個未知數。聯立求解可得

$$\pi_1 = 0.280, \pi_2 = 0.262, \pi_3 = 0.458$$

由穩定狀態機率，我們可求得期望再生時間如下：

$$\mu_{11} = \frac{1}{\pi_1} = \frac{1}{0.280} = 3.571$$

$$\mu_{22} = \frac{1}{\pi_2} = \frac{1}{0.262} = 3.817$$

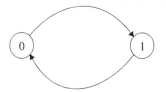

圖 15.4　　例 15.13 轉換矩陣之圖示

$$\mu_{33} = \frac{1}{\pi_3} = \frac{1}{0.458} = 2.183$$

此結果與由期望再生時間之聯立方程式所得到的結果完全相同。　　　□

例 15.13：考慮一個馬可夫鏈的單階轉換矩陣如下：

$$\mathbf{P} = \begin{array}{c} \\ 0 \\ 1 \end{array} \begin{array}{cc} 0 & 1 \\ \begin{pmatrix} 0 & 1 \\ 1 & 0 \end{pmatrix} \end{array}$$

此轉換矩陣之圖形如圖 15.4 所示。由圖中可看出此兩狀態屬於同一類，且期數 $d = 2$。當然，我們亦可用期數之定義計算期數如下：

$$p_{00}^n = \begin{cases} 1 & \text{若 } n = 2, 4, 6, \ldots \\ 0 & \text{若 } n = 1, 3, 5, \ldots \end{cases}$$

因具 $p_{00}^n > 0$ 條件之 n 的最大公約數為 2，故狀態 0 之 $d = 2$。由以上期數的計算，我們亦可看出狀態 0 的極限機率，即：

$$\lim_{n \to \infty} p_{00}^n$$

是不存在的，因為不論 n 多大，p_{00}^n 仍在 0 與 1 之間跳動而無法到達穩定狀態。這說明了穩定狀態機率存在的條件之一是所有狀態均必須是無期數的。　　　□

例 15.14：考慮例 15.5，並假設目前有 5,000,000 位牙膏購買者（大部分購買者購買牙膏供全家使用），平均每一位購買者一個月購買兩次，

每次購買一條。生產品牌一的牙膏公司每銷售一條牙膏可淨賺 $7。目前某廣告公司提出一個新的行銷策略，依此行銷策略每年需花費總金額 $25,000,000 的行銷費用，但可使得這次購買品牌一的購買者下次轉換為購買品牌二的機率，由目前的 30% 下降為 25%。生產品牌一的牙膏公司是否應接受此行銷策略？

解答：欲決定是否應接受此行銷策略，我們先決定採用新的行銷策略後之轉換矩陣如下：

$$\mathbf{P} = \begin{array}{c} 1 \\ 2 \end{array} \begin{pmatrix} 0.75 & 0.25 \\ 0.10 & 0.90 \end{pmatrix}$$

由此可計算出穩定機率分別為 $\pi_1 = 0.286$ 及 $\pi_2 = 0.714$。因為目前（即：採用新的行銷策略前）的 $\pi_1 = 0.25$，所以目前與採用新的行銷策略（不含行銷費用）後的年銷售淨利差額為

$$5,000,000 \times 2 \times 12 \times (0.286 - 0.25) \times \$7 = \$30,240,000$$

因為此淨利差額大於總行銷費用的 $25,000,000，所以值得採行此行銷策略。 □

15.7 吸收機率

若狀態 k 為吸態，則由狀態 i 最後會至狀態 k 的機率（以 f_{ik} 表示）稱為由 i 至 k 的**吸收機率** (absorption probability)。吸收機率 f_{ik} 可由以下的聯立方程式求得：

$$f_{ik} = \sum_j p_{ij} f_{jk} \quad \forall i$$
$$f_{kk} = 1$$

$$f_{ik} = 0 \text{ 如果 } i \text{ 是再生態且 } i \neq k$$

（此聯立方程式的推導過程超出本書範圍，故不在此敘述。）

例15.15：某公司將其顧客的應收帳款情形分爲四類：已付清（狀態1）、欠款一個月內（狀態2）、欠款一至兩個月（狀態3）、壞帳（狀態4）。每月月初，公司根據目前的狀況決定顧客應收帳款的類別。若某顧客於上個月月初爲狀態2（欠款一個月內），但已於上個月支付部份款項，則本月月初仍將被歸於狀態2。若某顧客於上個月月初爲狀態3（欠款一至兩個月），但已於上個月支付部份款項，則本月月初將被歸於狀態2。

由過去的銷售記錄，該公司可得以下的轉換矩陣：

$$
\mathbf{P} = \begin{array}{c} \\ 1 \\ 2 \\ 3 \\ 4 \end{array}
\begin{array}{cccc}
1 & 2 & 3 & 4 \\
\left(\begin{array}{cccc}
1 & 0 & 0 & 0 \\
0.50 & 0.35 & 0.15 & 0 \\
0.35 & 0.25 & 0 & 0.40 \\
0 & 0 & 0 & 1
\end{array}\right)
\end{array}
$$

該公司欲知以下機率以便採取一些措施（如：雇用收款公司收帳等）：

(a) 欠款一個月內的應收帳款最後成爲壞帳的機率。

(b) 欠款一至兩個月的應收帳款最後成爲壞帳的機率。

解答：因爲狀態4爲吸態，所以我們可用以上公式求解此問題。代入公式後可得

$$f_{24} = p_{21}f_{14} + p_{22}f_{24} + p_{23}f_{34} + p_{24}f_{44}$$

$$f_{34} = p_{31}f_{14} + p_{32}f_{24} + p_{33}f_{34} + p_{34}f_{44}$$

其中 $f_{44} = 1$, $f_{14} = 0$。因此可得以下兩個未知數、兩個方程式的聯立方程式：

$$(1 - p_{22})f_{24} - p_{23}f_{34} = p_{24}$$

$$(1 - p_{33})f_{34} - p_{32}f_{24} = p_{34}$$

將轉換機率代入可得

$$0.65f_{24} - 0.15f_{34} = 0$$

$$f_{34} - 0.25f_{24} = 0.40$$

聯立求解可得 $f_{24} = 0.098$, $f_{34} = 0.425$。因此，欠款一個月內與欠款一至兩個月的應收帳款，最後成為壞帳的機率分別為 9.8% 與 42.5%。 ☐

15.8 習題

1. 考慮典型例題，但重新定義 X_t 為第 t 天晚上下班時的存貨水準。

   (a) 求轉換矩陣。

   (b) 求五階轉換矩陣。

   (c) 求穩定狀態機率。

2. 某公司將其顧客的應收帳款情形分為五類，其每月的轉換機率如表15.3所示。該公司的一個新帳戶最後變成壞帳的機率為何？

表15.3　習題2之表

	新帳戶	付清	欠款一個月內	欠款一至三個月	壞帳
新帳戶	0	0.6	0.4	0	0
付清	0	1	0	0	0
欠款一個月內	0	0.8	0	0.2	0
欠款一至三個月	0	0.6	0	0	0.4
壞帳	0	0	0	0	1

3. 考慮以下馬可夫鏈：

$$\mathbf{P} = \begin{matrix} & \begin{matrix} 1 & 2 & 3 \end{matrix} \\ \begin{matrix} 1 \\ 2 \\ 3 \end{matrix} & \begin{pmatrix} 0.3 & 0.7 & 0 \\ 0.4 & 0.6 & 0 \\ 0 & 0 & 1 \end{pmatrix} \end{matrix}$$

(a) 此鏈是否為各態歷經的？

(b) 解釋為何極限機率不存在。（提示：$\lim_{n \to \infty} p_{21}^n \neq \lim_{n \to \infty} p_{31}^n$。）

4. 考慮以下馬可夫鏈：

$$\mathbf{P} = \begin{matrix} & \begin{matrix} 1 & 2 & 3 \end{matrix} \\ \begin{matrix} 1 \\ 2 \\ 3 \end{matrix} & \begin{pmatrix} 0 & 1 & 0 \\ 0 & 0 & 1 \\ 1 & 0 & 0 \end{pmatrix} \end{matrix}$$

(a) 此鏈是否為不可約的？

(b) 求各狀態的期數。

(c) 此鏈是否為各態歷經的？

(d) 解釋為何極限機率不存在。（提示：將 $p_{11}^n, n = 1, 2, \ldots$ 列出，以說明 $\lim_{n \to \infty} p_{11}^n$ 不存在。）

5. 考慮以下馬可夫鏈：

$$\mathbf{P} = \begin{matrix} & \begin{matrix} 1 & 2 & 3 \end{matrix} \\ \begin{matrix} 1 \\ 2 \\ 3 \end{matrix} & \begin{pmatrix} 0.1 & 0.2 & 0.7 \\ 0.2 & 0.4 & 0.4 \\ 0.3 & 0.6 & 0.1 \end{pmatrix} \end{matrix}$$

(a) 求穩定狀態機率。

(b) 直接以15.5節之聯立方程式求解期望第一次經過時間,並將所得之結果與(a)相互比較。

6. 考慮以下馬可夫鏈:

$$\mathbf{P} = \begin{array}{c} \\ 1 \\ 2 \\ 3 \\ 4 \\ 5 \end{array} \begin{array}{ccccc} 1 & 2 & 3 & 4 & 5 \\ \begin{pmatrix} 0.2 & 0.3 & 0 & 0.5 & 0 \\ 0 & 0.4 & 0 & 0.3 & 0.3 \\ 0 & 0 & 0.3 & 0 & 0.7 \\ 0 & 0 & 0 & 1 & 0 \\ 0 & 0 & 1 & 0 & 0 \end{pmatrix} \end{array}$$

(a) 那些狀態為暫態?

(b) 那些狀態為再生態?

(c) 那些狀態為吸態?

(d) 那些狀態為封閉集合?

(e) 此鏈有幾個類別?是否為不可約的?

(f) 那個狀態無法與其它任何一個狀態相互溝通?

7. 某公司生產兩種品牌的清潔劑(品牌A及品牌B),此兩種品牌每週之轉換機率矩陣如下:

$$\mathbf{P} = \begin{array}{c} \\ A \\ B \end{array} \begin{array}{cc} A & B \\ \begin{pmatrix} 0.75 & 0.25 \\ 0.15 & 0.85 \end{pmatrix} \end{array}$$

(a) 如果某人目前是品牌B的購買者,則下週他(或她)將購買品牌A的機率為何?三週後他(或她)將購買品牌B的機率為何?

(b) 若目前A與B兩種品牌之市場佔有率的比率為40%對60%,那麼三週後市場佔有率的比率為何?長期下來之市場佔有率的比率又為何?

8. 某市的青少年犯罪審判結果分爲三類：住進青少年撫育院（狀態1）、緩刑——定期至法務部報到（狀態2）、開釋（狀態3）。根據長期觀察與研究的結果，可以得到如下所示以月爲單位的轉換機率：

$$
\mathbf{P} = \begin{array}{c} \\ 1 \\ 2 \\ 3 \end{array}\begin{array}{ccc} 1 & 2 & 3 \\ \begin{pmatrix} 0.7 & 0.3 & 0 \\ 0.2 & 0.5 & 0.3 \\ 0.1 & 0.1 & 0.8 \end{pmatrix} \end{array}
$$

(a) 對一位一般的青少年犯罪者而言，其待在青少年撫育院的機率爲何？

(b) 若一個青少年犯罪者這個月待在青少年撫育院，則平均經過多少個月後，他會再回到撫育院？

(c) 若目前該市青少年犯罪者計有750人，則各類之期望人數爲何？

第十六章
等候理論

本章大綱

等候理論（queueing theory或waiting line theory）是研究**等候系統**(queueing system)的問題。只要有人或物等待接受服務，等候系統就自然形成。等候系統的例子隨處可見，例如：

1. 車在紅綠燈前等待通行
2. 顧客在超級市場的結帳櫃檯前等待結帳
3. 故障的機器等待被修理
4. 車在加油站等待加油
5. 病人在醫院等候醫生看病
6. 電腦程式等待被電腦執行
7. 學生等待見老師

以上這些情況的一個共通現象就是「等」。當然，如果我們能提供足夠的服務設施，等的現象便會抒解，但經常無法完全消除。其原因是因為等候系統存在一些隨機的現象，如：顧客的到達時間、服務者的服務時間等。因此，即使平均服務率比平均顧客到達率高，等的現象仍會發生。等候理論主要即是研究各種等候系統的特性（如：每位顧客平均等多久？系統平均有多少位顧客？），從而利用這些資料設計出更佳的等候系統。

　　本章的內容安排如下。16.1節首先介紹一般等候系統的結構。16.2節說明本章所用的符號，包括用以表示等候系統的Kendall符號。16.3節介紹著名的Little公式，此公式可表達出 L 與 W 間以及 L_q 與 W_q 間的關係。16.4節證明指數分配具有所謂的無記憶性質（或稱馬可夫性質），並說明此性質在等候系統中的實際意義。16.5節討論在等候理論中極為重要的生死過程，並推導出其在穩定狀態下，系統為各種狀態的機率。16.6節開始介紹我們的第一個等候系統——$M/M/1$模式，其到達間隔時間與服務時間均呈指數分配，且其僅有一個服務者。16.7節討論當有一

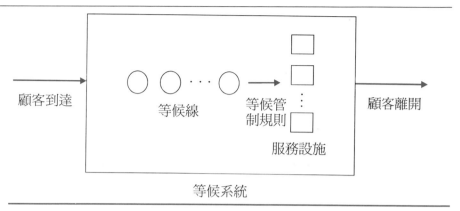

圖 16.1　等候系統的架構

個以上服務者的 $M/M/s$ 模式。16.8節討論最多僅允許 K 位顧客在系統的 $M/M/1/K$ 模式。16.9節將 $M/M/1/K$ 模式擴展到有 s 個相同服務者的 $M/M/s/K$ 模式。16.10節討論在有限來源情況下的 $M/M/1$ 及 $M/M/s$ 模式（所謂有限來源是指有可能進入系統的潛在顧客數是有限的情況）。從16.6節到16.10節所討論的模式均屬於生死過程，16.11節則討論不屬於生死過程的 $M/G/1$ 模式，其服務時間可爲任何分配。16.12節討論服務時間爲固定值的 $M/D/1$ 模式。16.13節討論服務時間呈 Erlang-k 分配的 $M/E_k/1$ 模式。最後，16.14節討論以服務成本與等候成本之和作爲衡量準則的等候理論之應用。

16.1　等候系統的結構

圖16.1顯示一般等候系統的結構。顧客陸續到達等候系統，進入系統後即加入等候線，在此根據**等候管制規則**(queue discipline)，先後接受**服務設施**(service facility)所提供的服務，服務完畢後即離開等候系統。等候系統一般包含以下四項構成要素：

　　1. 顧客來源

2. 等候線

3. 等候規則

4. 服務設施

顧客來源

顧客來源的特性之一是其數量 (size)。所謂數量是指有可能需要服務的潛在顧客總數。顧客來源的數量可以是無限的 (infinite)，也可以是有限的 (finite)。因為在無限情況下的模式遠較有限情況下容易，因此當實際顧客的來源足夠多時，我們經常假設顧客的來源是無限的。

顧客來源的另一個特性是顧客的到達間隔時間 (interarrival time)。我們經常假設到達間隔時間是呈指數分配 (exponential distribution)。一般而言，此假設在大多數的情況下是一項合理的假設。我們在16.4節中將對此有詳細的說明。

此外，對於顧客來源，有時我們會考慮當存在沒耐心顧客 (impatient customer) 的情形。沒耐心的顧客又可分為猶豫的 (balking)、破壞約定的 (reneging)、及欺騙的 (jocking) 三類。若一位顧客於到達時，覺得等候線太長而決定不進入系統，則我們稱此為猶豫的情形。若顧客進入等候線一段時間後，失去耐心而決定離開，則我們稱此為破壞約定的情形。若顧客在一條等候線上等太久，而轉換至另一條等候線，則我們稱此為欺騙的情形。

等候線

等候線的主要特性是等候線容量 (queue capacity)。所謂容量是指等候線可容納的最大顧客數量。等候線的容量可以是無限的 (infinite)，也可以是有限的 (finite)。因為在無限情況下的模式遠較有限情況下容易，因此當等候線的容量足夠大時，我們經常假設該等候線容量是無限的。需要

特別注意的是，等候線容量與**系統容量**(system capacity)稍有不同；後者除了包含等候線的容量外，尚包含了服務設施所能容納的顧客數量。

等候規則

等候規則（queue discipline；又稱**服務規則**[service discipline]）是指到達系統的顧客所接受服務的次序。最常見的等候規則是FCFS（first come, first served；先到先服務），或稱FIFO（first in, first out；先進先出）。在此規則下，顧客以到達的先後次序接受服務。與FCFS相反的是LCFS（last come, first served；後到先服務）或稱LIFO（last in, first out；後進先出）。此規則適用於沒有過時(obsolescent)考慮的存貨系統，因為取用最後進入的物品往往較為容易；搭乘電梯亦為LIFO的情形。有時服務的次序與顧客到達的次序無關，而是由隨機的方式決定，此方式稱為SIRO（service in random order；隨機次序服務）。例如：某明星國小登記報名的學生人數，遠超過該國小所能提供的名額，所以學校採用隨機抽籤的方式決定錄取的學生。最後我們考慮**優先**(priority; PRI)等候規則。在此情況下，每位顧客被歸屬於一個優先階層(priority level)，優先階層高的顧客可優先接受服務。若無特殊規定，則在同一階層內的顧客是以FCFS的方式接受服務。優先等候規則又可分為**搶先佔有的**(preemptive)及**無搶先佔有的**(non-preemptive)兩種情況。在搶先佔有的情況下，當具較高優先階層的顧客到達時，即使目前有具較低優先階層的顧客正在接受服務，亦需先中斷服務，而讓此顧客立即接受服務；在無搶先佔有的情況下，具較高優先階層的顧客到達時，可立刻到等候線的第一個位置，但必須等到目前正在接受服務的顧客完成後，才可開始接受服務。

服務設施

一個**服務設施**(service facility)可以包含一個或一個以上相同的**服務者**(server)，而顧客僅需經過其中任何一個服務者即可。我們稱包含一個以上相同服務者的設施為具**平行服務者**(parallel servers)的設施。在此類設施中，與服務者數目相同的顧客可同時接受服務。例如：在超級市場，往往有一個以上提供相同服務的結帳櫃檯，任何顧客僅需由其中一個櫃檯服務即可。另一方面，一個等候系統可以有包含一連串服務者的服務設施。在此類設施中，顧客必須經過此一連串的每一個服務者後，服務才算完成。此種情況稱為**縱排式等候線**(tandom queues)，而工廠的裝配線即為縱排式等候線之一例。

最後要特別強調的是，顧客不一定要是人，他（或它）可以是機器、車、電腦程式等；服務者也不一定要是人，他（或它）可以是一群機器、電腦等；等候線亦不一定要呈具體排列的形式，它可以是一些分散在工廠各個角落等待被修理的機器。

16.2　符號說明

本節將說明等候理論常用的符號。首先，我們介紹用以表示一個等候系統的Kendall符號(Kendall's notation)。此符號是由以下五個符號所組成：

$$A/B/X/Y/Z$$

其中 A 表示到達間隔時間 (interarrival time) 分配，其常用的的標準簡寫如下：

$M =$ 指數分配（ M 為 Markovian 之簡寫）

$D =$ 確定性（ D 為 deterministic 之簡寫）

$E_k =$ Erlang-k 分配

$GI = $ 一般獨立分配（GI 為 general independent 之簡寫）

第二個符號 B 為服務時間 (service time) 分配，其常用的分配及簡寫與 A 相同，惟一般獨立分配在此以 G 表示，以有別於到達間隔時間分配的 GI；X 表示相同服務者的個數；Y 表示系統最多可容納的顧客數（即：系統容量）；Z 表示等候規則。當 Y 為 ∞ 且 Z 為 FCFS 時，我們經常省略此兩符號，而僅以 $A/B/X$ 三個符號表示一個等候系統。

例如：$M/G/4/10/$FCFS 代表一個有 4 個相同服務者的等候系統，其到達間隔時間呈指數分配，服務時間為一般分配，系統可容納 10 位顧客（亦即：等候線可容納 $6\,(10-4)$ 位顧客），等候規則乃採先到先服務的方式。

除 Kendall 符號外，在等候理論中常用的符號如下：

$n = $ 在系統中之顧客數

$N(t) = $ 系統在時間 t 時的顧客數

$s = $ 相同服務者的個數

$\lambda_n = $ 當有 n 位顧客在系統時的平均到達率

$\lambda = $ 系統平均到達率

$\mu_n = $ 當有 n 位顧客在系統時的平均服務率

$\mu = $ 系統平均服務率

$\frac{1}{\lambda} = $ 期望到達間隔時間

$\frac{1}{\mu} = $ 期望服務時間

$\rho = $ 使用率 (utilization factor)，或稱交通密度 (traffic intensity) ($\rho = \frac{\lambda}{s\mu}$)

以下為穩定狀態統計量 (steady-state statistics) 之符號：

$p_n = n$ 位顧客在系統的機率

$L = $ 在系統中的期望顧客數

$L_q = $ 在等候線上的期望顧客數

$W = $ 每位顧客在系統中的期望等候時間

$W_q = $ 每位顧客在等候線上的期望等候時間

16.3 Little 公式

Little 證明出 L 與 W 間，以及 L_q 與 W_q 間存在以下的關係：

$$L = \lambda W \qquad L_q = \lambda W_q$$

（此證明超出本書範圍，故不在此敘述。）我們稱此公式爲 Little 公式 (Little's formula)。此外，因爲 W 與 W_q 之差異僅爲前者尚包含了顧客的服務時間，所以

$$W = W_q + \frac{1}{\mu}$$

因此，根據以上關係我們只要能夠求得 L、L_q、W、W_q 四個值中的任何一個值，即可得到四個用以衡量系統表現的重要統計量。

16.4 無記憶性質

指數分配 (exponential distribution) 在等候理論中極爲重要，其主要原因是因爲指數分配具有所謂的無記憶性質。本節將先定義指數分配，然後再討論其所特有的無記憶性質。

定義：一個連續隨機變數 X 稱之爲具參數 α $(\alpha \geq 0)$ 的指數分配，若其機率密度函數爲

$$f(x) = \alpha e^{-\alpha x} \qquad x \geq 0$$

指數分配的平均值與變異數分別為

$$E(X) = \frac{1}{\alpha}$$

$$\sigma^2 = \frac{1}{\alpha^2}$$

定義：隨機變數 T 具有**無記憶性質**(memoryless property)或稱**馬可夫性質**(Markovian property)，若其滿足以下條件：

$$\Pr\{T > t + \Delta t \,|\, T > \Delta t\} = \Pr\{T > t\} \quad \forall\, t, \Delta t \geq 0$$

茲證明指數隨機變數 T 具有無記憶性質如下：

$$\begin{aligned}
\Pr\{T > t + \Delta t \,|\, T > \Delta t\} &= \frac{\Pr\{T > t + \Delta t, T > \Delta t\}}{\Pr\{T > \Delta t\}} \\
&= \frac{e^{-\alpha(t+\Delta t)}}{e^{-\alpha \Delta t}} \\
&= e^{-\alpha t} \\
&= \Pr\{T > t\}
\end{aligned}$$

事實上，指數分配是唯一具有此性質的連續型隨機變數。

　　對服務時間而言，無記憶性質意味著目前正接受服務的顧客，於未來某一點時間 t 完成的機率，與他已接受服務的時間長短無關。換句話說：服務過程完全忘記了它的歷史。對於到達間隔時間而言，此性質則意味著下位顧客的到達時間，不受自上位顧客到達至目前為止的這段時間的長度影響。由此可知，指數分配一般很適合用來描述到達間隔時間。但是對於服務時間，指數分配僅可能適用於當各顧客的服務作業不同時的情況；當各顧客的服務作業相同或近似時，服務完成的時間顯然會受到已接受服務之時間長短的影響，所以指數分配不適用於此種情況。

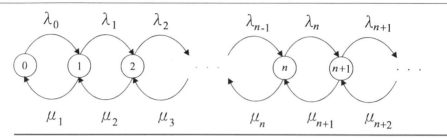

圖 16.2　生死過程的狀態轉換率圖

16.5　生死過程

考慮一個具有 n 位顧客的系統。如果到達間隔時間與服務時間均呈指數分配,則此系統稱為**生死過程**(birth and death process)。生死過程的狀態轉換率如圖 16.2 所示。在此圖中,一個出生 (birth) 使得系統由狀態 n 進入狀態 $n+1$,其中 λ_n 稱為系統在狀態 n 時的出生率。在大多數的等候系統中,一個出生即代表一位顧客的到達。相對地,一個**死亡** (death) 使得系統由狀態 n 回到狀態 $n-1$,其中 μ_n 稱為系統在狀態 n 時的死亡率。在大多數的等候系統中,一個死亡即代表一個服務的完成。

以下,我們先說明當系統到達穩定狀態時,存在到達率等於離開率的關係。接著,我們利用此關係推導在生死過程中,系統狀態為 n 時的機率 p_n。此機率將在後面的數節中被廣泛地使用。

考慮一個當系統狀態為 n 時的生死過程。讓 E 與 L 分別代表此過程到達(進入)與離開狀態 n 的次數。則此兩次數的差額必為 0 或 1,亦即:

$$|E - L| = 0 \text{ 或 } 1$$

長期下來(亦即:$t \to \infty$;此時系統將到達穩定狀態),可得

$$\frac{|E - L|}{t} = 0$$

或

$$\frac{E}{t} = \frac{L}{t}$$

因此可得

到達率 = 離開率

根據此關係，我們現在開始求導系統為狀態 n 的機率 p_n。首先，我們考慮狀態 0。由圖 16.2 的狀態轉換率圖可看出，狀態 0 的到達率為 $\mu_1 p_1$，離開率為 $\lambda_0 p_0$，根據到達率等於離開率的關係可得

$$\mu_1 p_1 = \lambda_0 p_0 \tag{16.1}$$

我們稱此為狀態 0 的**平衡方程式**(balance equation)。

接著，我們考慮狀態 1，其到達率包含兩部份：(1) 當系統狀態為 0 時，若有一位顧客到達，則進入狀態 1；(2) 當系統狀態為 2 時，若有一位顧客離開，則進入狀態 1。因此，狀態 1 的到達率為 $\lambda_0 p_0 + \mu_2 p_2$。狀態 1 的離開率亦包含兩部份；因為當系統狀態為 1 時，有可能有顧客到達，亦有可能有顧客離開，所以其離開率為 $\lambda_1 p_1 + \mu_1 p_1 = (\lambda_1 + \mu_1)p_1$。根據到達率等於離開率的關係，我們可以得到狀態 1 的平衡方程式如下：

$$\lambda_0 p_0 + \mu_2 p_2 = (\lambda_1 + \mu_1)p_1 \tag{16.2}$$

同理，我們可得狀態 n $(n \geq 1)$ 的平衡方程式如下：

$$\lambda_{n-1} p_{n-1} + \mu_{n+1} p_{n+1} = (\lambda_n + \mu_n)p_n \tag{16.3}$$

由 (16.1) 可得

$$p_1 = \frac{\lambda_0}{\mu_1} p_0$$

由(16.2)可得

$$
\begin{aligned}
p_2 &= \frac{\lambda_1}{\mu_2}p_1 + \frac{1}{\mu_2}(\mu_1 p_1 - \lambda_0 p_0)\\
&= \frac{\lambda_1}{\mu_2}p_1\\
&= \frac{\lambda_1 \lambda_0}{\mu_2 \mu_1}p_0
\end{aligned}
$$

由(16.3)並利用數學歸納法(mathematical induction)可得

$$
p_n = \frac{\lambda_{n-1}\lambda_{n-2}\cdots\lambda_0}{\mu_n \mu_{n-1}\cdots\mu_1}p_0 = p_0 \prod_{i=1}^{n}\frac{\lambda_{i-1}}{\mu_i} \quad n \geq 1 \tag{16.4}
$$

欲求得所有p_n，我們可利用以下機率總和為1的關係：

$$
\sum_{n=0}^{\infty}p_n = 1
$$

因此

$$
\left(1 + \sum_{n=1}^{\infty}\prod_{i=1}^{n}\frac{\lambda_{i-1}}{\mu_i}\right)p_0 = 1
$$

或

$$
p_0 = \frac{1}{1 + \displaystyle\sum_{n=1}^{\infty}\prod_{i=1}^{n}\frac{\lambda_{i-1}}{\mu_i}} \tag{16.5}
$$

根據(16.4)及(16.5)，我們即可求得在生死過程中的穩定狀態下，系統狀態為n的機率p_n。在接下來的數節中，我們將利用此生死過程的穩定狀態機率，推導幾個常用的等候系統模式之重要衡量準則。

16.6　M/M/1模式

$M/M/1$模式代表一個單一服務者的等候系統，其到達間隔時間與服務時間均呈指數分配。因僅使用Kendall符號的前三個符號，所以表示系

統容量不受限制，且等候規則採先到先服務的方式。此系統屬於生死過
程，所以可使用上節所發展出來之生死過程的結果。

　　因爲系統的容量無限，所以不論系統狀態爲何，到達率均爲一個固
定值 λ，亦即：

$$\lambda_n = \lambda \quad \forall n \geq 0 \tag{16.6}$$

因爲此系統中僅有一位服務者，所以只要有顧客在系統，服務率亦爲一
個固定值 μ，亦即：

$$\mu_n = \mu \quad \forall n \geq 1 \tag{16.7}$$

將 (16.6) 及 (16.7) 代入下式可得

$$\begin{aligned}
\sum_{n=1}^{\infty} \prod_{i=1}^{n} \frac{\lambda_{i-1}}{\mu_i} &= \sum_{n=1}^{\infty} \left(\frac{\lambda}{\mu}\right)^n \\
&= \sum_{n=0}^{\infty} \left(\frac{\lambda}{\mu}\right)^n - \left(\frac{\lambda}{\mu}\right)^0 \\
&= \frac{1}{1 - \frac{\lambda}{\mu}} - 1
\end{aligned} \tag{16.8}$$

其中最後一式是利用以下無限總和 (infinite sum) 的公式而得：

$$\sum_{n=0}^{\infty} \beta^n = \frac{1}{1 - \beta} \quad \text{如果 } \beta < 1$$

因此，我們必須假設 $\lambda < \mu$，才能使得 $\beta < 1$。將 (16.8) 代入 (16.5)，並
讓 $\rho = \lambda/\mu$，可得

$$\begin{aligned}
p_0 &= 1 - \frac{\lambda}{\mu} \\
&= 1 - \rho
\end{aligned}$$

將 p_0 代入 (16.4) 可得

$$\begin{aligned}
p_n &= p_0 \prod_{i=1}^{n} \frac{\lambda_{i-1}}{\mu_i} \\
&= (1 - \rho)\rho^n
\end{aligned}$$

得到 p_n 後，我們即可推導出等候系統的四個重要衡量準則。首先，我們考慮在系統中的期望顧客數 L。因其為期望值，所以將所有可能的值乘以其相對的機率後相加即可，亦即：

$$
\begin{aligned}
L &= \sum_{n=0}^{\infty} n p_n \\
&= \sum_{n=0}^{\infty} n (1-\rho) \rho^n \\
&= (1-\rho)\rho \sum_{n=0}^{\infty} n \rho^{n-1} \\
&= (1-\rho)\rho \sum_{n=0}^{\infty} \frac{d}{d\rho} \rho^n \\
&= (1-\rho)\rho \frac{d}{d\rho} \left(\sum_{n=0}^{\infty} \rho^n \right) \\
&= (1-\rho)\rho \frac{d}{d\rho} \left(\frac{1}{1-\rho} \right) \\
&= \frac{\rho}{1-\rho} \\
&= \frac{\lambda}{\mu - \lambda}
\end{aligned}
$$

其中第四式等於第五式是因為導數(derivative)之和(summation)等於和之導數。

接下來，我們考慮在等候線上的期望顧客數 L_q。因為當系統狀態為 n $(n \geq 1)$ 時，等候線上的顧客數為 $n-1$，因此

$$
\begin{aligned}
L_q &= \sum_{n=1}^{\infty} (n-1) p_n \\
&= \sum_{n=1}^{\infty} n p_n - \sum_{n=1}^{\infty} p_n \\
&= L - \rho \\
&= \frac{\lambda}{\mu - \lambda} - \frac{\lambda}{\mu}
\end{aligned}
$$

$$= \frac{\mu\lambda - \mu\lambda + \lambda^2}{\mu(\mu - \lambda)}$$

$$= \frac{\lambda^2}{\mu(\mu - \lambda)}$$

實際上，我們可直接寫出第三式，而由L導出L_q。

求出L與L_q後，我們即可利用Little公式求得W及W_q如下：

$$W = \frac{L}{\lambda} = \frac{1}{\mu - \lambda}$$

$$W_q = \frac{L_q}{\lambda} = \frac{\lambda}{\mu(\mu - \lambda)}$$

除了以上四個衡量準則外，有時我們會想知道顧客在等候線上或在系統中等候超過某一個時間的機率。讓W_q與W分別代表一位顧客在等候線上與在等候系統中的時間，則可導出以下公式：

$$\Pr\{\mathcal{W} > t\} = e^{-\mu(1-\rho)t}$$

$$\Pr\{\mathcal{W}_q > t\} = \rho e^{-\mu(1-\rho)t}$$

（此推導過程超出本書範圍，故不在此敘述。）

例16.1：某人開了一家一人理髮店。他發覺每個星期天都特別忙碌，所以考慮在星期天雇用一位兼職的理髮師。因為目前的房子只能容納四張椅子（理髮椅不包含在內），所以他同時也考慮搬到大一點的房子。根據以往的經驗，星期天顧客到達間隔時間與服務時間均大致呈指數分配，且顧客平均每小時來4人，每人平均理髮時間為12分鐘。為做出正確的決策，他想知道以下的資料：

(a) L_q、L、W_q、W分別為何？

(b) 顧客不需等候即可理髮的機率為何？

(c) 顧客沒有座位坐的機率為何？

(d) 顧客必須等候超過一小時才能開始理髮的機率爲何？

解答：此問題屬於 $M/M/1$ 模式，故可使用以上所求得此模式的公式。此問題的基本資料如下：$\lambda = 4/$ 小時；$1/\mu = 12$ 分鐘 $=1/5$ 小時，故 $\mu = 5/$ 小時；$\rho = \lambda/\mu = 4/5$。

(a) 代入公式可得

$$L = \frac{\lambda}{\mu - \lambda} = \frac{4}{5 - 4} = 4$$

$$L_q = \frac{\lambda^2}{\mu(\mu - \lambda)} = \frac{4^2}{5(5 - 4)} = 3.2$$

$$W = \frac{1}{\mu - \lambda} = \frac{1}{5 - 4} = 1 \text{ 小時} = 60 \text{ 分鐘}$$

$$W_q = \frac{\lambda}{\mu(\mu - \lambda)} = \frac{4}{5(5 - 4)} = 0.8 \text{ 小時} = 48 \text{ 分鐘}$$

(b) 顧客不需等候即可理髮的機率，即爲系統沒人的機率 p_0，其可計算如下：

$$p_0 = 1 - \rho = 1 - \frac{4}{5} = \frac{1}{5}$$

(c) 顧客沒有座位坐的機率，即爲系統人數大於 5 人時的機率。對於 $M/M/1$ 模式而言，若系統的總座位爲 k（含正接受服務者的座位），則沒有座位坐的機率爲

$$\Pr\{n > k\} = \sum_{n=k+1}^{\infty} p_n = \sum_{n=k+1}^{\infty} (1 - \rho)\rho^n$$
$$= (1 - \rho)\rho^{k+1} \sum_{n=k+1}^{\infty} \rho^{n-k-1} = \frac{(1 - \rho)\rho^{k+1}}{1 - \rho} = \rho^{k+1}$$

因此，當 $k = 5$ 時，此機率爲

$$\Pr\{n > 5\} = \rho^6 = 0.262$$

(d)代入公式可得

$$\Pr\{\mathcal{W}_q > 1\} = \frac{4}{5}e^{-5(1-\frac{4}{5})1} = \frac{4}{5}e^{-1} = 0.294$$

□

16.7 M/M/s 模式

$M/M/s$ 模式代表一個擁有 s $(s > 1)$ 個相同服務者，且到達間隔時間與服務時間均呈指數分配的等候系統。此外，該系統的系統容量不受限制，且等候規則採先到先服務的方式。因爲此系統屬於生死過程，所以可使用16.5節所發展出來之生死過程的結果。

因爲系統容量無限，所以不論系統狀態爲何，到達率均爲 λ，亦即：

$$\lambda_n = \lambda \quad \forall n \geq 0 \tag{16.9}$$

因系統中有 s 個服務者，所以最多可有 s 位顧客同時接受服務，但當顧客數 n 小於 s 時，則當然僅能有 n 位顧客接受服務，其餘 $s - n$ 個服務者則呈閒置的 (idle) 狀態。因此，

$$\mu_n = \begin{cases} n\mu & \text{如果 } n = 1, 2, ..., s-1 \\ s\mu & \text{如果 } n = s, s+1, ... \end{cases}$$

在上式中 $n = s$ 的情形寫在上面或下面均可。將 λ_n 與 μ_n 代入下式可得

$$\prod_{i=1}^{n} \frac{\lambda_{i-1}}{\mu_i} = \begin{cases} \dfrac{\lambda^n}{n!\mu^n} & \text{如果 } n = 1, 2, ..., s-1 \\ \dfrac{\lambda^n}{s^{n-s}s!\mu^n} & \text{如果 } n = s, s+1, ... \end{cases}$$

將此式代入 (16.5) 可得

$$p_0 = \left[1 + \sum_{n=1}^{s-1} \frac{(\lambda/\mu)^n}{n!} + \frac{(\lambda/\mu)^s}{s!} \sum_{n=s}^{\infty} \left(\frac{\lambda}{s\mu} \right)^{n-s} \right]^{-1}$$

$$= \left[\sum_{n=0}^{s-1} \frac{(\lambda/\mu)^n}{n!} + \frac{(\lambda/\mu)^s}{s!} \frac{1}{1 - \frac{\lambda}{s\mu}} \right]^{-1}$$

由第一式到第二式可知，穩定狀態解存在的條件為 $\rho = \frac{\lambda}{s\mu} < 1$。此外，我們可得

$$
p_n = \begin{cases}
\dfrac{\lambda^n}{n!\mu^n} p_0 & \text{如果 } n = 1, 2, ..., s-1 \\[2ex]
\dfrac{\lambda^n}{s^{n-s}s!\mu^n} p_0 & \text{如果 } n = s, s+1, ...
\end{cases}
$$

接下來，我們只要推導出 L、L_q、W、W_q 其中之一，即可求得其餘三個統計量。我們考慮 L_q。當系統狀態為 n $(n \geq s)$ 時，等候線上的顧客數為 $n - s$，因此

$$
\begin{aligned}
L_q &= \sum_{n=s}^{\infty} (n-s)p_n \\
&= \sum_{j=0}^{\infty} j p_{s+j} \\
&= \sum_{j=0}^{\infty} j \frac{(\lambda/\mu)^s}{s!} \rho^j p_0 \\
&= p_0 \frac{(\lambda/\mu)^s}{s!} \rho \sum_{j=0}^{\infty} \frac{d}{d\rho} \rho^j \\
&= p_0 \frac{(\lambda/\mu)^s}{s!} \rho \frac{d}{d\rho} \left(\sum_{j=0}^{\infty} \rho^j \right) \\
&= p_0 \frac{(\lambda/\mu)^s}{s!} \rho \frac{d}{d\rho} \left(\frac{1}{1-\rho} \right) \\
&= \frac{(\lambda/\mu)^s \rho}{s!(1-\rho)^2} p_0
\end{aligned}
$$

求出 L_q 之後，我們即可利用以下關係求得其餘三個統計量如下：

$$
L = L_q + \frac{\lambda}{\mu}
$$

$$
W_q = \frac{L_q}{\lambda}
$$

$$
W = \frac{L}{\lambda} = W_q + \frac{1}{\mu}
$$

例16.2：某醫院的急診室平均每40分鐘有一位病人到達。根據過去資料顯示，到達時間大致呈指數分配。目前急診室僅有一位醫生，其服務時間呈指數分配，平均每24分鐘可醫療一位病人。由於病人抱怨等候的時間太長，經常延誤醫治的時效，所以醫院考慮在急診室再增加一位或兩位醫生。該醫院是否應增加醫生，若需增加，則應增加幾位？

解答：此問題屬於 $M/M/s$ 模式，故可使用以上所求得此模式的公式。為一致起見，在計算時我們以小時為單位。此問題的基本資料如下：$1/\lambda = 40$ 分鐘 $= 2/3$ 小時，故 $\lambda = 1.5/$ 小時；$1/\mu = 24$ 分鐘 $= 2/5$ 小時，故 $\mu = 2.5/$ 小時。

當僅有一位醫生時，系統為 $M/M/1$。因為

$$\rho = \frac{\lambda}{\mu} = \frac{1.5}{2.5} = 0.6 < 1$$

所以此系統可達穩定狀態。代入公式，我們可得做決策時可供參考的重要穩定狀態統計量如下：

$$p_0 = 1 - \rho = 1 - 0.6 = 0.4$$

$$p_1 = (1 - \rho)\rho^1 = (1 - 0.6)(0.6)^1 = 0.24$$

$$p_2 = (1 - \rho)\rho^2 = (1 - 0.6)(0.6)^2 = 0.144$$

$$p_3 = (1 - \rho)\rho^3 = (1 - 0.6)(0.6)^3 = 0.086$$

$$L_q = \frac{\lambda^2}{\mu(\mu - \lambda)} = \frac{(1.5)^2}{2.5(2.5 - 1.5)} = 0.9$$

$$L = L_q + \frac{\lambda}{\mu} = 0.9 + 0.6 = 1.5$$

$$W_q = \frac{L_q}{\lambda} = \frac{0.9}{1.5} = 0.6$$

$$W = \frac{L}{\lambda} = \frac{1.5}{1.5} = 1$$

當有兩位醫生時，系統為 $M/M/2$。因為

$$\rho = \frac{\lambda}{s\mu} = \frac{1.5}{(2)(2.5)} = 0.3 < 1$$

所以此系統可達穩定狀態。代入公式可得以下統計量：

$$p_0 = \left(1 + \frac{0.6}{1!} + \frac{(0.6)^2}{2!} \frac{1}{1 - 0.3} \right) = 0.538$$

$$p_1 = \frac{0.6}{1!}(0.538) = 0.323$$

$$p_2 = \frac{(0.6)^2}{2!}(0.538) = 0.097$$

$$p_3 = \frac{(0.6)^3}{2^{3-2}2!}(0.538) = 0.029$$

$$L_q = \frac{(0.6)^2(0.3)}{2!(0.7)^2}(0.538) = 0.059$$

$$L = 0.059 + 0.6 = 0.659$$

$$W_q = \frac{0.059}{1.5} = 0.039$$

$$W = \frac{0.659}{1.5} = 0.439$$

當有三位醫生時，系統為 $M/M/3$。因為

$$\rho = \frac{\lambda}{s\mu} = \frac{1.5}{(3)(2.5)} = 0.2 < 1$$

所以此系統可達穩定狀態。代入公式即可得到穩定狀態時的統計量，其計算方式與 $M/M/2$ 類似，故不贅述。

表16.1　　例16.2三種不同等候系統之比較

統計量	$M/M/1$系統	$M/M/2$系統	$M/M/3$系統
p_0	0.4	0.538	0.548
p_1	0.24	0.323	0.329
p_2	0.144	0.097	0.099
p_3	0.086	0.029	0.020
L_q	0.900	0.059	0.006
L	1.500	0.659	0.606
W_q	0.6	0.039	0.004
	（36分鐘）	（2.34分鐘）	（0.24分鐘）
W	1.0	0.439	0.404
	（60分鐘）	（26.34分鐘）	（24.24分鐘）

　　爲方便比較起見，茲將以上所計算之三個不同等候系統的穩定狀態統計量摘要於表16.1。

　　由表16.1的各種統計量顯示，$M/M/2$可能是最佳的系統。例如：在$M/M/1$系統中，每位病人平均需等候36分鐘後才可開始接受服務，但在$M/M/2$系統中，每位病人的平均等候時間下降至約2分鐘。雖然在$M/M/3$系統中，每位病人的平均等候時間可再下降至約14秒（0.24分鐘），但在大部分的情況下，等候兩分鐘是可被接受的。因此，醫院應增加一位醫生。（當然，如果大部份急診病人都是非常危急的狀況（如：必須立刻開刀等），也許應採用$M/M/3$系統。然而，若果眞如此，也不可能會發生目前每位病人平均需等候36分鐘後才可接受醫療的情況。）　　　　　　　　　　　　　　　　　　　　　　　　　　　　□

16.8 M/M/1/K 模式

$M/M/1/K$ 模式與 $M/M/1$ 模式的差異，僅在於前者最多只允許 K 位顧客
在系統中。當系統個數爲 K 時，到達的顧客不得進入系統而必須離開。
因到達間隔時間與服務時間均呈指數分配，故仍屬生死過程，所以可使
用 16.5 節所發展出來之生死過程的結果。

當系統個數小於 K 時，到達的顧客均可進入，所以到達率仍爲 λ；
當系統個數等於 K 時，到達的顧客不得進入系統而必須離開，所以到達
率爲 0。亦即：

$$\lambda_n = \begin{cases} \lambda & \text{如果 } n = 0, 1, ..., K-1 \\ 0 & \text{如果 } n = K, K+1, ... \end{cases}$$

服務率則與 $M/M/1$ 模式同，亦即：

$$\mu_n = \mu \quad \forall n \geq 1$$

將 λ_n 與 μ_n 代入 (16.4) 可得

$$p_n = \begin{cases} \rho^n p_0 & \text{如果 } n = 0, 1, ..., K \\ 0 & \text{如果 } n = K+1, K+2, ... \end{cases}$$

因爲

$$\sum_{n=0}^{K} p_n = 1$$

或

$$\sum_{n=0}^{K} \rho^n p_0 = 1$$

所以

$$p_0 = \frac{1}{\displaystyle\sum_{n=0}^{K} \rho^n}$$

$$= \begin{cases} \dfrac{1-\rho}{1-\rho^{K+1}} & \text{如果 } \rho \neq 1 \\ \dfrac{1}{K+1} & \text{如果 } \rho = 1 \end{cases}$$

在上式中，我們用到了以下有限總合(finite sum)的公式：

$$\sum_{n=0}^{K} \rho^n = \begin{cases} \dfrac{1 - \rho^{K+1}}{1 - \rho} & \text{如果 } \rho \neq 1 \\ K + 1 & \text{如果 } \rho = 1 \end{cases}$$

在以上的推導過程中，我們沒有對 ρ 做任何假設，所以在此模式中，即使 $\rho \geq 1$，穩定狀態解亦存在，這是因為此系統已經受到了系統容量 K 之限制的原因。

　　接下來，我們只要推導出 L、L_q、W、W_q 其中之一，即可求得其餘三個統計量。我們考慮 L。若 $\rho = 1$，則

$$L = \sum_{n=0}^{K} n p_n = \sum_{n=0}^{K} n \rho^n p_0 = \frac{1}{K+1} \sum_{n=0}^{K} n = \frac{1}{K+1} \frac{K(K+1)}{2} = \frac{K}{2}$$

若 $\rho \neq 1$，則

$$\begin{aligned} L &= \sum_{n=0}^{K} n p_n \\ &= \frac{1 - \rho}{1 - \rho^{K+1}} \rho \sum_{n=0}^{K} \frac{d}{d\rho} \rho^n \\ &= \frac{1 - \rho}{1 - \rho^{K+1}} \rho \frac{d}{d\rho} \left(\sum_{n=0}^{K} \rho^n \right) \\ &= \frac{1 - \rho}{1 - \rho^{K+1}} \rho \frac{d}{d\rho} \left(\frac{1 - \rho^{K+1}}{1 - \rho} \right) \\ &= \rho \frac{-(K+1)\rho^K + K\rho^{K+1} + 1}{(1 - \rho^{K+1})(1 - \rho)} \\ &= \frac{\rho}{1 - \rho} - \frac{(K+1)\rho^{K+1}}{1 - \rho^{K+1}} \end{aligned}$$

求出 L 之後，我們即可利用以下關係求得 L_q：

$$L_q = L - (1 - p_0)$$

值得注意的是，此時我們不可用 L_q 與 L 在 $M/M/1$ 模式時的關係（即：$L_q = L - \rho$），這是因為此時 $1 - p_0 \neq \rho$。

由於 L、L_q、W、W_q 均是對實際進入系統之顧客的統計量,所以當使用 Little 公式時,我們必須計算實際進入系統的平均到達率 λ'。因為當系統個數小於 K 時,到達率仍為 λ,但當系統個數等於 K 時,到達率為 0,所以 λ' 與 λ 的關係如下:

$$\lambda' = \lambda(1 - p_K) + 0p_K = \lambda(1 - p_K)$$

得到 λ' 後,我們即可利用以下關係求得其餘三個統計量:

$$L_q = L - \frac{\lambda'}{\mu}$$
$$W = \frac{L}{\lambda'}$$
$$W_q = \frac{L_q}{\lambda'}$$

16.9 M/M/s/K 模式

$M/M/s/K$ 模式為有 s 個相同的服務者,但系統最多只能容納 K 位顧客的等候系統。因其到達間隔時間與服務時間均呈指數分配,故仍屬生死過程,因此仍可使用 16.5 節所發展出來之生死過程的結果。

此系統的到達率與 $M/M/1/K$ 模式同,亦即:

$$\lambda_n = \begin{cases} \lambda & \text{如果 } n = 0, 1, ..., K-1 \\ 0 & \text{如果 } n = K, K+1, ... \end{cases}$$

服務率則與 $M/M/s$ 模式同,惟 n 之最大可能值為 K,亦即:

$$\mu_n = \begin{cases} n\mu & \text{如果 } n = 1, ..., s-1 \\ s\mu & \text{如果 } n = s, s+1, ..., K \end{cases}$$

將 λ_n 與 μ_n 代入 (16.4) 可得

$$p_n = \begin{cases} \dfrac{\lambda^n}{n!\mu^n}p_0 & \text{如果 } n = 1, 2, ..., s-1 \\ \dfrac{\lambda^n}{s^{n-s}s!\mu^n}p_0 & \text{如果 } n = s, s+1, ..., K \\ 0 & \text{如果 } n = K+1, ... \end{cases}$$

因所有機率之總和為1，所以可導出

$$p_0 = \left[\sum_{n=0}^{s-1} \frac{(\lambda/\mu)^n}{n!} + \frac{(\lambda/\mu)^s}{s!} \sum_{n=s}^{K} \left(\frac{\lambda}{s\mu} \right)^{n-s} \right]^{-1}$$

求得此機率後，我們即可導出 L_q 之公式如下：

$$L_q = \frac{p_0(\lambda/\mu)^s \rho}{s!(1-\rho)^2} \left[1 - \rho^{K-s} - (K-s)\rho^{K-s}(1-\rho) \right]$$

接下來，我們考慮 L 與 L_q 之關係，以便利用 L_q 求 L。此兩統計量的差異僅在於 L 尚包含在服務設施的期望顧客數。當系統顧客數小於 s 時，所有在系統的顧客均接受服務，所以在服務設施的期望顧客數為

$$\sum_{n=0}^{s-1} np_n$$

當系統顧客數大於等於 s 時，在系統的 n 位顧客中僅有 s 位顧客接受服務，所以在服務設施的期望顧客數為

$$\sum_{n=s}^{K} sp_n = s \sum_{n=s}^{K} p_n = s \left(1 - \sum_{n=0}^{s-1} p_n \right)$$

因此，L 與 L_q 之關係如下：

$$L = \sum_{n=0}^{s-1} np_n + L_q + s \left(1 - \sum_{n=0}^{s-1} p_n \right)$$

其餘兩個統計量則可用 Little 公式求得。當然，如同在 $M/M/1/K$ 模式下，此時我們不可直接用平均到達率 λ，而必須用實際進入系統的平均到達率 λ'，亦即：

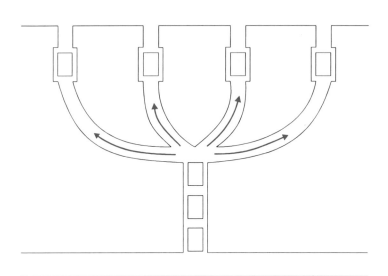

圖 16.3　　　例 16.3 加油站示意圖

$$W_q = \frac{L_q}{\lambda'}$$

$$W = \frac{L}{\lambda'}$$

例 16.3：某加油站有四個加油位置、三個等候位置，其示意圖如圖 16.3 所示。在尖峰時段平均每兩分鐘來一輛車，平均每輛車的加油時間為 6 分鐘。到達間隔時間與服務時間均呈指數分配。

(a) 此加油站平均有多少輛車？

(b) 每輛車平均在加油站內的時間是多少？

(c) 每小時有多少輛車因加油站所能容納的車位已滿而無法進入加油？

解答：此問題屬於 $M/M/4/7$ 模式，故可使用以上所求得此模式的公式。此問題的基本資料如下：$1/\lambda = 2$ 分鐘 $= 1/30$ 小時，故 $\lambda = 30/$ 小時；$1/\mu = 6$ 分鐘 $= 1/10$ 小時，故 $\mu = 10/$ 小時；$\rho = 30/4(10) = 0.75$。

(a) 代入公式可得

$$p_0 = \left[1 + \frac{3^1}{1!} + \frac{3^2}{2!} + \frac{3^3}{3!} + \frac{3^4}{4!}\left(0.75^0 + 0.75^1 + 0.75^2 + 0.75^3 \right) \right]^{-1}$$
$$= 0.0450$$

$$L_q = \frac{3^4(0.75)(0.0450)}{4!(1-0.75)^2} \left[1 - 0.75^{(7-4)} - (7-4)(0.75)^{(7-4)}(1-0.75) \right]$$
$$= 0.4770$$

$$L = 0.0450 \left[\frac{1(3^1)}{1!} + \frac{2(3^2)}{2!} + \frac{3(3^3)}{3!} \right] + 0.4770$$
$$+ 4 \left[1 - 0.0450(1 + \frac{3^1}{1!} + \frac{3^2}{2!} + \frac{3^3}{3!}) \right]$$
$$= 3.2845$$

(b) 代入公式可得

$$p_7 = \frac{3^7}{4^{(7-4)}4!}(0.0450) = 0.0641$$

$$\lambda' = \lambda(1 - p_7) = 28.0770$$

$$W = \frac{L}{\lambda'} = 0.1170$$

(c) 代入公式可得

$$\lambda p_7 = 1.9230 \qquad \qquad \square$$

16.10 有限來源

在有限來源(finite source)的情況下,有可能進入系統的潛在顧客數是有限的。最常見的例子是工廠的維修等候系統,因為在此系統中,顧客是機器,而工廠的機器數量往往是有限的。在本節中,我們將討論有限來源之 $M/M/1$ 及 $M/M/s$ 兩個模式。

有限來源之 M/M/1 模式

考慮在有限來源情況下最簡單的 $M/M/1$ 模式。讓 N 爲來源的總數，λ 爲每位顧客的到達率（即：每位顧客每單位時間有可能進入系統的機率）。當系統有 n $(n \leq N-1)$ 位顧客時，系統的到達率爲 $(N-n)\lambda$，因此

$$\lambda_n = \begin{cases} (N-n)\lambda & \text{如果 } n = 0, 1, ..., N-1 \\ 0 & \text{如果 } n = N, N+1, ... \end{cases}$$

服務率則與 $M/M/1$ 同，亦即：

$$\mu_n = \mu \quad \forall n \geq 1$$

如前所述，由於 L、L_q、W、W_q 均是對實際進入系統之顧客的統計量，所以當我們使用 Little 公式時，必須計算實際進入系統的平均到達率 λ'。因爲當系統個數爲 n $(n \leq N)$ 時，系統的到達率爲 $(N-n)\lambda$，所以

$$\begin{aligned} \lambda' &= \sum_{n=0}^{N} (N-n)\lambda p_n \\ &= \lambda N \sum_{n=0}^{N} p_n - \lambda \sum_{n=0}^{N} n p_n \\ &= \lambda(N-L) \end{aligned}$$

將 λ_n 與 μ_n 代入 (16.4) 可得 p_n 與 p_0 的關係如下：

$$\begin{aligned} p_n &= \prod_{i=1}^{n} \frac{\lambda_{i-1}}{\mu_i} p_0 \\ &= \frac{N\lambda(N-1)\lambda \cdots (N-n+1)\lambda}{\mu^n} p_0 \\ &= \frac{N!}{(N-n)!} \left(\frac{\lambda}{\mu}\right)^n p_0 \end{aligned}$$

因爲所有機率之總和爲 1，所以可導出

$$p_0 = \left[\sum_{n=0}^{N} \frac{N!}{(N-n)!} \left(\frac{\lambda}{\mu} \right)^n \right]^{-1}$$

求得機率後，我們即可導出 L_q 之公式如下：

$$L_q = N - \frac{\lambda + \mu}{\lambda}(1 - p_0)$$

利用 L_q 即可求得 L、W_q、及 W 如下：

$$L = L_q + (1 - p_0)$$

$$W_q = \frac{L_q}{\lambda'} \qquad W = \frac{L}{\lambda'}$$

有限來源之 M/M/s 模式

我們亦可用同樣的方式，導出在限來源情況下 $M/M/s$ 模式的結果。茲將結果摘要如下：

$$\lambda_n = \begin{cases} (N-n)\lambda & \text{如果 } n = 0, 1, ..., N-1 \\ 0 & \text{如果 } n = N, N+1, ... \end{cases}$$

$$\mu_n = \begin{cases} n\mu & \text{如果 } n = 1, 2, ..., s-1 \\ s\mu & \text{如果 } n = s, s+1, ... \end{cases}$$

$$\lambda' = \sum_{n=0}^{N} (N-n)\lambda p_n$$

$$= \lambda N \sum_{n=0}^{N} p_n - \lambda \sum_{n=0}^{N} n p_n$$

$$= \lambda(N - L)$$

$$p_n = \begin{cases} \dfrac{N!}{(N-n)!n!} \left(\dfrac{\lambda}{\mu} \right)^n p_0 & \text{如果 } n = 1, ...s-1 \\[2.5ex] \dfrac{N!}{(N-n)!s!s^{n-s}} \left(\dfrac{\lambda}{\mu} \right)^n p_0 & \text{如果 } n = s, ...N \\[2.5ex] 0 & \text{如果 } n = N+1, ... \end{cases}$$

$$p_0 = \left[\sum_{n=0}^{s-1} \frac{N!}{(N-n)!n!} \left(\frac{\lambda}{\mu} \right)^n + \sum_{n=s}^{N} \frac{N!}{(N-n)!s!s^{n-s}} \left(\frac{\lambda}{\mu} \right)^n \right]^{-1}$$

$$L_q = \sum_{n=s}^{N} (n-s) p_n$$

$$L = L_q + \sum_{n=0}^{s-1} n p_n + s \left(1 - \sum_{n=0}^{s-1} p_n \right)$$

$$W_q = \frac{L_q}{\lambda'} \qquad W = \frac{L}{\lambda'}$$

16.11　M/G/1 模式

在 $M/G/1$ 模式中，只有一位服務者，到達間隔時間呈指數分配，服務時間分配則無限制。因為此系統不屬於生死過程，所以無法使用生死過程的結果。讓 σ^2 代表服務時間的變異數。若 $\rho = \lambda/\mu < 1$（即：穩定狀態存在），則此系統的穩定狀態重要統計量如下：

$$p_0 = 1 - \rho$$

$$L_q = \frac{\lambda^2 \sigma^2 + \rho^2}{2(1-\rho)}$$

$$L = \rho + L_q$$

$$W_q = \frac{L_q}{\lambda}$$

$$W = W_q + \frac{1}{\mu}$$

L_q（或 W_q）之公式被稱之為 Pollaczek-Khintchine 公式（簡稱為 P-K 公式），因為此公式為此兩人所導出。其推導過程超出本書範圍，故不在此敘述。由以上公式我們可發覺，當變異數 σ^2 增加時，所有以上衡量準則亦會增加。

若服務時間呈指數分配，則

$$\sigma^2 = \frac{1}{\mu^2}$$

因此

$$L_q = \frac{\rho^2 + \rho^2}{2(1-\rho)} = \frac{\rho^2}{1-\rho} = \frac{\lambda^2}{\mu(\mu-\lambda)}$$

此結果與16.6節之 $M/M/1$ 模式的結果完全相同。

16.12　M/D/1 模式

在 $M/D/1$ 模式下，服務時間是一個固定值，所以變異數爲 0，亦即：$\sigma^2 = 0$。因此，我們可利用 $M/G/1$ 模式之公式而得

$$L_q = \frac{\rho^2}{2(1-\rho)} = \frac{\lambda^2}{2\mu(\mu-\lambda)}$$

其餘三個主要統計量則可用16.11節所列之關係求得。比較此公式與在 $M/M/1$ 模式下的 L_q，我們發覺，在 $M/D/1$ 系統中等候線上的顧客數爲在 $M/M/1$ 系統中等候線上顧客數的一半。因此，如果我們能夠盡量使得服務時間一致，則系統的效率將可因此而提高。

16.13　M/E$_k$/1 模式

定義：一個連續隨機變數 X 稱之爲具參數 α $(\alpha \geq 0)$ 的 Erlang-k $(k = 1, 2, ...)$ 分配，若其機率密度函數爲

$$f(x) = \frac{(\alpha k)^k}{(k-1)!} x^{k-1} e^{-k\alpha x} \qquad x \geq 0 \qquad \square$$

Erlang-k 隨機變數的平均值與變異數爲

$$E(X) = \frac{1}{\alpha}$$

$$\sigma^2 = \frac{1}{k\alpha^2}$$

Erlang-k隨機變數與指數隨機變數之間存在以下的重要性質：

性質：假設 $T_1, T_2, ..., T_k$ 爲 k 個獨立相等的分配 (independent identically distribution; IID)，且爲平均數 $1/k\alpha$ 的指數隨機變數。讓

$$T = T_1 + T_2 + \cdots + T_k$$

則 T 爲 Erlang-k 分配。□

Erlang分配在等候理論上是一個非常重要的分配。原因有以下三點。首先，因Erlang隨機變數爲數個IID指數隨機變數之和，所以它具備了指數分配的簡單性，而較容易分析，因此也有較多被發展出來的結果。其次，若某項服務由數個獨立相同且呈指數分配的服務所構成，則此項服務爲Erlang分配；若某系統的到達間隔時間由數個獨立相同且呈指數分配的到達間隔時間所構成，則此系統的到達間隔時間爲Erlang分配。最後，因Erlang分配爲一個相當大的**分配族群** (family distribution)，所以許多到達時間與服務時間均可用此分配大致正確地描述。事實上，當 $k = 1$ 時，Erlang-k分配即爲指數分配，而當 $k = \infty$ 時，其即爲確定值。平均值爲 $\frac{1}{\alpha}$ 的 Erlang 圖形如圖16.4所示。

將Erlang變異數的公式代入P-K公式可得

$$L_q = \frac{1 + k}{2k} \frac{\lambda^2}{\mu(\mu - \lambda)}$$

其餘三個主要統計量則可用16.11節所列之關係求得。

16.14　等候理論的應用

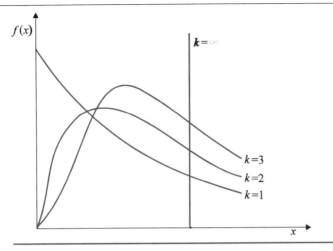

圖 16.4　　　Erlang-k 分配的圖形

在許多等候系統的應用中，經常須設計出使得總成本最低的系統。一般我們可使用以下的成本公式：

$$TC = SC + WC$$

其中 TC 為單位時間總成本，SC 為單位時間的服務成本，WC 為單位時間的顧客等候成本。

　　WC 經常可化簡為較簡單的形式。考慮任何一個系統容量為無限的系統。讓 c_w 為每位顧客的單位時間等候成本，則每位顧客的等候成本為 Wc_w。因為平均每單位時間到達系統的顧客數為 λ，所以單位時間的顧客等候成本可化簡為

$$WC = \lambda(Wc_w) = Lc_w$$

例 16.4：某公司成品倉庫雇用多位搬運工人，專門裝貨到卡車上，以運送至全國各地。卡車每天平均來四部，到達間隔時間呈指數分配。搬運工人以群體作業，若有 n 位搬運工人，則每天平均可搬 $2.5n$ 部卡車的量；搬運時間亦呈指數分配。卡車每天的成本為 \$6500，其中包含卡車

表16.2　　　例16.4不同 n 值的成本

n	SC	WC	TC
2	4,000	24,000	28,000
3	6,000	6,857	12,857
4	8,000	4,000	12,000
5	10,000	2,824	12,824
6	12,000		>12,000

折舊、司機及其助理之薪資等；而每位搬運工人每天的工資為 \$2,000。
該公司應雇用多少位搬運工人，才能使得總成本最低？

解答：此問題為 $M/M/1$ 模式，到達率 $\lambda = 4/$ 天，服務率 $\mu = 2.5n/$ 天。
每天服務成本（搬運成本）為 \$2,000n。代入 $M/M/1$ 的公式可得

$$L = \frac{\lambda}{\mu - \lambda} = \frac{4}{2.5n - 4}$$

因此，單位時間總成本為

$$TC = SC + WC$$
$$= 2000n + 6500 \left(\frac{4}{2.5n - 4} \right)$$

為達到穩定狀態，所以至少須雇用兩位搬運工人，以使得 $\rho = \lambda/\mu < 1$。
由表16.2可知應雇用4人才能使得總成本最低（$n \geq 6$ 時的SC已大於
$n = 4$ 的TC）。

在此例中我們可看出，當 n 增加時，SC呈線性增加，但WC卻隨之
減少，TC則先逐漸減少而後逐漸增加，其最低（整數）點發生在 $n = 4$
時，其圖形如圖16.5所示。事實上，此種服務成本與等候成本間的利益

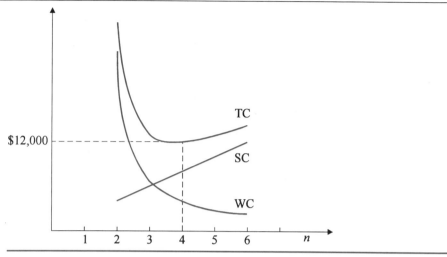

圖16.5　服務成本與等候成本之權衡

互換現象，在其他等候系統亦經常成立，而使得總成本最低即是使得服務成本與等候成本得到最佳的權衡。　　　　　　　　　　　　　　　　□

16.15　習題

1. 某大學學生註冊必須經過一個電腦管制站，該管制站有三位電腦操作員可同時處理學生註冊。學生到達管制站的間隔時間呈指數分配，且平均每小時來80人。處理每位學生註冊的時間亦呈指數分配，而每位操作員平均每小時可處理40位學生。

   (a) 該管制站沒有學生的時間佔多少百分比？

   (b) 每位學生平均需等候多久才能開始辦理註冊？

   (c) 若室內的等候區僅能容納5位學生（不含正接受服務者），則有多少百分比的學生必須在室外等候？

2. 考慮一個僅能容納三人的一人汽車修理場（老闆兼修車技師）。該修車場每週營業五天、每天營業十小時。車到達的間隔時間呈指數

分配，平均每兩個半小時來一輛車。若修車場已滿，則來的車將會到其他修車場去修車。修車時間亦呈指數分配，平均每輛車需花3小時的時間修理。每輛車平均零件費用為 $3600，其中零件成本為 $3000。人工費用為每小時 $250。

(a) 每週零件與人工的期望利潤是多少？

(b) 該修車技師每週有多少小時的空閒時間？

(c) 每週平均有多少輛車會因為修車場已滿而離開？

(d) 每輛車平均花費多少時間在修車場？

(e) 車一到達即可開始修車的機率是多少？

(f) 該修車場可向隔壁鄰居租用一個停放車的位置。每週租金最多多少才值得租用？

3. 考慮一個自動洗車設備。此設備一次僅能洗一輛車。車到達的間隔時間呈指數分配，平均每小時來10輛。服務時間亦呈指數分配，平均服務時間為4分鐘。此設備每天開放12小時，每週開放7天。每次洗車費用為 $100。到達的車輛若發覺系統正忙將會等在旁邊的等候區；等候區的範圍相當大，所以可假設為無限。求解以下各問題以供決策參考：

(a) 一天當中此自動洗車設備平均的空閒時間。

(b) 此設備每週的收益。

(c) 四輛或四輛以上車同時在等候的機率。

(d) 車在必須等候的情況下，在等候區的期望等候時間。

(e) 若花費 $150,000，則可更新一台最新型的自動洗車設備，使得平均每小時可吸引13輛車來洗車。若投資此新型設備，則需要多少天才能將此投資賺回來？

4. 考慮 $M/M/1/K$ 模式。在課文中 L_q 是以 L 表示。試用以下公式直接導出 L_q 之公式：

$$L_q = \sum_{n=1}^{K} (n-1)p_n$$

5. 證明在有限來源下 $M/M/1$ 模式之 L_q 公式為

$$L_q = N - \frac{\lambda + \mu}{\lambda}(1 - p_0)$$

6. 某工廠有八台機器，但因機器經常故障所以僅雇用了七位操作員。當僅有一台機器故障時，並不會影響到生產力。但若超過一台機器故障，則超過部份每台每天損失 $10,000。每部機器故障間隔時間呈指數分配，平均15天故障一次。目前工廠雇有一位維修技術員，其服務時間亦呈指數分配，每部機器平均需花費一天才可修好。維修技術員的薪資為每天 $2,000。該工廠是否應增加維修技術員？若需增加，應增加幾位？

第十七章
模擬

本章大綱

表17.1　　以銅板模擬到達間隔時間

t_a	$\Pr(t_a)$	銅板結果
10分鐘	$\frac{1}{2}$	H
15分鐘	$\frac{1}{2}$	T

第二章至第十六章所討論的均為分析模式(analytical model)。如果真實狀況符合這些分析模式所要求的假設，那麼我們即可得到正確、清楚的結果。然而在真實狀況下，往往我們會遭遇到一些相當複雜問題，而這些問題經常無法合乎分析模式的假設。此時，我們則可利用**模擬**(simulation)的技術來協助決策者做決策。一般而言，模擬是利用電腦，在所考慮的期間內，以數字來評估模式，並收集資料以估計所欲得到的模式真實特性。

　　在所有的作業研究與管理科學的方法中，模擬是實務上被採用最廣泛的方法之一。由於模擬主要是以電腦為工具，所以可以預期隨著個人電腦的發展與普及，模擬被採用的程度將會日益提高。

17.1　典型例題

　　考慮一個單一服務者的等候系統。顧客到達間隔時間 t_a 有兩種可能：10分鐘與15分鐘，其機率各為 $\frac{1}{2}$。服務時間 t_s 有三種可能：5分鐘、10分鐘、與15分鐘，其機率分別為 $\frac{1}{6}$、$\frac{3}{6}$、$\frac{2}{6}$。欲模擬此等候系統，我們可用丟銅板的方式決定顧客到達間隔時間。因為頭(H)尾(T)出現的機率均為 $\frac{1}{2}$，所以可讓出現H時表示到達間隔時間為10分鐘，讓出現T時表示到達間隔時間為15分鐘（見表17.1）。

表17.2　以骰子模擬服務時間

t_s	$\Pr(t_s)$	骰子點數
5分鐘	$\frac{1}{6}$	1點
10分鐘	$\frac{3}{6}$	2點、3點、4點
15分鐘	$\frac{2}{6}$	5點、6點

　　同樣地，我們可用擲骰子的方式決定服務時間。由於各點出現的機率均為 $\frac{1}{6}$，所以我們可讓出現1點時表示服務時間為5分鐘，出現2、3、4點時表示服務時間為10分鐘，出現5、6點時表示服務時間為15分鐘（見表17.2）。

　　決定好了到達間隔時間與服務時間的產生方式後，我們即可開始模擬此等候系統。前二十位顧客的模擬結果如表17.3與圖17.1所示。

　　茲解釋如下。第一位顧客在 $t = 15$（因出現 T）時到達，此時因系統沒有人所以可立即開始接受服務，服務時間 $t_s = 10$（出現3點），所以此顧客在 $t = 25$ 時離開系統。第二位與第一位顧客的到達間隔時間 $t_a = 10$（因出現 H），所以第二位顧客在 $t = 25\,(15+10)$ 時到達，此時第一位顧客剛離開，所以可立即開始接受服務，服務時間 $t_s = 15$（出現5點），所以此顧客在 $t = 40$ 時離開系統。第三位與第二位顧客的到達間隔時間 $t_a = 10$（因出現 H），所以第二位顧客在 $t = 35\,(25+10)$ 時到達，此時第二位顧客仍在系統中接受服務，所以第三位顧客必須等到 $t = 40$（即：第二位顧客離開時）時才可開始接受服務，服務時間 $t_s = 15$（出現6點），所以此顧客在 $t = 55$ 時離開系統。其餘顧客在等候系統的的各個事件時間(event time)如表17.3所示。

　　根據表17.3的結果，我們可繪製以時間 t 為橫座標、在系統中的顧客數 $N(t)$ 為縱座標的圖（見圖17.1）。（在 $t = 25$ 時，因為同時有顧客

表 17.3　　前二十位顧客之模擬結果

顧客	銅板		骰子		到達	開始服務	離開
i	結果	t_a	點數	t_s	時間	時間	時間
1	T	15	3點	10	15	15	25
2	H	10	5點	15	25	25	40
3	H	10	6點	15	35	40	55
4	T	15	6點	15	50	55	70
5	T	15	4點	10	65	70	80
6	H	10	3點	10	75	80	90
7	H	10	1點	5	85	90	95
8	H	10	5點	15	95	95	110
9	H	10	2點	10	105	110	120
10	T	15	3點	10	120	120	130
11	T	15	3點	10	135	135	145
12	H	10	1點	5	145	145	150
13	T	15	1點	5	160	160	165
14	H	10	5點	15	170	170	185
15	T	15	2點	10	185	185	195
16	H	10	6點	15	195	195	210
17	H	10	6點	15	205	210	225
18	H	10	5點	15	215	225	240
19	H	10	1點	5	225	240	245
20	H	10	4點	10	235	245	255

離開與進入系統,所以在系統中的顧客數不變。)由此圖我們可以估計

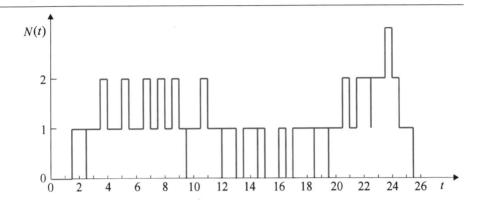

圖 17.1　　典型例題模擬結果之圖示

系統在穩定狀態下的各種統計量。

　　首先，我們考慮在系統中的期望顧客數 L。讓 $N(t)$ 代表在時間 t 的顧客數，T 爲總觀測時間，則 L 的估計值 $\mathrm{Est}(L)$ 可定義如下：

$$\mathrm{Est}(L) = \frac{1}{T} \int_0^T N(t)dt$$
$$= \frac{\text{曲線以下面積}}{T}$$

由圖中可得曲線以下面積爲

$$220 + 65 + 5 = 290$$

所以

$$\mathrm{Est}(L) = \frac{290}{255} = 1.14 \text{ 位顧客}$$

　　同理，在等候線上的期望顧客數 L_q 的估計值 $\mathrm{Est}(L_q)$ 可定義如下：

$$\mathrm{Est}(L_q) = \frac{1}{T} \int_0^T \max\{N(t) - 1, 0\}dt$$
$$= \frac{\text{介於曲線下與 } N(t) = 1 \text{ 上之間的面積}}{T}$$

表17.4　　　$w(i)$ 之計算

顧客 i	顧客 i 在系統中的時間 $w(i)$
1	$25 - 15 = 10$
2	$40 - 25 = 15$
3	$55 - 35 = 20$
4	$70 - 50 = 20$
5	$80 - 65 = 15$
⋮	⋮

由圖中可得介於曲線下與 $N(t) = 1$ 上之間的面積爲

$$65 + 5 = 70$$

所以

$$\text{Est}(L_q) = \frac{70}{255} = 0.27 \text{ 位顧客}$$

　　接下來，我們考慮每一位顧客在系統的期望等候時間 W。讓 N 代表所觀測的顧客總數，$w(i)$ 爲顧客 i 在系統的時間，則 W 的估計值 $\text{Est}(W)$ 可定義如下：

$$\text{Est}(W) = \sum_{i=1}^{N} w(i)$$

其中 $w(i)$ 可由表17.3的離開時間（第八欄）減去到達時間（第六欄）求得（見表17.4）。因此，

$$\text{Est}(W) = \frac{10 + 15 + 20 + \cdots + 20}{20}$$
$$= \frac{290}{20} = 14.5 \text{ 分鐘}$$

表 17.5　　$w_q(i)$ 之計算

顧客 i	顧客 i 在等候線上的時間 $w_q(i)$
1	$15 - 15 = 0$
2	$25 - 25 = 0$
3	$40 - 35 = 5$
4	$55 - 50 = 5$
5	$70 - 65 = 5$
⋮	⋮

　　接下來，我們考慮每一位顧客在等候線上的期望等候時間 W_q。讓 $w_q(i)$ 為顧客 i 在等候線上的時間，則 W 的估計值 $\mathrm{Est}(W)$ 可定義如下：

$$\mathrm{Est}(W_q) = \sum_{i=1}^{N} w_q(i)$$

其中 $w_q(i)$ 可由表 17.3 的開始接受服務時間（第七欄）減去到達時間（第六欄）求得（見表 17.5）。因此，

$$\mathrm{Est}(W_q) = \frac{0 + 0 + 5 + \cdots + 10}{20}$$
$$= \frac{70}{20} = 3.5 \text{ 分鐘}$$

　　最後，我們考慮 n 位顧客在系統的機率 p_n，其估計值 $\mathrm{Est}(p_n)$ 可定義如下：

$$\mathrm{Est}(p_n) = \frac{1}{T} \int_0^T [N(t) = n] dt$$
$$= \frac{\text{曲線上高度為 } N(t) = n \text{ 之線段下方一單位面積之總和}}{T}$$

例如：對於 p_1 我們可計算在曲線上高度為 $N(t) = 1$ 之線段下方一單位面積之總和為

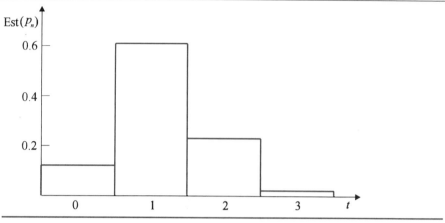

圖 17.2　n 的直方圖

$$20 + 10 + 10 + 5 + 5 + 15 + 20 + 15 + 5 + 35 + 5 + 10 = 155$$

所以

$$\mathrm{Est}(p_1) = \frac{155}{255} = 0.6078$$

以同樣的方式，我們可得

$$\mathrm{Est}(p_0) = \frac{35}{255} = 0.1373$$

$$\mathrm{Est}(p_2) = \frac{60}{255} = 0.2353$$

$$\mathrm{Est}(p_3) = \frac{5}{255} = 0.0196$$

因此，我們可繪製如圖 17.2 所示之 $N(t)$ 的直方圖 (histogram)。事實上，我們亦可用這些機率求得 $\mathrm{Est}(L)$ 及 $\mathrm{Est}(L_q)$，例如：

$$\mathrm{Est}(L) = \sum_{n=0}^{3} n\,\mathrm{Est}(p_n)$$
$$= (0 \times 0.1373) + (1 \times 0.6078) + (2 \times 0.2353) + (3 \times 0.0196) = 1.14$$

此外，我們亦可由圖17.2求得其他相關資料，例如：在系統顧客數之變異數的估計值等。

17.2　產生亂數

在上例中，我們是以丟銅板與擲骰子的方式產生到達間隔時間與服務時間。但是，欲得到信賴度較高的模擬結果，我們經常需要相當大的樣本（例如：1000位顧客）。此時，我們可以使用如表17.6所示的**亂數** (random number) 表。我們稱 $Z_1, Z_2, ..., Z_{i-1}$ 為亂數，如果由這些數無法得到 Z_i 之值。簡單地說，亂數即為無法預知的數。

亂數產生的方法很多，最普遍的是**線性同餘產生器** (linear congruential generators; LCGs)，其遞迴公式如下：

$$Z_i = (aZ_{i-1} + c)(\text{mod } m)$$

其中 a 為乘數 (multiplier)，c 為增量，m 為模數 (modulus)，Z_0 為種子 (seed)。a、c、Z_0、m 均為非負整數，且 a、c、Z_0 均需小於 m。此遞迴公式是將 $aZ_{i-1} + c$ 除以 m，並讓 Z_i 等於此除法的餘數 (remainder)，因此 $0 \le Z_i \le m - 1$。欲求得所需的亂數 $U_i \sim \text{U}(0,1)$，我們讓 $U_i = Z_i/m$ 即可。（符號 $\text{U}(0,1)$ 代表參數為 0 與 1 的連續均勻分配。）

例17.1：若 $Z_0 = 12, a = 13, c = 7, m = 16$，則可得

$$Z_1 = (13 \times 12 + 7)(\text{mod } 16)$$
$$= 163 \text{ mod } 16 = 3$$

$$Z_2 = (13 \times 3 + 7)(\text{mod } 16)$$
$$= 46 \text{ mod } 16 = 14$$

表17.6　　亂數表

	1	2	3	4	5	6	7	8	9	10
1	1678	1781	5438	4441	1882	3085	8275	8179	6424	4694
2	0237	4423	3797	6758	4001	5770	4338	3887	8855	4982
3	7886	2190	9603	8268	3940	8798	7975	1065	4310	3900
4	6529	6321	8281	5272	5063	5274	0261	5309	9513	0736
5	9945	0559	3366	2869	4963	3748	1565	7473	6045	8317
6	6913	6764	4671	5451	8981	2652	3228	3609	5514	2530
7	7670	0560	6336	7547	2670	7906	9758	3395	9278	8122
8	1485	3588	5079	4082	6019	5243	6844	1092	0567	7362
9	5694	1421	1449	1614	4748	1331	3001	5613	9286	0611
10	8983	8704	9401	4604	6486	0240	5157	8746	2337	0366
11	4245	5586	2005	3298	2139	4327	1008	3108	4754	2853
12	8819	2000	3597	2262	5274	1096	3432	3893	9474	3713
13	2427	8864	1195	1150	4816	0097	4793	0963	6055	6853
14	5611	7749	0474	1762	8884	6429	1438	0355	1146	8026
15	4003	3093	4135	7949	0068	9902	1201	6771	6034	7200
16	6213	3515	2963	7433	4962	1431	9228	1100	9070	6278
17	5675	1291	2394	7108	3277	0715	9936	9543	3289	1230
18	9245	1560	9905	5875	4325	1771	5417	3404	2043	0203
19	7867	5314	1031	1581	1206	5379	3097	1109	7949	1676
20	7128	2748	4332	1123	5498	0004	7968	6506	2973	9202
21	8003	6013	8118	5272	7773	5260	7204	0029	9959	1830
22	0612	2954	4244	2298	1740	4474	7469	1765	8412	1746
23	6291	5887	6780	6935	2337	5410	7735	8000	9858	3198
24	5807	1969	5894	3767	0578	0725	2918	5312	0583	9286
25	4005	4244	9720	6586	0476	2214	6152	8756	2065	5653
26	3719	4905	9568	7795	5840	5402	0002	3215	1918	2659
27	4261	4854	6251	4406	7273	3555	9437	9481	0654	0093
28	2276	6104	7867	9706	2180	2662	1877	9125	2081	0989
29	5306	6106	1832	2149	3091	1464	2118	4712	7640	3600
30	0859	5542	6488	5535	2118	3076	2453	4439	7507	3103

以此方式繼續計算下去，我們可以得到以下序列的數字：

$$3, 14, 13, 0, 7, 2, 1, 4, 11, 6, 5, 8, 15, 10, 9, 12, 3, \ldots$$

因為 $Z_{17} = Z_1 = 3$，所以這些數字將會循環下去。值得注意的是，在此 16 個數字中，每個小於 $m = 16$ 的數字都僅出現一次。　　　　　□

　　事實上，若遵守以下規則選取遞迴公式的係數，將可保證具有每個小於 m 的數字都僅出現一次的重要性質。對於二位元電腦(binary computer)，每個字為 b 位元(bit)，則讓

$$m = 2^b$$
$$a = 1, 5, 9, 13, \ldots \text{（間隔 4）}$$
$$c = 1, 3, 5, 7, \ldots \text{（奇數）}$$

對於十位元電腦(decimal computer)，每個字為 d 位數，則讓

$$m = 10^d$$
$$a = 1, 21, 41, 61, \ldots \text{（間隔 20）}$$
$$c = 1, 3, 7, 9, 11, 13, 17, 19, \ldots \text{（尾數非 5 之奇數）}$$

　　當所需要的數字位數較所產生的亂數小時，我們可僅取其中所需的位數即可。例如：假設我們需要三位數的亂數(000, 001, ..., 999)，而 $m = 32768$，則我們可取所產生出來亂數的最後 3 位數即可。

　　除了 LCGs 之外，乘法 LCGs (multiplicative LCGs)與加法 LCGs (additive LCGs)亦經常被採用。此兩種產生器均為 LCGs 的特例；前者是當 $c = 0$ 時，後者是當 $a = 1, c = x_{n-1}$ 或任何一個前面的亂數。為與乘法 LCGs 有所區分，我們亦稱 $c > 0$ 之 LCGs 為混合 LCGs (mixed LCGs)。在使用乘法 LCGs 時，被採用最廣泛的或許是

$$Z_i = (7^5 Z_{i-1}) \bmod (2^{31} - 1)$$
$$= (16,807 Z_{i-1}) \bmod (2,147,483,647)$$

有時我們稱以任何**算數產生器**（arithmetic generator；例如：LCGs）
所產生出來的亂數為**假亂數**（pseudo random number），這是因為產生亂
數的規則已定，當我們知道一個數字時，我們即可知道下一個數字。
儘管如此，如果係數經過仔細的設計，算數產生器能夠產生似乎是由
$U(0,1)$分配獨立抽出來的數字。事實上，許多算數產生器都已經經過了
一系列的統計測試，證明所產生的亂數幾乎完全合乎亂數的性質，所以
我們可以放心地使用這些經過測試的亂數。

17.3　產生隨機變數

對於簡單的模擬，如果不非常在乎效率的話，我們很容易設計出產生
亂數的方式。例如：在典型例題中，我們是以擲骰子的方式模擬服務時
間。現在我們以電腦產生的亂數取代骰子的點數。在此情況下，我們可
僅取一位亂數，若亂數在1至6之間（含1與6），我們即可用此數代表
骰子的點數；若亂數為0、7、8、9，則將此亂數捨棄。由於電腦可在
極短的時間內產生相當多的亂數，所以雖然捨棄4/10的亂數，此法在簡
單的實際應用上仍是可被接受的。（在例17.5中，我們將對此種情況的
模擬，提出更有效率的亂數產生方式。）

然而，當隨機變數分配較為複雜時，亂數的產生方式就不是那麼容
易了。最常用的產生隨機變數的方法有以下三種：

1. 反函數變換法
2. 合成法
3. 接受／拒絕法

反函數變換法

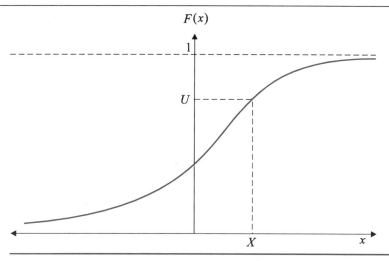

圖 17.3　連續型隨機變數之反函數

假設隨機變數 X 爲連續的 (continuous)。讓 F^{-1} 代表其累積密度函數 (cumulative density function) F 的反函數，則反函數變換法 (inverse transformation method) 的演算式如下：

    1. 產生 $U \sim \mathrm{U}(0,1)$

    2. 設 $X = F^{-1}(U)$

由於 $0 \le U \le 1$ 且 F 的範圍是 $[0,1]$，因此 $F^{-1}(U)$ 是始終被定義的。欲證明所產生的 X 值具有 F 分配，我們必須證明 $\Pr\{X \le x\} = F(x)$。因爲 F 的反函數存在，所以

$$\Pr\{X \le x\} = \Pr\{F^{-1}(U) \le x\} = \Pr\{U \le F(x)\} = F(x)$$

（見圖 17.3），故得證。

例 17.2：考慮指數分配 (exponential distribution)，其累積密度函數如下：

$$F(x) = \begin{cases} 1 - e^{-\alpha x} & x \ge 0 \\ 0 & x < 0 \end{cases}$$

欲求 $F^{-1}(U)$，我們設 $U = F(x)$，則

$$U = 1 - e^{-\alpha x}$$

$$e^{-\alpha x} = 1 - U$$

$$-\alpha x = \ln(1 - U)$$

$$x = -\frac{1}{\alpha} \ln(1 - U)$$

因 U 與 $1 - U$ 均為 U(0, 1) 分配，但前者省去一個減法，所以我們可用 U
取代 $1 - U$。因此，我們可得產生指數分配的演算式如下：

1. 產生 $U \sim \text{U}(0, 1)$
2. 設 $X = -\frac{1}{\alpha} \ln U$ $\qquad\qquad\qquad\qquad\qquad\qquad\quad$ □

如 16.3 節所述，Erlang-k **隨機變數**為 k 個 IID $X_i \sim \text{Exp}(\frac{1}{k\alpha})$ 之和，所
以我們可由以上指數隨機變數的產生方式，推導出 Erlang 隨機變數 Y 的
產生方式如下：

$$y = \sum_{i=1}^{k} x_i$$

$$= -\frac{1}{k\alpha} \sum_{i=1}^{k} \ln U_i$$

$$= -\frac{1}{k\alpha} \ln\left(\prod_{i=1}^{k} U_i\right)$$

在以上的最後一個式子中，我們將 $\sum$ 轉換為 $\prod$ 的形式，因為如此僅需
做一次 ln 運算。因此，我們可得產生 Erlang-k 分配的演算式如下：

1. 產生 $U \sim \text{U}(0, 1)$
2. 設 $X = -\frac{1}{k\alpha} \ln\left(\prod_{i=1}^{k} U_i\right)$

例17.3：考慮**連續均勻分配**(continuous uniform distribution)，其累積密度函數如下：

$$F(x) = \begin{cases} 0 & x < a \\ \dfrac{x-a}{b-a} & a \leq x \leq b \\ 1 & x > b \end{cases}$$

欲求 $F^{-1}(U)$，我們設 $U = F(x)$，則

$$U = \frac{x-a}{b-a}$$

$$x = a + (b-a)U$$

因此，我們可得產生連續均勻分配的演算式如下：

1. 產生 $U \sim U(0,1)$
2. 設 $X = a + (b-a)U$　　　　　　　　　　　　　□

例17.4：考慮以下函數：

$$f(x) = \begin{cases} kx^2 & 0 \leq x \leq 2 \\ 0 & \text{否則} \end{cases}$$

我們必須先求出 k 值。因機率密度函數的總和為 1，故

$$\int_0^2 f(x)dx = k \int_0^2 x^2 dx = \left.\frac{kx^3}{3}\right|_0^2 = \frac{8k}{3} = 1 \implies k = \frac{3}{8}$$

因此，此函數的累積密度函數如下：

$$F(x) = \int_0^x \frac{3}{8}x^2 dx = \frac{3}{8}\left.\frac{x^3}{3}\right|_0^x = \frac{x^3}{8}$$

欲求 $F^{-1}(U)$，我們設 $U = F(x)$，則

$$U = F(x) = \frac{x^3}{8}$$

$$x = \sqrt[3]{8U} = 2\sqrt[3]{U}$$

因此，我們可得產生此函數之分配的演算式如下：

    1. 產生 $U \sim \mathrm{U}(0,1)$

    2. 設 $X = 2\sqrt[3]{U}$ □

以上我們假設隨機變數 X 爲連續的 (continuous)，事實上，反函數轉換法亦適用於當 X 爲離散的 (discrete) 情況。假設 $x_1 < x_2 < \cdots$，則

$$F(x) = \mathrm{Pr}\{X \le x\} = \sum_{i:x_i \le x} p(x_i)$$

因此，我們可得離散型反函數變換法的演算式如下：

    1. 產生 $U \sim \mathrm{U}(0,1)$

    2. 若 $U \le F(x_1)$，則設 $X = x_1$；若 $F(x_{i-1}) < U \le F(x_i), i \ge 2$，則設 $X = x_i$

欲證明所產生的 X 值具有 F 分配，我們必須證明 $\mathrm{Pr}\{X = x_i\} = p(x_i)$。首先考慮 $i = 1$。因 $U \sim \mathrm{U}(0,1)$，故

$$\mathrm{Pr}\{X = x_1\} = \mathrm{Pr}\{U \le F(x_1)\} = F(x_1) = p(x_1)$$

（見圖 17.4）。當 $i \ge 2$ 時，則

$$\mathrm{Pr}\{X = x_i\} = \mathrm{Pr}\{F(x_{i-1}) < U \le F(x_i)\} = F(x_i) - F(x_{i-1}) = p(x_i)$$

故得證。

例 17.5：在典型例題中，服務時間 t_s 有三種可能：$x_1 = 5, x_2 = 10, x_3 = 15$（單位爲分鐘），其機率分別爲 $p(x_1) = \frac{1}{6}, p(x_2) = \frac{3}{6}, p(x_3) = \frac{2}{6}$。此爲離散型分配，所以我們可得產生此機率分配的演算法如下：

    1. 產生 $U \sim \mathrm{U}(0,1)$。

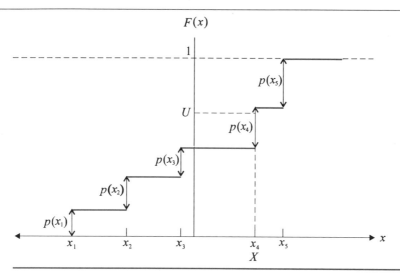

圖 17.4　離散型隨機變數之反函數

    2. 若 $U \le \frac{1}{6}$，則讓 $X = 5$；若 $\frac{1}{6} < U \le \frac{4}{6}$，則讓 $X = 10$；若 $\frac{4}{6} < U$，則讓 $X = 15$。   □

合成法

合成法(composition method) 適用於當隨機變數 X 之函數 f 是由 k 個其它函數 $f_1, f_2, ..., f_k$ 所組合而成的情形，亦即：

$$f(x) = p_1 f_1(x) + p_2 f_2(x) + \cdots + p_k f_k(x)$$

其中

$$p_i = \Pr\{X \sim f_i(x)\}$$

且 $\sum_{i=1}^{k} p_i = 1$。合成法的通則如下：

    1. 以離散型反函數轉換法決定 X 之分配 $f(x_i)$。

    2. 產生 $X \sim f(x_i)$ 之亂數。

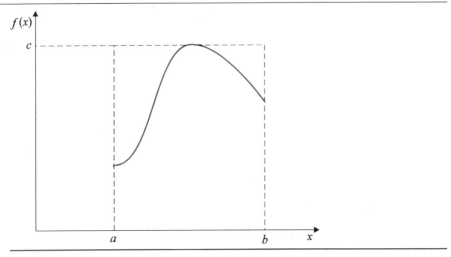

圖17.5　　　以接受／拒絕法計算積分

例17.6：考慮以下函數：

$$f(x) = p_1 f_1(x) + p_2 f_2(x)$$
$$= \frac{1}{2}e^x + \frac{1}{2}e^{-x}$$

以反函數轉換法我們可求得 $F_1^{-1}(U) = x = \ln U$ ，$F_2^{-1}(U) = x = -\ln(1 - U)$ 。因此，我們可得產生此機率分配的演算法如下：

1. 產生 $U_i \sim \mathrm{U}(0,1), i = 1, 2$ 。
2. 若 $U_1 < 0.5$ ，則讓 $X = \ln U_2$ ；若 $U_1 \geq 0.5$ ，則讓 $X = -\ln(1 - U_2)$ 。　　　　　　　　　□

接受／拒絕法

在介紹以**接受／拒絕法**(acceptance-rejection method)產生隨機變數之前，我們先說明如何以此法計算積分(integral)。考慮函數 $f(x)$ ，其中 $a \leq x \leq b, c = \max f(x)$ 。此函數之圖形如圖17.5所示。我們可用以下的演算法計算此函數。

1. 產生 $U_i \sim \mathrm{U}(0,1), i = 1, 2$。
2. 讓 $x = a + (b-a)U_1, w_1 = cU_2$。
3. 設 $N = N + 1$。若 $f(x) \geq w_1$，則 $n = n + 1$。

重複以上三步驟直到 N 相當大時，我們即可計算積分值如下：

$$\int_a^b f(x)dx = c(b-a)\left(\frac{n}{N}\right)$$

此方法的原理是：若 $f(x) \geq w_1$，則此點落於函數的面積之內，所以我們接受此點，並讓累積的點數 $n = n + 1$；反之，則此點不在函數的面積之內，所以我們拒絕此點。在計算積分值時，我們將落於函數面積的點數除以總模擬點數，即可得到曲線下在矩形內的機率，將此機率乘上矩形面積 $c(b-a)$，即可得到函數的面積。

現在，我們考慮如何以接受／拒絕法產生隨機變數。其步驟與計算函數面積的步驟大同小異，茲敘述如下：

1. 產生 $U_i \sim \mathrm{U}(0,1), i = 1, 2$。
2. 讓 $x = a + (b-a)U_1, w_1 = cU_2$。
3. 若 $f(x) \geq w_1$，則讓 $X = x$（接受此點），否則捨棄此點。

例17.7：考慮**三角分配**(triangular distribution)，其機率密度函數如下：

$$f(x) = \begin{cases} \dfrac{2(x-a)}{(b-a)(c-a)} & \text{如果} a \leq x \leq c \\[2mm] \dfrac{2(b-x)}{(b-a)(b-c)} & \text{如果} c < x \leq b \\[2mm] 0 & \text{否則} \end{cases}$$

其圖形如圖17.6所示。利用接受／拒絕法我們可得產生三角分配的演算式如下：

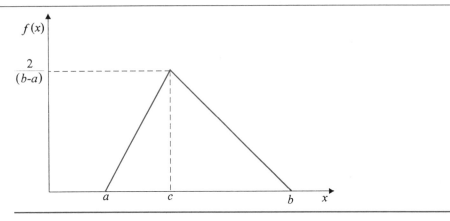

圖 17.6　三角分配之圖形

1. 產生 $U_i \sim \text{U}(0,1), i = 1, 2$

2. 讓 $x = a + (b-a)U_1, w_1 = 2U_2/(b-a)$

3. 若 $x \le c$，則至步驟4；否則至步驟5

4. 若 $2(x-a)/(b-a)(c-a) \ge w_1$，則讓 $X = x$，否則捨棄此點

5. 若 $2(b-x)/(b-a)(b-c) \ge w_1$，則讓 $X = x$，否則捨棄此點　　□

接下來，我們考慮**常態隨機變數**(normal random variable)的產生方式。根據中央極限定理(central limit theorem)，n 個 $U_i \sim \text{U}(0,1)$ 之和趨近 $\mu = n/2$ 與 $\sigma^2 = n/12$ 的常態分配。（註：連續均勻隨機變數 $\text{U}(a,b)$ 之平均數為 $(a+b)/2$，變異數為 $(b-a)^2/12$。）讓

$$Z = \sum_{i=1}^{12} U_i - 6$$

則 $Z \sim \text{N}(0,1)$（**標準常態分配**[standard normal distribution]），因其平均數與變異數可計算如下：

$$\text{E}(Z) = \text{E}(U_1 + U_2 + \cdots + U_{12}) - 6 = \frac{12}{2} - 6 = 0$$

$$\text{Var}(Z) = \text{Var}(U_1) + \text{Var}(U_2) + \cdots + \text{Var}(U_{12}) = 12\Big(\frac{1}{12}\Big) = 1$$

由 Z 我們可產生 $X \sim \mathrm{N}(\mu, \sigma^2)$ 如下：

$$Z = \frac{X - \mu}{\sigma} \Longrightarrow X = \mu + Z\sigma$$

以上的方法雖然容易瞭解，但須產生 12 個 U_i 才可得到一個常態隨機變數，所以不是一個很有效率的方法。以下的演算法雖然較複雜，但卻相當有效率，其步驟如下：

1. 產生 $U_i \sim \mathrm{U}(0, 1), i = 1, 2$。
2. 讓 $X_1 = \sqrt{-2 \ln U_1} \cos 2\pi U_2$，$X_2 = \sqrt{-2 \ln U_1} \sin 2\pi U_2$。

此法僅用兩個 $\mathrm{U}(0, 1)$ 隨機變數即可產生兩個 $\mathrm{N}(0, 1)$ 隨機變數，所以相當有效率。

讓 $Y \sim \mathrm{N}(0, 1)$，則

$$X = \sum_{i=1}^{k} Y^2$$

為具自由度 k 之**卡方隨機變數** (chi-square random variable)。因此，我們可得產生自由度 k 的卡方隨機變數的演算法如下：

1. 產生 $Y_i \sim \mathrm{N}(0, 1), i = 1, 2, ..., k$。
2. 讓 $X = \sum_{i=1}^{k} Y_i^2$。

17.4 變異數降低技術

在許多情況下，模擬的成本相當高，此時，如果我們能夠減少我們所欲求結果之隨機變數（例如：每位顧客在系統的時間）的變異數，而不影響該變異數的平均值，則我們可用相同的模擬成本得到更精確的結果，或以較低的成本得到相同有效的結果。此即為**變異數降低技術** (variance-reduction technique, VRT) 所討論的範圍。

變異數降低技術包含很多不同的方法，而有些方法僅適用於某些特定的情況。本節介紹三種常見且應用範圍較廣的技術。

共同亂數

共同亂數(common random number, CRN)適用於比較兩種或兩種以上不同系統的情況。其基本想法是：不同系統的比較應在相同的實驗條件下進行，如此，我們才能確定所觀察結果的差異是來自系統的差異而不是實驗條件的差異。在模擬中，所謂實驗條件即為模擬系統所用的隨機變數。因此，當比較不同系統時，我們應使用相同序列的隨機變數，如此將可使得用以衡量系統差異之隨機變數的變異數減少。

例 17.8：考慮 A、B 兩個不同系統的服務時間。系統 A 的服務時間 S_A 為 $U(6, 12)$，系統 B 的服務時間 S_B 為 $U(5, 10)$。若用表 17.6 第一欄第 21 至第 30 個四位數字的前三位模擬 S_A，用第二欄的第 21 至第 30 個前三位數模擬 S_B，則可得表 17.7 第二至五欄的結果。其差異如表中第六欄所示。若 S_A 用與 S_B 相同的十個亂數，則可得第七欄的結果，此時兩系統服務時間的差異如第八欄所示。由最後一列的平均差異顯示，使用共同亂數所產生的結果較接近真正的平均差異。（真正的平均差異為 $E(S_A) - E(S_B) = 9 - 7.5 = 1.5$）。 □

互補亂數

互補亂數（complementary random variable；又稱相對亂數 [antithetic random variable]）適用於單一系統。其作法如下：當我們在一次模擬作業使用 U_i 時，則我們在相同目的的另一次作業使用 $1 - U_i$。此法對系統真正的平均值經常能夠提供較精確的估計。

例 17.9：考慮上例中系統 A 的服務時間 S_A，其真正的平均值為 9。在上例中，隨機亂數所估計的平均值為 8.465（見表 17.8）。若採用互補亂數

表17.7　使用與不使用共同亂數之比較

i	U_i	S_A	U_i'	S_B'	$S_A - S_B'$	S_A'	$S_A' - S_B'$
1	.800	10.800	.601	8.005	2.795	9.606	1.601
2	.061	6.366	.295	6.475	−0.109	7.770	1.295
3	.629	9.774	.588	7.940	1.834	9.528	1.588
4	.580	9.480	.196	5.980	3.500	7.176	1.196
5	.400	8.400	.424	7.120	1.280	8.544	1.424
6	.371	8.226	.490	7.450	0.776	8.940	1.490
7	.426	8.556	.485	7.425	1.131	8.910	1.485
8	.227	7.362	.610	8.050	−0.688	9.660	1.610
9	.530	9.180	.610	8.050	1.130	9.660	1.610
10	.085	6.510	.554	7.770	−1.260	9.324	1.554
平均					1.039		1.485

，我們可由前五個U_i得到後五個互補亂數U_i（見表之第四欄），而由此十個數字所產生出來之S_A'的平均值為9.000（此值恰巧等於眞正的平均值，但此純屬巧合）。雖然我們都是以十個數字計算平均，且後者僅用到了五個亂數，但其所得到的平均值(9.000)比由十個亂數所得到的平均值(8.465)更接近眞正的平均值(9)。　　　□

分層抽樣

當我們做模擬時，有時（尤其當樣本較小的時候）會發生所產生隨機變數之值的分佈狀況不甚均勻的情形。由此種模擬結果所估計的系統統計量亦往往有所偏差。**分層抽樣**(stratified sampling)可藉著將隨機變數的

表 17.8　　使用與不使用互補亂數之比較

i	U_i	S_A	U_i'	S_A'
1	.800	10.800	.800	10.800
2	.061	6.366	.061	6.366
3	.629	9.774	.629	9.774
4	.580	9.480	.580	9.480
5	.400	8.400	.400	8.400
6	.371	8.226	.200	7.200
7	.426	8.556	.939	11.634
8	.227	7.362	.371	8.226
9	.530	9.180	.420	8.520
10	.085	6.510	.600	9.600
平均		8.465		9.000

整個分配分為數層(stratum)，並強迫對較關鍵之層選取較多的樣本，來調節此分佈不均的情況。

例 17.10：考慮模擬某系統的到達間隔時間 $T_A \sim \text{Exp}(2)$。若用表17.6第四欄前十個四位數字的前三位模擬 T_A 可得表17.9第三欄的結果，其平均值為1.610。此估計值與真正的平均值有所差異；這是因為所產生隨機變數之值的分佈狀況不均所造成的結果（數字偏小；沒有任何數字大於0.83）。若我們將 T_A 的整個分配分為三個層（見表17.10），並強迫對較關鍵之層（例如：第三層）選取較其面積比例多的樣本，然後再將所得到的隨機變數之值除以相對的權數，可得表17.9第六欄所示的結果。層別 j 之權數 w_j 的計算如下：

表 17.9　　使用與不使用分層抽樣之比較

i	U_i	x_i $-2\ln(1-U_i)$	U_i'	x_i' $-2\ln(1-U_i')$	x_i'/w_j
1	.444	1.174	0.266	0.620	0.929
2	.675	2.248	0.405	1.038	1.557
3	.826	3.497	0.496	1.369	2.052
4	.527	1.497	0.316	0.760	1.140
5	.286	0.674	0.700	2.409	2.107
6	.545	1.575	0.791	3.128	2.737
7	.754	2.805	0.864	3.989	3.490
8	.408	1.048	0.743	2.716	2.376
9	.161	0.351	0.958	6.343	1.586
10	.460	1.232	0.973	7.224	1.806
平均		1.610			1.978

$$w_j = \frac{\text{層別}j\text{所佔樣本數之比例}}{\text{層別}j\text{所佔面積之比例}}$$

例如：層別1之權數為

$$w_1 = \frac{4/10}{0.6} = 0.667$$

由此可知，分層抽樣所得到的估計值(1.978)比未用分層抽樣所得到的估計值(1.610)較接近真正的平均值(2)。　　　　　　　　□

17.5　模擬的優缺點

使用模擬技術研究一個系統具有以下的優點：

表 17.10　　將整個分配分為三層並計算各層之權數

層別	範圍	U_i'	樣本數	權數w_j
1	$0 \leq F(x) \leq 0.60$	$0 + 0.60 \times U_i$	4	0.667
2	$0.60 \leq F(x) \leq 0.95$	$0.60 + 0.35 \times U_i$	4	1.143
3	$0.95 \leq F(x) \leq 1$	$0.95 + 0.05 \times U_i$	2	4

1. 對於分析模式所無法處理較為複雜的系統，模擬亦可容易地予以分析處理。

2. 當模擬模式建立好且經過測試後，很容易對不同的情況予以實驗、比較，亦即：很容易回答「如果……會怎樣？」的問題。此外，模擬亦極適用於不同方案間的比較。

3. 對於許多實際的系統，觀察、研究在不同狀況時實際系統變化的情形非常費時且成本非常高。例如：對於交通問題而言，假設我們欲研究號誌燈的各種管制情形對交通流量的影響，以及研究即將興建的快速道路對相關道路車流的影響。前者若以實際的系統做實驗，不但花錢、費時，且必將遭致民眾的抱怨。後者則因尚未興建，所以無法在實際系統上做實驗。模擬則經常可用遠較實際系統為低的成本及短的時間，研究實際系統在不同狀況下的變化情形。此外，模擬亦比在實際系統的實驗較能夠控制與掌握實驗的條件。

4. 由模擬的結果經常可以發覺系統存在一些有規律的變化情形。這些所觀察到規律的變化，可作為發展理論的根源與基礎。

　　儘管使用模擬技術有以上的優點，但亦存在以下的缺點：

1. 建立大型的模擬模式非常昂貴。這些費用來自建立模式、收集實際系統的資料、撰寫與修改電腦程式、確認模式的合理與正確性、以及在電腦系統上執行電腦程式等。

2. 由於系統隨機的現象，所以模擬只能得到估計的結果，而無法完全
掌握系統真正的特性。

17.6 習題

1. 假設在乘法 LCGs 中，$a = 127, m = 73, Z_0 = 19$。產生 $Z_1, Z_2, ..., Z_{10}$
，並將之轉換爲 $U_i \sim U(0,1)$。

2. 考慮以下機率密度函數：

$$f(x) = \begin{cases} kx^3 & 0 \leq x \leq 1 \\ 0 & \text{否則} \end{cases}$$

(a) 求 k 值。

(b) 求 $F(x)$。

(c) 若 $U_1 = .17, U_2 = .84, U_3 = .56, U_4 = .21$，求 x_1, x_2, x_3, x_4。

3. 考慮以下機率密度函數：

$$f(x) = a + 2(1-a)x \qquad 0 \leq x \leq 1$$

以合成法導出產生此機率分配的演算法。

4. 考慮以下機率密度函數：

$$f(x) = |x|, \; -1 \leq x \leq 1$$

以合成法導出產生此機率分配的演算法。

5. 考慮 $a = 0, b = 1$ 之三角隨機變數 X。以反函數轉換法導出一個產
生此隨機變數的演算法。（在本章中，我們曾以接受／拒絕法產
生三角隨機變數的演算法，此習題則爲三角隨機變數的另一個演算
法。）

6. 考慮 $a = 5, b = 25, c = 15$ 的三角分配。以接受／拒絕法產生之三角隨機變數的演算法，利用以下兩位數的亂數，求數個三角隨機變數。

$$21, 45, 84, 35, 74, 26, 12, 61, 90, 31$$

7. 考慮一個 $M/M/1$ 等候系統，其平均到達間隔時間為 8 分鐘，平均服務時間為 5 分鐘。以表 17.6 第一欄第 1 至第 10 個數的前三位數模擬到達間隔時間，以第 11 至第 20 個前三位數模擬服務時間。

   (a) 建立顧客在等候系統的各個事件時間表。

   (b) 繪製以時間 t 為橫座標、在系統的顧客數 $N(t)$ 為縱座標之圖。

   (c) 計算 L, L_q, W, W_q 之估計值。

   (d) 建立在系統顧客數 n 的估計機率分配圖。

8. 考慮標準常態分配。採用表 17.6 第二欄的前 12 個數的前三位數字做模擬。

   (a) 用本章所提較複雜之公式，產生 12 個標準常態隨機變數。

   (b) 用分層抽樣法重新做 (a)；分層方式如表 7.11 所示。

   (c) 比較 (a) 與 (b) 所得之平均數及變異數。何者較接近正確值？

表 17.11　習題 8 之表

層別	範圍	樣本數
1	$-3\sigma \sim -2\sigma$	2
2	$-2\sigma \sim -1\sigma$	2
3	$-1\sigma \sim 0\sigma$	2
4	$0\sigma \sim +1\sigma$	2
5	$+1\sigma \sim +2\sigma$	2
6	$+2\sigma \sim +3\sigma$	2

附錄 A
矩陣

本附錄大綱

在本附錄中，我們將對本書所用到的矩陣 (matrix) 及其運算做一個簡單的介紹。若讀者對矩陣需要進一步的瞭解，可參考線性代數 (linear algebra) 或矩陣代數方面的書籍。

A.1　矩陣的定義與類別

矩陣 (matrix) 是一個矩形的 (rectangular) 實數陣列 (array of real numbers)。例如：

$$\mathbf{A} = \begin{pmatrix} a_{11} & a_{12} & \dots & a_{1n} \\ a_{21} & a_{22} & \dots & a_{2n} \\ \vdots & \vdots & \ddots & \vdots \\ a_{m1} & a_{m2} & \dots & a_{mn} \end{pmatrix} = \|a_{ij}\|$$

即為一個 $m \times n$ 的矩陣，其中 a_{ij} 為此矩陣的元素 (element)；$\|a_{ij}\|$ 表示位於此矩陣第 i 列第 j 行的元素為 a_{ij}（對所有 $i = 1, 2, ..., m; j = 1, 2, ..., n$）。我們稱 $m \times n$ 為此矩陣的階數 (order)。若 $m = n$，則此矩陣稱為方矩陣 (square matrix)。例如：

$$\mathbf{A} = \begin{pmatrix} 0 & -\frac{1}{2} & 1 \\ 0 & \frac{1}{2} & 0 \\ 4 & -\frac{2}{5} & 0 \\ 1 & \frac{3}{2} & -3 \end{pmatrix}$$

是一個 4×3 的矩陣，其第 3 列第 2 行的元素

$$a_{32} = -\frac{2}{5}$$

若一個矩陣僅有一列或僅有一行，則亦被稱為向量 (vector)。所以

$$\mathbf{x} = (x_1, x_2, ..., x_n)$$

為列向量 (row vector)，而

$$\mathbf{x} = \begin{pmatrix} x_1 \\ x_2 \\ \vdots \\ x_m \end{pmatrix}$$

爲行向量 (column vector)。例如：

$$\mathbf{x} = (2, \frac{1}{3}, 0, -1)$$

是一個含有四個元素的列向量，而

$$\mathbf{x} = \begin{pmatrix} 5 \\ -7 \\ 12 \end{pmatrix}$$

是一個含有三個元素的行向量。

　　矩陣 $\mathbf{A}$ 的**轉置矩陣** (transpose matrix) $\mathbf{A}^{\mathrm{T}}$ 是將 $\mathbf{A}$ 的列與行對調而得。因此，若 $\mathbf{A}$ 爲 $m \times n$ 的矩陣，則 $\mathbf{A}^{\mathrm{T}}$ 爲 $n \times m$ 的矩陣。例如：若

$$\mathbf{A} = \begin{pmatrix} 0 & -\frac{1}{2} \\ 5 & \frac{1}{2} \\ 1 & -3 \end{pmatrix}$$

則

$$\mathbf{A}^{\mathrm{T}} = \begin{pmatrix} 0 & 5 & 1 \\ -\frac{1}{2} & \frac{1}{2} & -3 \end{pmatrix}$$

　　如果一個方矩陣在對角線上的元素是 1，其餘均爲 0，則此矩陣稱爲**單位矩陣** (identity matrix)。例如：

$$\mathbf{I} = \begin{pmatrix} 1 & 0 & 0 & 0 \\ 0 & 1 & 0 & 0 \\ 0 & 0 & 1 & 0 \\ 0 & 0 & 0 & 1 \end{pmatrix}$$

即爲一個 4×4 的單位矩陣。

　　最後，我們稱矩陣 $\mathbf{A} = \|a_{ij}\|$ 與矩陣 $\mathbf{B} = \|b_{ij}\|$ 爲**相等矩陣** (equal matrix)，如果此兩矩陣的階數相等，且 $a_{ij} = b_{ij}, \forall i, j$。

A.2　矩陣的運算

矩陣只有加法(addition)、減法(subtraction)及乘法（multiplication；包括兩矩陣相乘以及矩陣與純量相乘）。雖然矩陣沒有除法(division)，但有與除法觀念類似的反矩陣(inverse matrix)。

矩陣的加減法

若矩陣 $\mathbf{A} = \|a_{ij}\|$ 與矩陣 $\mathbf{B} = \|b_{ij}\|$ 的階數相等，則此兩矩陣可相加減。兩矩陣相加(addition)的方式，是將相對應的元素相加起來，亦即：

$$\mathbf{A} + \mathbf{B} = \|a_{ij} + b_{ij}\|$$

同理，兩矩陣相減(subtraction)的方式，是將相對應的元素相減，亦即：

$$\mathbf{A} - \mathbf{B} = \|a_{ij} - b_{ij}\|$$

例如：假設

$$\mathbf{A} = \begin{pmatrix} 0 & -2 \\ 5 & 3 \\ 1 & 4 \end{pmatrix} \qquad \mathbf{B} = \begin{pmatrix} 9 & 1 \\ 0 & -1 \\ 2 & 3 \end{pmatrix}$$

因為 $\mathbf{A}$ 與 $\mathbf{B}$ 均為 3×2 的矩陣，所以可相加減，其結果如下：

$$\mathbf{A} + \mathbf{B} = \begin{pmatrix} 9 & -1 \\ 5 & 2 \\ 3 & 7 \end{pmatrix}$$

$$\mathbf{A} - \mathbf{B} = \begin{pmatrix} -9 & -3 \\ 5 & 4 \\ -1 & 1 \end{pmatrix}$$

矩陣的乘法

在此所討論的矩陣乘法 (multiplication)，是指兩矩陣的乘積 (product)。並非任何兩個矩陣均可相乘，矩陣 $\mathbf{A}$ 與矩陣 $\mathbf{B}$ 之乘積 $\mathbf{AB}$ 存在的條件是：$\mathbf{A}$ 的行數等於 $\mathbf{B}$ 的列數。若 $\mathbf{A}$ 為 $m \times n$ 的矩陣，$\mathbf{B}$ 為 $n \times r$ 的矩陣，則

$$\mathbf{AB} = \left\| \sum_{k=1}^{n} a_{ik} b_{kj} \right\|$$

$\mathbf{AB}$ 的階數則為 $m \times r$。需要注意的是，$\mathbf{AB}$ 存在並不表示 $\mathbf{BA}$ 存在；且即使 $\mathbf{BA}$ 存在，$\mathbf{AB}$ 也不一定等於 $\mathbf{BA}$。例如：假設

$$\mathbf{A} = \begin{pmatrix} 0 & -2 \\ 5 & 3 \\ 1 & 4 \end{pmatrix} \qquad \mathbf{B} = \begin{pmatrix} 9 & 1 \\ 2 & 3 \end{pmatrix}$$

因為 $\mathbf{A}$ 的行數與 $\mathbf{B}$ 列數相等（均為 2），所以 $\mathbf{AB}$ 存在，其乘積為

$$\mathbf{AB} = \begin{pmatrix} -4 & -6 \\ 51 & 14 \\ 17 & 13 \end{pmatrix}$$

例如：第三列第一行之值為

$$(1 \times 9) + (4 \times 2) = 17$$

雖然在此例題中，$\mathbf{AB}$ 存在，但因 $\mathbf{B}$ 的行數 2 不等於 $\mathbf{A}$ 的列數 3，所以 $\mathbf{BA}$ 不存在。

矩陣與純量相乘

任何矩陣均可與純量 (scalar) α 相乘。其作法是將此矩陣的各個元素乘上 α。因此

$$\alpha \mathbf{A} = \| \alpha a_{ij} \|$$

例如：若

$$\alpha = 2 \qquad \mathbf{A} = \begin{pmatrix} 0 & -2 \\ 5 & 3 \\ 1 & 4 \end{pmatrix}$$

則

$$\alpha\mathbf{A} = \begin{pmatrix} 0 & -4 \\ 10 & 6 \\ 2 & 8 \end{pmatrix}$$

A.3　行列式

任何一個方矩陣 $\mathbf{A}$ 都有一個稱之為**行列式**（determinant；以 $|\mathbf{A}|$ 表示）。的數值。

對於 2×2 的矩陣

$$\mathbf{A} = \begin{pmatrix} a_{11} & a_{12} \\ a_{21} & a_{22} \end{pmatrix}$$

其行列式為

$$|\mathbf{A}| = (a_{11})(a_{22}) - (a_{21})(a_{12})$$

例如：

$$\mathbf{A} = \begin{pmatrix} 1 & 2 \\ 3 & 4 \end{pmatrix}$$

的行列式為

$$|\mathbf{A}| = (1)(4) - (3)(2) = -2$$

對於 3×3 的矩陣

$$\mathbf{A} = \begin{pmatrix} a_{11} & a_{12} & a_{13} \\ a_{21} & a_{22} & a_{23} \\ a_{31} & a_{32} & a_{33} \end{pmatrix}$$

其行列式為

$$|\mathbf{A}| = (a_{11}) \begin{vmatrix} a_{22} & a_{23} \\ a_{32} & a_{33} \end{vmatrix} - (a_{12}) \begin{vmatrix} a_{21} & a_{23} \\ a_{31} & a_{33} \end{vmatrix} + (a_{13}) \begin{vmatrix} a_{21} & a_{22} \\ a_{31} & a_{32} \end{vmatrix}$$

在上式中，第一項是將第一列的第一個數（即：a_{11}）乘上不含該數所在之列與行（即：第一列與第一行）的 2×2 的矩陣；第二項是將第一列

的第二個數（即：a_{12}）乘上不含該數所在之列與行的 2×2 的矩陣；第三項是將第一列的第三個數（即：a_{13}）乘上不含該數所在之列與行的 2×2 的矩陣。各項的正負號，則由各項的 a_{ij} 決定。若 a_{ij} 之 $i+j$ 爲偶數，則其符號爲正；若爲奇數，則其符號爲負。在上式中，我們是以第一列爲基準，事實上，我們可選擇任何一列或任何一行爲基準。爲使計算簡單起見，一般我們是選擇數字較簡單的列或行爲基準。例如：

$$\mathbf{A} = \begin{pmatrix} 0 & -2 & 9 \\ 5 & 3 & 0 \\ 1 & 4 & 2 \end{pmatrix}$$

的行列式爲

$$\begin{aligned} |\mathbf{A}| &= (0) \begin{vmatrix} 3 & 0 \\ 4 & 2 \end{vmatrix} - (5) \begin{vmatrix} -2 & 9 \\ 4 & 2 \end{vmatrix} + (1) \begin{vmatrix} -2 & 9 \\ 3 & 0 \end{vmatrix} \\ &= (0)(6-0) - (5)(-4-36) + (1)(0-27) \\ &= 173 \end{aligned}$$

在以上的計算中，我們是選擇數字較簡單的第一行爲基準。

同理，對於 4×4 或階數更大的矩陣，我們必須經過降階（如同以上將 3×3 矩陣降爲 2×2 矩陣）的方式處理。

子行列式

矩陣 $\mathbf{A} = \|a_{ij}\|$ 之 a_{ij} 的 **子行列式**（minor；以 M_{ij} 表示）是不含第 i 列與第 j 行元素之行列式。例如：若

$$\mathbf{A} = \begin{pmatrix} a_{11} & a_{12} & a_{13} \\ a_{21} & a_{22} & a_{23} \\ a_{31} & a_{32} & a_{33} \end{pmatrix}$$

則

$$M_{12} = \begin{vmatrix} a_{21} & a_{23} \\ a_{31} & a_{33} \end{vmatrix} \qquad M_{33} = \begin{vmatrix} a_{11} & a_{12} \\ a_{21} & a_{22} \end{vmatrix}$$

餘因式矩陣

任何一個 2×2 或階數更大的方矩陣 $\mathbf{A} = \|a_{ij}\|$ 都有一個對應的**餘因式矩陣**(cofactor matrix；以 cof $\mathbf{A}$ 或 $\mathbf{A}_{\text{cof}}$ 表示)。

對於 2×2 的矩陣

$$\mathbf{A} = \begin{pmatrix} a_{11} & a_{12} \\ a_{21} & a_{22} \end{pmatrix}$$

其餘因式矩陣為

$$\text{cof } \mathbf{A} = \begin{pmatrix} a_{22} & -a_{21} \\ -a_{12} & a_{11} \end{pmatrix}$$

例如:

$$\mathbf{A} = \begin{pmatrix} 1 & 2 \\ 3 & 4 \end{pmatrix}$$

的餘因式矩陣為

$$\text{cof } \mathbf{A} = \begin{pmatrix} 4 & -3 \\ -2 & 1 \end{pmatrix}$$

對於 3×3 或階數更大的矩陣 $\mathbf{A}$,其 cof $\mathbf{A} = \|\hat{a}_{ij}\|$ 之 $\hat{a}_{ij}$ 為

$$\hat{a}_{ij} = (-1)^{i+j} M_{ij}$$

例如:

$$\mathbf{A} = \begin{pmatrix} 0 & -2 & 9 \\ 5 & 3 & 0 \\ 1 & 4 & 2 \end{pmatrix}$$

的餘因式矩陣為

$$\text{cof } \mathbf{A} = \begin{pmatrix} 6 & -10 & 17 \\ 40 & -9 & -2 \\ -27 & 45 & 10 \end{pmatrix}$$

伴隨矩陣

矩陣 $\mathbf{A}$ 之**伴隨矩陣**(adjoint matrix) adj $\mathbf{A}$ (或 $\mathbf{A}_{\text{adj}}$)為其餘因式矩陣之轉置矩陣,亦即:

$$\text{adj } \mathbf{A} = (\text{cof } \mathbf{A})^{\text{T}}$$

A.4　反矩陣及其計算方法

在介紹反矩陣之前，我們必須先瞭解所謂的奇異矩陣與非奇異矩陣。

我們稱行列式不爲零的矩陣爲**非奇異的**(nonsingular)，反之，則稱之爲**奇異的**(singular)。例如：

$$\mathbf{A} = \begin{pmatrix} 0 & -2 & 9 \\ 5 & 3 & 0 \\ 1 & 4 & 2 \end{pmatrix}$$

是一個非奇異的矩陣，因爲

$$|\mathbf{A}| = 0(6-0) - (-2)(10-0) + 9(20-3) = 173 \neq 0$$

而

$$\mathbf{A} = \begin{pmatrix} 1 & 2 \\ 2 & 4 \end{pmatrix}$$

是一個奇異的矩陣，因爲

$$|\mathbf{A}| = (1 \times 4) - (2 \times 2) = 0$$

在 A.2 節中我們提到，雖然矩陣沒有除法，但有與除法觀念類似的**反矩陣**(inverse matrix)。讓 α 爲一個非零的數值，則其存在一個唯一的(unique) 倒數 (reciprocal)$\frac{1}{\alpha}$，使得

$$\alpha\alpha^{-1} = 1$$

同樣地，對於一個非奇異矩陣，存在一個唯一的反矩陣，使得

$$\mathbf{AA}^{-1} = \mathbf{I}$$

一般而言，求反矩陣有兩種方法：(1)高氏消去法；(2)伴隨矩陣法。以下我們將對此兩種方法有詳盡的說明。

以高氏消去法求反矩陣

我們先介紹如何以高氏消去法 (Gauss-Jordan method of elimination；見 3.3節) 求得反矩陣。考慮矩陣

$$(\mathbf{A} \,|\, \mathbf{I}) \qquad\qquad (A.1)$$

其中 $\mathbf{A}$ 爲非奇異矩陣。將此矩陣乘上 $\mathbf{A}^{-1}$ 可得

$$\mathbf{A}^{-1}(\mathbf{A} \,|\, \mathbf{I}) = (\mathbf{I} \,|\, \mathbf{A}^{-1})$$

因此，如果我們能經由高氏消去法的運算，將 $(A.1)$ 之 $\mathbf{A}$ 轉換爲 $\mathbf{I}$，則 $(A.1)$ 之 $\mathbf{I}$ 即爲 $\mathbf{A}^{-1}$。

例如：假設

$$\mathbf{A} = \begin{pmatrix} 3 & 0 & 1 \\ 0 & 2 & 0 \\ 1 & 1 & 0 \end{pmatrix}$$

利用高氏消去法，我們可運算如下：

$$
\begin{aligned}
(\mathbf{A} \,|\, \mathbf{I}) &= \left(\begin{array}{ccc|ccc} 3 & 0 & 1 & 1 & 0 & 0 \\ 0 & 2 & 0 & 0 & 1 & 0 \\ 1 & 1 & 0 & 0 & 0 & 1 \end{array} \right) \\
&= \left(\begin{array}{ccc|ccc} 1 & 0 & \frac{1}{3} & \frac{1}{3} & 0 & 0 \\ 0 & 2 & 0 & 0 & 1 & 0 \\ 0 & 1 & -\frac{1}{3} & -\frac{1}{3} & 0 & 1 \end{array} \right) \\
&= \left(\begin{array}{ccc|ccc} 1 & 0 & \frac{1}{3} & \frac{1}{3} & 0 & 0 \\ 0 & 1 & 0 & 0 & \frac{1}{2} & 0 \\ 0 & 0 & -\frac{1}{3} & -\frac{1}{3} & -\frac{1}{2} & 1 \end{array} \right) \\
&= \left(\begin{array}{ccc|ccc} 1 & 0 & 0 & 0 & -\frac{1}{2} & 1 \\ 0 & 1 & 0 & 0 & \frac{1}{2} & 0 \\ 0 & 0 & 1 & 1 & \frac{3}{2} & -3 \end{array} \right) \\
&= (\mathbf{I} \,|\, \mathbf{A}^{-1})
\end{aligned}
$$

因此，

$$\mathbf{A}^{-1} = \begin{pmatrix} 0 & -\frac{1}{2} & 1 \\ 0 & \frac{1}{2} & 0 \\ 1 & \frac{3}{2} & -3 \end{pmatrix}$$

以伴隨矩陣求反矩陣

我們除了可用高氏消去法求得反矩陣之外，亦可利用伴隨矩陣求反矩陣，其公式如下：

$$\mathbf{A}^{-1} = \frac{1}{|\mathbf{A}|} \text{adj } \mathbf{A}$$

例如：假設

$$\mathbf{A} = \begin{pmatrix} 3 & 0 & 1 \\ 0 & 2 & 0 \\ 1 & 1 & 0 \end{pmatrix}$$

其行列式與伴隨矩陣為

$$|\mathbf{A}| = -2 \qquad \text{adj } \mathbf{A} = \begin{pmatrix} 0 & 1 & -2 \\ 0 & -1 & 0 \\ -2 & -3 & 6 \end{pmatrix}$$

因此，

$$\mathbf{A}^{-1} = \frac{1}{-2} \begin{pmatrix} 0 & 1 & -2 \\ 0 & -1 & 0 \\ -2 & -3 & 6 \end{pmatrix} = \begin{pmatrix} 0 & -\frac{1}{2} & 1 \\ 0 & \frac{1}{2} & 0 \\ 1 & \frac{3}{2} & -3 \end{pmatrix}$$

此結果與以高氏消去法所求得的結果完全相同。

A.5　聯立方程式

在介紹聯立方程式 (simultaneous equations) 之前，我們必須先瞭解線性獨立與秩的觀念。

我們稱向量 $\mathbf{v}_1, \mathbf{v}_2, ..., \mathbf{v}_k$ 為線性獨立的 (linearly independent)，如果對所有實數 α_i，若

$$\sum_{i=1}^{k} \alpha_i \mathbf{v}_i = \mathbf{0}$$

則所有 $\alpha_i = 0$，其中 α_i 爲無向量之數值。相對地，若存在某些 $\alpha_i \neq 0$，使得

$$\sum_{i=1}^{k} \alpha_i \mathbf{v}_i = \mathbf{0}$$

則我們稱向量 $\mathbf{v}_1, \mathbf{v}_2, ..., \mathbf{v}_k$ 爲**線性相關的** (linearly dependent)。例如：向量 $\mathbf{v}_1 = (0, 1)$ 與 $\mathbf{v}_2 = (1, 0)$ 爲線性獨立的，因爲若

$$\alpha_1(0, 1) + \alpha_2(1, 0) = (0, 0)$$

則 $\alpha_1 = 0, \alpha_2 = 0$。而向量 $\mathbf{v}_1 = (1, 3)$ 與 $\mathbf{v}_2 = (2, 6)$ 爲線性相關的，因爲讓 $\alpha_1 = 2, \alpha_2 = -1$，可使得

$$\alpha_1(1, 3) + \alpha_2(2, 6) = (0, 0)$$

我們稱向量 $\mathbf{b}$ 爲向量 $\mathbf{v}_1, \mathbf{v}_2, ..., \mathbf{v}_k$ 的**線性組合** (linear combination)，如果

$$\sum_{i=1}^{k} \alpha_i \mathbf{v}_i = \mathbf{b}$$

此外，若 $\sum_{i=1}^{k} \alpha_i = 1$，且 $\alpha_i \geq 0$ 對 $i = 1, 2, ..., k$，則 $\mathbf{b}$ 亦稱爲向量 $\mathbf{v}_1, \mathbf{v}_2, ..., \mathbf{v}_k$ 的**凸性組合** (convex combination)。例如：讓 $\mathbf{v}_1 = (1, 3), \mathbf{v}_2 = (5, 2), \mathbf{b} = (13, -4)$，則因爲

$$-2(1, 3) + 3(5, 2) = (13, -4)$$

所以 $\mathbf{b}$ 爲 $\mathbf{v}_1$ 與 $\mathbf{v}_2$ 的線性組合。

矩陣 $\mathbf{A}$ 的**秩** (rank) 是指此矩陣的最大線性獨立列數或最大線性獨立行數。讓 $\mathbf{A}$ 爲 $m \times n$ 的矩陣，秩爲 r，那麼很明顯地，$r \leq \min\{m, n\}$。

瞭解了線性獨立與矩陣之秩後，我們現在可以開始考慮以下聯立方程式：

$$\mathbf{A}\mathbf{x} = \mathbf{b} \qquad\qquad\qquad (\text{A}.2)$$

其中 $\mathbf{A}$ 為 $m \times n$ 的矩陣，其秩為 r。此聯立方程式的解有數種情況，其判斷方式如下：

1. 如果 $(\mathbf{A}\,|\,\mathbf{b})$ 的秩為 $r+1$（亦即：$\mathbf{b}$ 與 $\mathbf{A}$ 之行是線性獨立的），則此聯立方程式無解。

2. 如果 $(\mathbf{A}\,|\,\mathbf{b})$ 的秩為 r，（亦即：$\mathbf{b}$ 與 $\mathbf{A}$ 之行是線性相關的），則此聯立方程式有解。其解有分為：

   (a) 若 $r = n$，則存在唯一的一組解。

   (b) 若 $r < n$，則存在無限多組解。

   一般而言，求解聯立方程式有以下兩種方法：(1)高氏消去法；(2)行列式法。以下我們將對此兩種方法有詳盡的說明。

以高氏消去法求解聯立方程式

我們可用與 A.4 節同樣的之方式求解聯立方程式 (A.2)。將 (A.2) 等號之左、右兩邊，分別乘上 $\mathbf{A}^{-1}$ 可得

$$\mathbf{A}^{-1}\mathbf{A}\mathbf{x} = \mathbf{A}^{-1}\mathbf{b}$$

或

$$\mathbf{I}\mathbf{x} = \mathbf{A}^{-1}\mathbf{b}$$

或

$$\mathbf{x} = \mathbf{A}^{-1}\mathbf{b}$$

因此，如果我們能經由高氏消去法的運算，將

$$(\mathbf{A}\,|\,\mathbf{b})$$

轉換爲

$$(\mathbf{I} \mid \mathbf{A}^{-1}\mathbf{b})$$

即可得到此聯立方程式之解 $\mathbf{x} = \mathbf{A}^{-1}\mathbf{b}$。

例如:假設聯立方程式 $\mathbf{Ax} = \mathbf{b}$ 爲

$$\begin{pmatrix} 3 & 0 & 1 \\ 0 & 2 & 0 \\ 1 & 1 & 0 \end{pmatrix} \begin{pmatrix} x_1 \\ x_2 \\ x_3 \end{pmatrix} = \begin{pmatrix} 12 \\ 10 \\ 6 \end{pmatrix} \tag{A.3}$$

利用高氏消去法,我們可運算如下:

$$\begin{aligned}
(\mathbf{A} \mid \mathbf{b}) &= \left(\begin{array}{ccc|c} 3 & 0 & 1 & 12 \\ 0 & 2 & 0 & 10 \\ 1 & 1 & 0 & 6 \end{array} \right) = \left(\begin{array}{ccc|c} 1 & 0 & \frac{1}{3} & 4 \\ 0 & 2 & 0 & 10 \\ 0 & 1 & -\frac{1}{3} & 2 \end{array} \right) \\
&= \left(\begin{array}{ccc|c} 1 & 0 & \frac{1}{3} & 4 \\ 0 & 1 & 0 & 5 \\ 0 & 0 & -\frac{1}{3} & -3 \end{array} \right) = \left(\begin{array}{ccc|c} 1 & 0 & 0 & 1 \\ 0 & 1 & 0 & 5 \\ 0 & 0 & 1 & 9 \end{array} \right) \\
&= (\mathbf{I} \mid \mathbf{A}^{-1}\mathbf{b})
\end{aligned}$$

因此,

$$\mathbf{x} = \mathbf{A}^{-1}\mathbf{b} = \begin{pmatrix} 1 \\ 5 \\ 9 \end{pmatrix}$$

亦即: $x_1 = 1, x_2 = 5, x_3 = 9$。

以行列式求解聯立方程式

我們亦可用行列式求解聯立方程式 (A.2)。讓 $\mathbf{A}_{i\mathbf{b}}$ 爲以 $\mathbf{b}$ 取代 $\mathbf{A}$ 之第 i 行所形成的矩陣,則

$$x_i = \frac{1}{|\mathbf{A}|} |\mathbf{A}_{i\mathbf{b}}|$$

例如:聯立方程式 (A.3) 之解

$$x_1 = \frac{1}{-2} \begin{vmatrix} 12 & 0 & 1 \\ 10 & 2 & 0 \\ 6 & 1 & 0 \end{vmatrix} = 1$$

$$x_2 = \frac{1}{-2} \begin{vmatrix} 3 & 12 & 1 \\ 0 & 10 & 0 \\ 1 & 6 & 0 \end{vmatrix} = 5$$

$$x_3 = \frac{1}{-2} \begin{vmatrix} 3 & 0 & 12 \\ 0 & 2 & 10 \\ 1 & 1 & 6 \end{vmatrix} = 9$$

此結果與以高氏消去法所求得的結果完全相同。

A.6 矩陣的重要性質

為方便讀者查閱起見，茲將矩陣的常用公式列舉如下：

- $\mathbf{A} + \mathbf{B} = \mathbf{B} + \mathbf{A}$
- $\mathbf{A} + (\mathbf{B} + \mathbf{C}) = (\mathbf{A} + \mathbf{B}) + \mathbf{C}$
- $\mathbf{A}(\mathbf{B} + \mathbf{C}) = \mathbf{AB} + \mathbf{AC}$
- $(\mathbf{A} + \mathbf{B})\mathbf{C} = \mathbf{AC} + \mathbf{BC}$
- $\mathbf{A}(\mathbf{BC}) = (\mathbf{AB})\mathbf{C}$
- $\alpha(\mathbf{AB}) = (\alpha\mathbf{A})\mathbf{B} = \mathbf{A}(\alpha\mathbf{B})$
- $\mathbf{IA} = \mathbf{AI} = \mathbf{A}$
- $\mathbf{A}^{-1}\mathbf{A} = \mathbf{I}$
- $(\mathbf{A} + \mathbf{B})^\mathrm{T} = \mathbf{A}^\mathrm{T} + \mathbf{B}^\mathrm{T}$
- $(\mathbf{AB})^\mathrm{T} = \mathbf{B}^\mathrm{T}\mathbf{A}^\mathrm{T}$
- $(\mathbf{A}^\mathrm{T})^\mathrm{T} = \mathbf{A}$
- $(\mathbf{AB})^{-1} = \mathbf{B}^{-1}\mathbf{A}^{-1}$
- $|\mathbf{AB}| = |\mathbf{A}||\mathbf{B}|$
- $|\mathbf{A}| = 0$，如果 $\mathbf{A}$ 存在完全相同的兩列（或兩行）

- $-|\mathbf{B}| = |\mathbf{A}|$，如果 $\mathbf{B}$ 是由 $\mathbf{A}$ 的任意兩列（或任意兩行）相互交換而得

A.7 習題

1. 考慮以下兩個矩陣：

$$\mathbf{A} = \begin{pmatrix} 4 & 6 & -1 \\ 1 & 2 & 5 \\ 0 & 7 & 8 \end{pmatrix} \qquad \mathbf{B} = \begin{pmatrix} 1 & 0 & 4 \\ 5 & -3 & 0 \\ 9 & 1 & 3 \end{pmatrix}$$

(a) 求 $\mathbf{A} + \mathbf{B}$。

(b) 求 $\mathbf{A} - \mathbf{B}$。

(c) 求 $3\mathbf{A} - 2\mathbf{B}$。

(d) 求 $(2\mathbf{A} + 1\mathbf{B})^{-1}$。

2. 求以下兩矩陣之乘積 $\mathbf{AB}$：

$$\mathbf{A} = \begin{pmatrix} 2 & 1 \\ 6 & 7 \\ 1 & 2 \end{pmatrix} \qquad \mathbf{B} = \begin{pmatrix} 9 & 1 & -2 & 4 & 5 \\ 3 & 2 & 10 & 7 & 7 \end{pmatrix}$$

3. 求以下兩矩陣之乘積 $\mathbf{AB}$：

$$\mathbf{A} = \begin{pmatrix} 2 & -3 & 2 \\ 1 & 4 & 8 \\ 2 & 2 & -6 \end{pmatrix} \qquad \mathbf{B} = \begin{pmatrix} 3 & 0 & 4 & -5 \\ 2 & 4 & 1 & -7 \\ 1 & -2 & 3 & 2 \end{pmatrix}$$

4. 求以下各矩陣之行列式：

$$\mathbf{A} = \begin{pmatrix} 3 & 6 \\ 4 & 1 \end{pmatrix} \qquad \mathbf{B} = \begin{pmatrix} 11 & -16 \\ 7 & 3 \end{pmatrix}$$

$$\mathbf{C} = \begin{pmatrix} 2 & -3 & 2 \\ 1 & 4 & 8 \\ 2 & 2 & -6 \end{pmatrix} \qquad \mathbf{D} = \begin{pmatrix} 3 & 0 & 4 & -5 \\ 2 & 4 & 1 & -7 \\ 1 & -2 & 3 & 2 \end{pmatrix}$$

5. 考慮以下矩陣：
$$\mathbf{A} = \begin{pmatrix} 2 & 3 & 0 \\ 1 & 0 & -1 \\ 1 & 2 & 0 \end{pmatrix}$$

(a) 證明此矩陣為非奇異矩陣。

(b) 求此矩陣之反矩陣（即：$\mathbf{A}^{-1}$）。

6. 考慮以下矩陣：
$$\mathbf{A} = \begin{pmatrix} 3 & -1 & 2 \\ -1 & -1 & 2 \\ -1 & -1 & 1 \end{pmatrix}$$

(a) 證明此矩陣為非奇異矩陣。

(b) 以高氏消去法求 $\mathbf{A}^{-1}$。

(c) 以伴隨矩陣求 $\mathbf{A}^{-1}$。

7. 考慮以下聯立方程式：

$$x_1 + x_2 = 4$$
$$-x_1 + 2x_2 = -1$$

(a) 以高氏消去法求此聯立方程式之解。

(b) 以行列式求此聯立方程式之解。

8. 考慮以下聯立方程式：

$$x_1 + x_2 + x_3 = 6$$
$$1x_1 + 2x_2 \qquad \doteq 7$$
$$5x_1 - 2x_2 + 3x_3 = 9$$

(a) 以高氏消去法求此聯立方程式之解。

(b) 以行列式求此聯立方程式之解。

參考書目

1. Anderson, Michael Q., *Quantitative Management Decision Making: with Models and Applications*, Third Edition, Brooks/Cole, California, 1990.

2. Bazaraa, Mokhtar S. and John J. Jarvis, *Linear Programming and Network Flows*, John Wiley & Sons, New York, 1977.

3. Bazaraa, Mokhtar S. and C. M. Shetty, *Nonlinear Programming: Theory and Algorithms*, John Wiley & Sons, New York, 1979.

3. Bierman, Jr., Harold, Charles P. Bonini, and Warren H. Hausman, *Quantitative Analysis for Business Decisions*, Irwin, Illinois, 1981.

4. Dreyfus, Stuart E. and Averill M. Law, *The Art and Theory of Dynamic Programming*, Academic Press, New York, 1977.

5. Ecker, Joseph G. and Michael Kupferschmid, *Introduction to Operations Research*, John Wiley & Sons, New York, 1988.

5. Eppen, G. D., F. J. Gould, and C. P. Schmidt, *Introductory Management Science*, Fourth Edition, Prentice-Hall, New Jersey, 1993.

6. Gross, Donald and Carl M. Harris, *Fundamentals of Queueing Theory*, Second Edition, John Wiley & Sons, New York, 1985.

7. Hillier, Frederick S. and Gerald J. Lieberman, *Introduction to Operations Research*, Fifth Edition, McGraw-Hill, New York, 1990.

8. Law, Averill M. and W. David Kelton, *Simulation Modeling and Analysis*, Second Edition, McGraw-Hill, New York, 1991.

9. Lee, Sang M., Laurence J. Moore, and Bernard W. Taylor III, *Management Science*, Second Edition, Allyn and Bacon, Massachusetts, 1985.

10. Shogan, Andrew W., *Management Science,* Prentice-Hall, New Jersey, 1988.

11. Taha, Hamdy A., *Operations Research: An Introduction,* Fifth Edition, Macmillan, New York, 1992.

12. Winston, Wayne L., *Operations Research: Application and Algorithms,* Second Edition, PWS-KENT, Massachusetts, 1991.

中文索引

十一劃

十二劃

十三劃

十四劃

十五劃

十六劃

英文索引

◎ 生產與作業管理（增訂三版）　　潘俊明／著

　　本學門內容範圍涵蓋甚廣，而本書除將所有重要課題囊括在內，更納入近年來新興的議題與焦點，並比較東、西方不同的營運管理概念與做法，研讀後，不但可學習此學門相關之專業知識，並可建立管理思想及管理能力。因此本書可說是瞭解此一學門，內容最完整的著作。

◎ 現代管理通論　　陳定國／著

　　本書首用中國式之流暢筆法，將作者在學術界十六年及企業實務界十四年之工作與研究心得，寫成適用於營利企業及非營利性事業之最新管理學通論。尤其對我國齊家、治國、平天下之諸子百家的管理思想，近百年來美國各時代階段策略思想的波濤萬丈，以及世界偉大企業家的經營策略實例經驗，有深入介紹。

◎ 現代企業概論　　陳定國／著

　　本書用中國式之流暢筆法，把作者在學術界十六年及企業實務界十四年之工作與研究心得，把各企業部門之應用管理，深入淺出分析說明，可以讓初學企業管理技術者有一個完整性的、全面性的概況瞭解，並進而對企業必勝之「銷、產、發、人、財、計、組、用、指、控」十字訣之應用，有活用性之掌握。

◎ 企業價值──股東財富的探求

Andrew Black、Philip Wright、John Davies／著　　黃振聰／譯

　　本書是歷史悠久的普華企管顧問公司(Price Waterhouse Coopers & Management Consultancy Service)企管與財務顧問部門經驗與思考的結晶，也是該公司客戶服務案例的彙集。不論您對企業價值的本質，想要有更進一步的瞭解；或者是對於國際性專業財務企管顧問公司，到底以什麼樣的觀點來看待這個議題產生興趣，本書都將是您不錯的選擇。

◎ 現代企業管理　陳定國／著

　　本書對主管人員之任務，經營管理之因果關係，管理與齊家治國平天下之道，管理在古中國、英國、法國、美國發展演進，二十及二十一世紀各階段波濤萬丈的新策略思與偉大企業家經營策略，以及企業決策、企業計劃、企業組織、領導激勵與溝通、預算與控制、行銷管理、生產管理、財務管理、人力資源管理、企業會計，研究發展管理、企業研究方法、管理情報資訊系統及資訊科技在企業管理上之最新應用等重點，做深入淺出之完整性闡釋，為國人力求公司治理、企業轉型化、及管理現代化之最佳讀本。

◎ 財務管理 ── 理論與實務　張瑞芳／著

　　財務管理是企業的重心所在，關係經營的成敗，不可不用心體察，盡力學習控制管理；然而財務衍生的金融、資金、倫理……，構成一複雜而艱澀的困難學科。且由於部分原文書及坊間教科書篇幅甚多，內容艱深難以理解，因此本書著重在概念的養成，希望以言簡意賅、重點式的提要，能對莘莘學子及工商企業界人士有所助益。並提供教學光碟（投影片、習題解答）供教師授課之用。

◎ 財務管理　伍忠賢／著

　　細從公司現金管理，廣至集團財務掌控，不論是小公司出納或是大型集團的財務主管，本書都能滿足你的需求。以理論架構、實務血肉、創意靈魂，將理論、公式作圖表整理，深入淺出，易讀易記，足供碩士班入學考試之用。本書可讀性高、實用性更高。

◎ 管理學　伍忠賢／著

　　抱持「為用而寫」的精神，以解決問題為導向，釐清大家似懂非懂的概念，並輔以實用的要領、圖表或個案解說，將其應用到日常生活和職場領域中。標準化的圖表方式，雜誌報導的寫作風格，使你對抽象觀念或時事個案，都能融會貫通，輕鬆準備研究所等入學考試。

◎ 行銷學（增訂三版）　方世榮／著

　　本書定位在大專院校教材及一般有志之士的進修書籍，內容完整豐富，並輔以許多實務案例來增進對行銷觀念之瞭解與吸收。增訂版的編排架構遵循目前主流的行銷管理程序模式，主要的特色在於提供許多「行銷實務」，一方面讓讀者掌握實務的動態，另一方面則提供教學者與讀者更多思考與討論的空間。此外，配合行銷領域的發展趨勢，亦增列「網路行銷」一章，期能讓內容更為周延與完整。

◎ 公司鑑價　伍忠賢／著

　　本書揭露公司鑑價的專業本質，洞見財務管理的學術內涵，以生活事務來比喻專業事業；清楚的圖表、報導式的文筆、口語化的內容，易記易解，並收錄多項著名個案。引用美國著名財務、會計、併購期刊十七種、臺灣著名刊物五種，以及博碩士論文、參考文獻三百五十篇，並自創「實用資金成本估算法」、「實用盈餘估算法」，讓你體會「簡單有效」的獨門工夫。

◎ 財務報表分析（增訂四版）　洪國賜、盧聯生／著

　　財務報表是企業體用以研判未來營運方針，投資者評估投資標的之重要資訊。為奠定財務報表分析的基礎，本書首先闡述財務報表的特性、結構、編製目標及方法，並分析組成財務報表的各要素，引證最新會計理論與觀念；最後輔以全球二十多家知名公司的最新財務資訊，深入分析、評估與解釋，兼具理論與實務。另為提高讀者應考能力，進一步採擷歷年美國與國內高考會計師試題，備供參考。

◎ 財務報表分析題解（增訂四版）　洪國賜／編著

　　本書為《財務報表分析》的習題解答，透過試題演練，使讀者將財務報表分析技術實際應用於各種財務狀況，並學習如何以最正確的資訊作出最適當的決策。對於準備考試者，更是你不得不備的參考書。

◎ 互動式管理的藝術 (The art of managing people)

菲利普‧杭賽克（Phillip L. Hunsaker）、東尼‧亞歷山卓（Tony J. Alessandra）／著　胡瑋珊／譯

　　若經理人能建立一套友善並有生產力的工作氣氛，對整個組織來說，將帶來莫大的正面效應。本書正可提供具體的策略、指南以及技術，讓您能夠輕鬆增進與員工間的關係，建立經理人與員工信賴的基礎。讓員工對你的領導心服口服！

◎ 標竿學習 —— 向企業典範取經

(Benchlearning —Good examples as a lever for development)

班特‧卡略夫(Bengt Karlof)、克特‧倫德格蘭(Kurt Lundgren)、瑪麗‧伊登菲爾特‧佛羅曼特(Marie Edenfeldt Froment)／合著　胡瑋珊／譯

　　本書以理論搭配實際案例，闡明管理學理論和其發展軌跡，且詳述標竿學習過程中的方法和步驟，使您了解為何標竿學習特別適合現代企業，以協助企業從「良好典範」的經驗取得借鏡，並為「你怎麼知道自己的作業有效率？」的問題找到解答，希望讓各位讀者了解，學習不但有助於個人發展，更是攸關企業經營成功與否的重要關鍵。

◎ 行政學　林鍾沂／著

　　本書除了橫向擴展國內傳統行政學著作所未論及的主題，使分析架構更為清晰和包羅面向更加完整外，作者尤本於方法論的思考，針對各項主題縱觀其系絡、理析其意涵，從事嚴謹的論述省察，期使公共行政的相關學理能在管理、政治及法律等途徑中，展現出更為豐富而精彩的知識對話，從而進一步拓寬了實務行動的可能視野。

◎ 行政學 (增訂二版)　吳瓊恩／著

　　本書增訂二版強調全球化時代中，文化差異的重要性，扣緊行政理論與實務的分與合，尤為坊間同類書籍所未見。除介紹新公共行政、黑堡宣言及公共管理研究途徑外，並對近年來的政府再造運動及其政治理論基礎提出批判。對於知識經濟時代的知識管理、公部門的策略管理以及臺灣公共行政的政治系絡，亦有詳盡說明。